基礎物理学選書

物性論
― 固体を中心とした ―

中央大学名誉教授
理学博士

黒 沢 達 美

（改 訂 版）

編集委員会
金 原 寿 郎
原 島 　 鮮
熊 谷 寛 夫
野 上 茂吉郎
押 田 勇 雄
小 出 昭一郎

裳 華 房

JCOPY 〈出版者著作権管理機構 委託出版物〉

編 集 趣 旨

　長年，教師をやってみて，つくづく思うことであるが，物理学という学問は実にはいりにくい学問である．学問そのもののむつかしさ，奥の深さという点からいえば，どんなものでも同じであろうが，はじめて学ぼうとする者に対する"しきい"の高さという点では，これほど高い学問はそう沢山はないと思う．

　しかし，それでも理工科方面の学生にとっては物理学は必須である．現代の自然科学を支えている基礎は物理学であり，またいろいろな方面での実験も物理学にたよらざるを得ないものが少なくないからである．

　物理学では数学を道具として非常によく使うので，これからくるむつかしさももちろんある．しかしそれよりも，中にでてくる物理量が何をあらわすかを正確につかむことがむつかしく，その物理量の間の関係式が何を物語るか，真意を知ることがさらにむつかしい．そればかりではない．われわれの日常経験から得た知識だけではどうしても理解のでき兼ねるような実体をも対象として扱うので，ここが最大の難関となる．

　学生諸君に口を酸っぱくして話しても一度や二度ではわかって貰えないし，わかったという学生諸君も，よくよく話し合ってみると，とんでもない誤解をしていることがある．

　私達はさきに，大学理工科方面の学生のために"基礎物理学"という教科書（裳華房発行）を編集したが，その時にも以上の事をよく考えて書いたつもりである．しかし，頁数の制限もあり，教科書には先生の指導ということが当然期待できるので，説明なども，ほどほどに止めておいた．

　今度，"基礎物理学選書"と銘打って発行することになった本シリーズは上記の"基礎物理学"の内容を20編以上に分けてくわしくしたものである．いずれの編でも説明は懇切丁寧を極めるということをモットーにし，先生の

助けを借りずに自力で修得できる自学自習の書にしたいというのがわれわれの考えである．

　各編とも執筆者には大学教育の経験者をお願いした上，これに少なくとも一人の査読者をつけるという編集方針をとった．執筆者はいずれも内容の完璧を願うために，どうしても内容が厳密になり，したがってむつかしくなり勝ちなものである．このことがかえって学生の勉学意欲を無くしてしまう原因になることが多い．査読者は常に大学初年級という読者の立場に立って，多少ともわかりにくく，程度の高すぎるところがあれば，原稿を書きなおして戴くという役目をもっている．こうしてでき上がった原稿も，さらに編集委員会が目を通すという．二段三段の構えで読者諸君に親しみ易く，面白い本にしようとした訳である．

　私共は本選書が諸君のよき先生となり，またよき友人となって，基礎物理学の学習に役立ち，諸君の物理学に抱く深い興味の源泉となり得ればと，それを心から願っている．

　　　　　　　　　　　　　　　　　　　　編集委員長　　金　原　寿　郎

改訂版序

　初版が出版されてからすでに30年以上過ぎた．実は，出て10年もたたないうちに（特に超伝導の章などで），不満を感じ書き直したいと思い始めた．しかし人生の中でも多忙な時期にさしかかった一方，自分でも呆れる程の怠けのため今まで延びてしまった．版を重ねるごとに身のすくむ思いだったが．

　その間，物性物理の進歩拡大と細分化には実に激しいものがあった．著者も以前は本書10章中の4章の分野で，曲がりなりにも論文を書くことができた．今では1章の中の狭い分野を専門とするに過ぎない．ただ幸いにして本書は専門書ではなく，基礎物理学選書の中の1冊．本当に基本的なことはそれ程変わっていない．そこで基礎的な事実と考え方を中心に，新しい事例も盛りこみながら書き直すことはできるだろう．それに加えて活字を大きく見やすくし，また表現も工夫して読みやすくすること．

　このように考えて書き始めたが，実際は容易でなかった．特に専門から遠い分野では適切な新事例を紹介することも難しい．その意味で分野ごとのバランスはあまりよくない結果となった．また活字を大きくして前と同程度の厚さに収めようとすると，2割以上の圧縮が必要となる．くどかった表現を簡潔にすることに努め，ある程度は成功したと思うが，分かりにくくなった所もあるに違いない．

　しかし旧版の序でも述べたように，読者はあまり細かいことには捕われず，物性論の基礎を感じ取っていただきたい．そしてそれをもとに更に高い段階に進まれることを期待する．

　最後に改訂版の刊行に当り，多大なお世話になった裳華房の真喜屋実孜氏にお礼申上げる．また度重なるご懇望を頂きながら延々と遅らせてしまった

ことを，泉下の遠藤恭平氏に，通じることならお詫びしたい．

2001 年 12 月

黒 沢 達 美

（第 44 版への付記）　余白のあった箇所等に，脚注の追加や多少の増補を行った．

初　版　序

　物性論というのは，その名の示す通り，物の性質を論ずることを目的とする物理学の一分野である．現在の物理学には，大きく分けて二つの傾向がある．一つは物をどこまでも細かく分けていこうとする立場で，物を原子に分け，原子を原子核と電子に分け，原子核を陽子と中性子に分け，…というように，この世界の究極の構成要素とそれを支配する法則を探り出すことをその目的としている．これに対してもう一つの立場は，原子を原子核と電子に分けたところで再び現実界に立ち戻ってくる．われわれがふつうに眼にするこの世の中の物質（生物も含めて）のほとんどすべての性質は，それらが電子と原子核とからなり，そして電子と原子核が量子力学の法則に支配されているということで説明できるはずである．しかし書き下せば1行で書ける量子力学の法則から，世にある無数の物質の複雑なふるまいを理解しようということは，決して容易なことではない．少くとも物理学の独立した一分野たるに値する．それが物性論である．

　世の中に存在する物質の種類は非常にたくさんある．その中で最も研究が進んでおり，また応用面においても重要なものは固体（結晶）である．そこでこの本でも主として固体を対象としてとりあげた．

　物性論は，上でものべたように，量子力学を土台として築かれている．それともう一つの土台として統計力学がある．したがって物性論を理解するためには，この二つの土台についての知識があらかじめ必要だということになる．しかしここではできるだけそのような予備知識はなくてすませるように心がけた．あえていえば，本書程度の内容を理解するために必要なのは，量子力学や統計力学についての中途半端な知識ではなくて，むしろいろいろな状況の下での電子や原子の運動を共感できる運動神経であるという感じがす

初 版 序

る．そのような知識が必要となるのはもっと厳密なそして専門的な議論をしなければならない場合である．

　一応以上のようなことを念頭においてこの本を書いたわけであるが，読み返してみるとやはりまだ不満足な部分が多いようである．しかし読者はあまり細かいことには捕われず，物質の中での電子や原子の運動を感じ取るように努めていただきたい．そうすれば，読者は物に対する一つの"見方"を身につけたことになる．そしてそのような見方をもつことは，それ自体としても意味があるが，本書よりもさらに専門的な書物について勉強する際にも役に立つはずである．なお本文中で小さい活字の部分は，比較的難解なこととか細かいこと（あるいはわき道にそれること）などであり，一応は眼を通していただきたいが，理解できなくてもさしつかえない．

　本書の査読をして下さったのは熊谷寛夫先生と小出昭一郎先生のお2人で，多くの有益なご意見をいただいた．その結果，著者のひとりよがりな説明が各所で改められ，大分読みやすくなったことと思う．厚くお礼を申し上げたい．また舞台裏でのめんどうな仕事でご苦労をおかけした裳華房の遠藤恭平氏，真喜屋実孜氏，安保幸子氏その他の方々に深く感謝したい．というといささか紋切型の謝辞になるが，最初はあまり気の乗らなかった著者がいつの間にか全力投球をしてしまったのは，これらの方々のお蔭である．

　　1970年10月

黒　沢　達　美

目　　次

1.　物質の凝集機構

§1.1　分子の結合力 ・・・・・・・1
§1.2　結晶の結合力 ・・・・・・・4
　（1）　イオン結晶 ・・・・・・5
　（2）　共有結合結晶 ・・・・・9
　（3）　金属結晶 ・・・・・・10
　（4）　分子性結晶 ・・・・・12
　（5）　水素結合結晶 ・・・・16
　（6）　まとめ ・・・・・・・18
§1.3　液体の結合力 ・・・・・・18

2.　格子振動と結晶の熱的性質

§2.1　アインシュタインの比熱の式
　　　・・・・・・・・・・・19
§2.2　波の形で伝わる格子振動 ・23
　（1）　1次元結晶での格子振動 ・23
　（2）　3次元結晶での格子振動 ・29
　（3）　フォノン ・・・・・・33
§2.3　デバイの比熱の式 ・・・・34
　（1）　有限な大きさの結晶の
　　　　格子振動 ・・・・・・35
　（2）　デバイの比熱の式 ・・37
§2.4　熱伝導 ・・・・・・・・・42
　（1）　熱伝導度の式 ・・・・42
　（2）　フォノンの平均自由行路　45
　（3）　正常過程と反転過程 ・・48

3.　金属の自由電子論

§3.1　フェルミ・エネルギー ・・50
§3.2　フェルミ分布と電子比熱 ・55
§3.3　電子放出 ・・・・・・・・58
　（1）　光電子放出 ・・・・・59
　（2）　熱電子放出 ・・・・・60
§3.4　電気伝導 ・・・・・・・・61
§3.5　熱伝導 ・・・・・・・・・68
§3.6　プラズマ振動 ・・・・・・70

4. 誘電体

§4.1 物質の分極 ・・・・・・75
 (1) 電子分極 ・・・・・・76
 (2) イオン分極 ・・・・・78
 (3) 配向分極 ・・・・・・78
§4.2 局所電場 ・・・・・・・81
 (1) ローレンツ電場 ・・・82
 (2) クラウジウス-モソティの式 ・・・・・・・・・・・84
§4.3 誘電分散 ・・・・・・・86
 (1) 配向分極の誘電分散 ・87
 (2) 変位分極の誘電分散 ・91
§4.4 金属の光学的性質 ・・・・95

5. 常磁性と反磁性

§5.1 磁気モーメントの起源 ・・99
 (1) ボーア磁子 ・・・・・99
 (2) 常磁性物質 ・・・・・102
§5.2 常磁性磁化率 ・・・・・104
 (1) キュリーの法則 ・・・104
 (2) パウリ常磁性 ・・・・107
§5.3 常磁性共鳴 ・・・・・・108
§5.4 反磁性 ・・・・・・・・113
 (1) ラーモア歳差運動 ・・113
 (2) 原子とイオンの反磁性 ・115
 (3) 金属伝導電子の反磁性 ・116

6. 強磁性体と強誘電体

§6.1 強磁性と強誘電性 ・・・・118
§6.2 ワイス理論 ・・・・・・121
§6.3 交換エネルギー ・・・・125
§6.4 強誘電体 ・・・・・・・128

7. バンド理論

§7.1 結晶中の電子の運動 ・・・132
§7.2 1次元周期的ポテンシャル中の電子状態 ・・・・・・135
§7.3 結晶中の電子の運動方程式 140
§7.4 ブリユアン域 ・・・・・145
§7.5 金属と絶縁体 ・・・・・150

8. 半導体

§8.1 固有半導体と不純物半導体 156
§8.2 半導体中の自由キャリアの
　　　密度 ・・・・・・・163
　（1）固有半導体の場合 ・・・164
　（2）不純物半導体の場合 ・・167
§8.3 半導体の電気伝導 ・・・・171
　（1）電気伝導度 ・・・・・・171
　（2）キャリアの散乱機構と
　　　移動度 ・・・・・・174
　（3）ホール効果 ・・・・・176
§8.4 有効質量, バンド構造 ・・178
§8.5 形成された半導体 ・・・・182
　（1）pn接合 ・・・・・・183
　（2）ヘテロ構造 ・・・・・187

9. 格子欠陥

§9.1 フレンケル欠陥と
　　　ショットキー欠陥 ・・・193
　（1）欠陥の生成 ・・・・・・193
　（2）拡散 ・・・・・・・・・196
　（3）イオン伝導 ・・・・・・201
　（4）写真感光現象 ・・・・・204
§9.2 転位 ・・・・・・・・・205
　（1）弾性変形と塑性変形 ・205
　（2）転位と塑性変形 ・・・207
　（3）転位と結晶成長 ・・・212
　（4）結晶粒界 ・・・・・・214

10. 超伝導

§10.1 電気抵抗の消失および
　　　マイスナー効果 ・・・215
§10.2 クーパー対とBCS状態 219
§10.3 超伝導状態の波動関数 ・225
　（1）超伝導状態の波動関数と
　　　電流密度の式 ・・・225
　（2）磁束の量子化 ・・・・228
　（3）ジョセフソン効果 ・・・230
　（4）マイスナー効果 ・・・234
§10.4 ボース粒子 ・・・・・235
　（1）ボース粒子の特徴 ・・235
　（2）ボース-アインシュタイン
　　　凝縮 ・・・・・・238
　（3）レーザー ・・・・・・242

付録 ・・・・・・・・・・・・・246
索引 ・・・・・・・・・・・・・248

1 物質の凝集機構

すべての物質は，それを細かくばらしていくと，最後には分子となり，原子となる．逆に原子や分子は互いに結びついて固体や液体の状態（**凝集状態**）を作ろうとする．常温で気体でいるものも十分低温にすれば凝集状態になる．これは原子や分子の間に一種の引き合う力（**結合力**とか**凝集力**とよぶ）が働くためで，物質の最も基本的な性質の一つである．結合力の原因は大体5種類に分類されるが，物質のおよその性質は結合力の種類によって決められてしまう．そこで，結合力の原因を知ることが物質の性質を理解する第一歩となる．

§1.1 分子の結合力

固体について述べる前に，まず簡単な分子，それも一番簡単な水素分子をとり上げ，2つの水素原子の間に働く結合力について説明する．* ここで述べることの多くは固体の場合にも共通する．

分子内の電子は，粒子というよりも，もっと広がった状態にある．正しくは波動関数だが，電子雲という言葉がわかりやすいかも知れない．1-1図は適当な方法で計算した水素分子内の電子（雲）の密度分布である．密度は両方の原子核のところで最大で，そこから遠ざかると小さくなるが，2つの核の中間の方向へは減り方がゆるい．そしてまん中のあたりは2つの山には

---

* 水素分子については本選書中の，小出昭一郎：「量子論」§5.7にややくわしい説明がある．なお，§5.6もあわせて参照されるとよい．

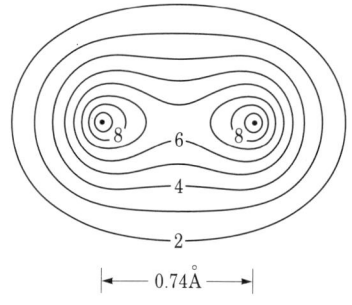

1-1図 水素分子内の電子密度(原子核のところでの密度を10としてある)

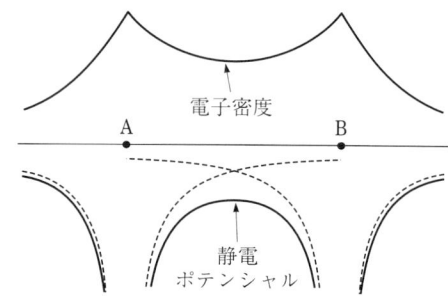

1-2図 水素分子内の静電ポテンシャルと電子密度

さまれた高原のようになっている．このように，両方の原子核にはさまれた中間領域で電子密度が高くなること，これが水素分子の結合力の原因といってよい．すなわちこの領域では，2つの核からの静電引力のため電子のポテンシャル・エネルギーが低くなっており，そこの電子密度が高くなることで分子全体の静電エネルギーを下げている．それを描いたのが1-2図で，原子核を結ぶ線に沿った静電ポテンシャルと電子密度を示す．点線は原子核A，Bそれぞれによるポテンシャル，実線はその和である．

　言いかえると水素分子の結合は，中間にある負の電荷分布を両側の正の陽子が引っ張り合うことによって生じている．両親の間に子供がいて，3人が手をつないだ様子にたとえてもよかろう．

　ところで，陽子間の距離がある程度よりも小さくなると，全体のエネルギーは逆に増え始める．これは主として陽子間の静電斥力が効きだすためだが，その結果 分子のエネルギーは距離の関数として1-3図の実線のような形になる．ばらばらな水素原子のときのエネルギーを0にとってある．エネルギー極小の距離は0.74Å，また極小値の深さは4.75eVであり*，これら

---

* 1Å(オングストローム) = 10^{-10} m である．最近は小さい長さを表わすのに nm (10^{-9} m)を使うことが多い．しかし原子や分子の大きさを表わすには Å が便利であり，本書でもよく使う．また1eV(電子ボルト)は約 1.6×10^{-19} J．

が普通の水素分子での原子間距離および結合エネルギーとなる．

ところで水素分子の結合についてもう一つ重要なことがある．電子のスピン配列だ．*この場合2つの電子スピンの向きは互いに反平行になっている．すなわち，一方のスピンが上向きなら他方は下向きである．もしスピンが同方向であると，そのエネルギーは1-3図の点線のようになってしまい，結合を生じない．このときの電子密度は1-4図のようであり，中間領域での密度はむしろ逆に低い．

それでは，スピンの向きが同じか逆かというだけで，これほどの

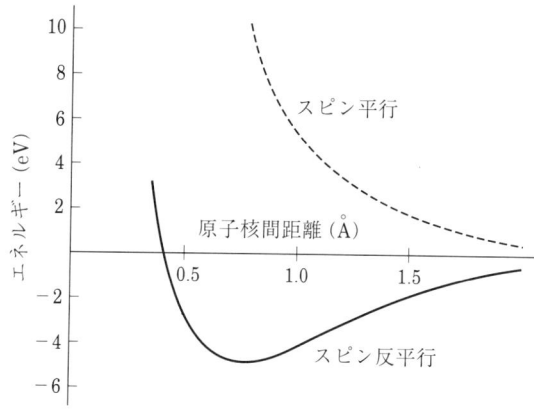

1-3図 原子核間距離の関数として描いた水素分子のエネルギー．無限遠のときのエネルギーを0にとってある．

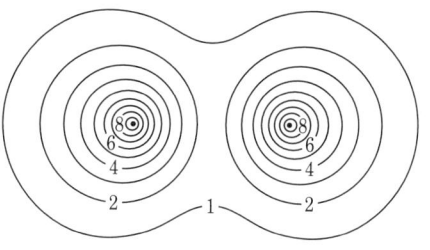

1-4図 スピンが平行の場合の水素分子内電子密度

違いが起こるのは何故か？ これはパウリ（Pauli）の排他律と関係している．排他律については，原子内の電子配置に対して適用された場合がよく知られている．それによると，3つの量子数 n, l, m で指定された1つの軌

---

* スピンというのは角運動量の一種だが，軌道角運動量とは違って電子そのものに付随している．方向量子化によって，±1/2の2つの方向（状態ともいう）しかとれない．これをふつう上向き，下向きなどとよぶが，もちろん便宜的なよび方である．

道に，電子は 2 個までしか入れない．ただし 2 個といっても，スピンの上向きと下向きそれぞれ 1 個である．1 つの軌道に同じ向きの電子 2 個を詰め込むことはできない．これはもっと基本的には，同じ向きの電子が互いにある種の排斥し合う傾向をもつためである．逆にスピン反平行の電子は互いに近づき合う（より正確には，近くにいる確率が増える）傾向をもつ．もちろん電子の間には静電斥力が働くが，それは互いのスピンの向きには関係ない．一方，上で述べた傾向は波動関数の対称性に起因するもので，力学的な力によるものではない．

　水素分子の話にもどろう．スピン反平行のとき 2 つの電子は互いに近づき合い，特に両原子核の中間領域に集まってくる．つまり，一方の電子がこの領域にいると，他方もその近くに来る確率が増す．このため中間領域での電子密度が高くなる．これに対してスピン平行の場合，電子は互いに避け合って，それぞれの原子内に閉じこもる．中間領域での電子密度は低くなる．

　このような結合力の機構は他の分子についても，一重結合の場合なら，原理的には同じである．すなわち，隣り合った原子の中間領域に価電子の密度の高い部分ができ，それを介して結合が生じる．そして結合にあずかる 2 つの電子のスピンは反平行な対になっている．この種の結合を**電子対結合** (electron pair bond) とよぶ．またこの場合，両側の原子が中間領域の高い電子密度を共有して結合するので，**共有結合** (covalent bond) ともよぶ．

§1.2　結晶の結合力

　この節では結晶を作り上げている結合力について説明する．その結合力のタイプによって，結晶はふつう 5 種類に分類される．すなわち

　　　イオン結晶（ionic crystal）

　　　共有結合結晶（covalent crystal）

　　　金属結晶（metallic crystal）

　　　分子性結晶（molecular crystal）

水素結合結晶（hydrogen-bonded crystal）
である．この分類は，結合力についてだけでなく他のいろいろな性質についても，よい分類になっている．以下順番に説明しよう．

（1） イオン結晶

イオン結晶は正イオンと負イオンとから構成されており，その間の静電引力によって結合している．代表的な例はアルカリ・ハライド結晶である．これは，Li, Na, K, Rb, Cs などのアルカリ金属と，F, Cl, Br, I などのハロゲン元素からなる．アルカリ金属は，強く捕えられた閉殻構造の外側に，ゆるくつかまった1個の価電子をもつ．一方，ハロゲン元素の電子数は，安定した閉殻構造を作るのに1個だけ足りない．このため前者は容易に価電子を失って Na^+ のような正イオンとなり，後者は喜んでそれを受け取り Cl^- のような負イオンとなる．この2種類のイオンが結びついて NaCl 結晶を作る．

イオン結晶としてはこのほかに，アルカリ土金属（Mg, Ca など，閉殻構造＋2電子）と O, S などのⅥ族元素（閉殻－2電子）との化合物（MgO や CaO など）とか，銀のハロゲン化物（AgCl, AgBr など），CaF_2（蛍石），TiO_2（ルチル：金紅石）など多くの種類がある．

さて，正イオンと負イオンの間には引力が働くが，同符号のイオンの間には斥力が働く．そこで結晶内のイオンは，異符号のものはなるべく近づき合い，同符号のものはなるべく離れた配置をとろうとする．その結果は，正負のイオンが交互に並んだ結晶構造になる．1-5図に NaCl の結晶構造を示す．この構造はイオン結晶としては最もありふれたもので，大部分のアルカリ・ハライドを含めて多くのものがこの構造をとる．なお図では見通しやすいように，イオンの大きさを実際の割合よりずっと小さく描いてある．

ところで，イオン間に働く力は静電力だけではない．イオン同士が接近して，双方の電子波動関数が重なり始めると，斥力が働くようになる．この斥

力はイオンが近づくにつれ非常に急激に強まる．これは簡単にいえば，イオンはそれぞれ一定の大きさをもっており互いに重なり合うほどには近づけない，ということに相当する．こうして結晶内の隣接するイオンは，その間の静電引力に引かれて互いに接触する距離まで近づき，結晶を組み立てる．したがって，その間の距離 a（1-5図）は，少なくとも近似的には

$$a = r_+ + r_- \quad (2.1)$$

のような式で与えられるだろう．ここで，r_+，r_- は正イオンおよび負イオンの半径，また a を**格子定数**（lattice constant）とよぶ．この関係は実際にかなりよく成り立っている．ただし，

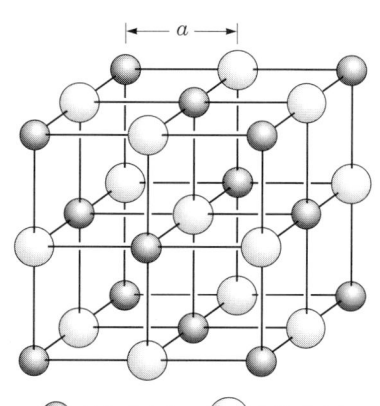

1-5図　NaCl型結晶構造

イオン半径をきちんと決める手段があまりないので，実際には a の実測値をうまく与えるよう，逆に(2.1)からそれらを決めてやる．1-1表はこうして決めたイオン半径の値の例である．この表の9つの値を使って，5×4＝20種類のアルカリ・ハライド結晶の格子定数をかなりよく再現できる．1-2表は a の実測値と計算値の例だが，他の結晶でも大体同程度（1％程度）の一致が得られる．なお1-1表によれば，一般に負イオンの半径の方が大きい．理由はすぐわかると思う．

イオン結晶の結合力は他の種類の結晶に比べ強い部類に属する．結合力の強さを表わすには，ふ

1-1表　イオン半径の表（Å）

イオン	r_+	イオン	r_-
Li$^+$	0.78	F$^-$	1.33
Na$^+$	0.98	Cl$^-$	1.81
K$^+$	1.33	Br$^-$	1.96
Rb$^+$	1.49	I$^-$	2.20
Cs$^+$	1.65		

1-2表　格子定数の計算値と実測値の例（Å）

結晶	計算値	実測値
NaCl	2.79	2.81
NaBr	2.94	2.97
KCl	3.14	3.14
KBr	3.29	3.29
RbCl	3.30	3.27
RbBr	3.45	3.42

§1.2 結晶の結合力

つう**凝集エネルギー**（cohesive energy）または**結合エネルギー**（binding energy）とよばれる量を使う．これは1モルの結晶をばらばらの原子または分子（イオン結晶の場合はばらばらのイオン）に分解するのに必要なエネルギーである．もちろんこのエネルギーが大きいほど結合力は強い．単位としては，以前は kcal·mol^{-1} を使っていたが，近頃は kJ·mol^{-1}（1モル当り kJ）を使う．またこれをアヴォガドロ数で割って，原子または分子1個（イオン結晶の場合はイオン1対）当りのエネルギーに直し，それをeVで書くことも多い．94.6 kJ·mol^{-1} が1個または1対当り1eVに相当する．イオン結晶の結合エネルギーの数値例は 1-4 表にあるが，共有結合結晶と並んで結合力の強いことがわかる．

　イオン結晶の結合エネルギーは次のようにして，理論的にかなり正確に計算できる．NaClを例にとろう．まず，2.81 Å（NaClの格子定数）の距離にある1対の正負イオン（電荷は $\pm e$）を，その間の引力にさからって無限遠まで引き離すのに必要なエネルギーは

$$\frac{e^2}{4\pi\epsilon_0 a} = \frac{8.99 \times 10^9 \times (1.60 \times 10^{-19})^2}{2.81 \times 10^{-10}} = 8.20 \times 10^{-19}\,\mathrm{J} = 5.12\,\mathrm{eV} \tag{2.2}$$

である．このようなイオン対が1モルあるとき，それらを引き離すのに必要なエネルギーは，上の数値にアヴォガドロ数（6.023×10^{23}）を掛けて，約 494 kJ となる．しかし結晶の結合エネルギーは，もちろんこれだけでなく，全イオンのあらゆる組合せについての静電エネルギーの合計である．いま結晶中の1つのイオンに着目すると，NaCl型結晶なら，これから距離 a のところに6個の異符号イオンがあり，$\sqrt{2}\,a$ のところに12個の同符号イオンが，そして $\sqrt{3}\,a$ に8個の異符号イオンが，…．このような組合せを全部加え上げて計算しなければならない．まともにやると大変だが，うまい計算方法がいくつかあり，それによるとイオン1対当りの結合エネルギーは，(2.2) の代りに

$$\alpha_M e^2 / 4\pi\epsilon_0 a \tag{2.3}$$

のように書ける．ここで α_M は結晶型に依存する定数で，マーデルング定数（Madelung constant）とよばれる．NaCl型結晶の場合，1.7476 である．したがって，NaClの1モル当り結合エネルギーは

$$1.7476 \times 494 = 863\,\mathrm{kJ\cdot mol^{-1}}$$

となる．1-4表の実測値765 kJ・mol^{-1}にかなり近い．

しかしまだ10％ほど計算値の方が大きい．この差は先に述べた斥力のエネルギーである．いま結晶の形を保ったままaを変えたとしよう．すなわち，結晶を一様に大きくあるいは小さくする．すると結晶のエネルギーは1-6図の太い実線のように変化する．これは静電エネルギー（細い実線，(2.3)の符号を変えたもの）と斥力のエネルギー（点線）の和である．後者は前述のようにaの減少とともに急激に増加する．全エネルギーが極小となるa_0が実際の格子定数に相当し，そのときの底までの深さU_0が結合エネ

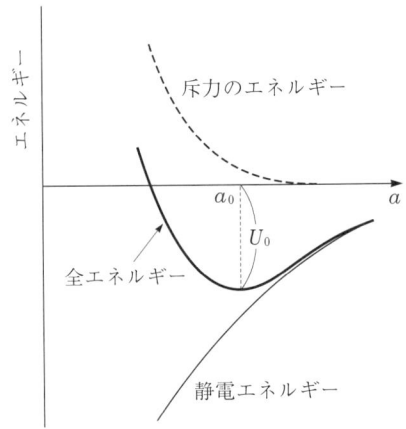

1-6図　格子定数aの関数として描いたイオン結晶のエネルギー

ルギーを与える．それは斥力エネルギー相当分だけ静電エネルギーより浅くなっている．斥力エネルギーを理論的に計算することはむずかしいが，弾性定数などからその大きさを見積ることができる．そのようにして計算された結合エネルギーは，アルカリ・ハライドの場合，実測値と1〜3％以内の精度で一致する．

イオンが近づき合うと斥力エネルギーが大きくなるが，原因はパウリの排他律である．閉殻構造の場合，電子はあるエネルギー準位までを完全に満たしており，新しい電子が来ても高い準位にしか入れない．2つの閉殻イオンが近づいて，互いの電子波動関数の間に重なりが起こったとき，電子は何かの形で高い準位の波動関数を使わざるを得なくなる．その結果エネルギーは増加する．なお水素分子の場合，スピンが平行だと結合を生ぜず斥力となった．これも同様な理由による．たとえばスピンが両方とも上向きの場合，どちらの水素の1s軌道も上向き電子に対しては満席であり，高い準位以外には相手原子からの上向き電子をうけ入れる余地がない．つまり閉殻構造と同じである．一般に一つの物体の中に他の物体は侵入できない．読者が壁をす

り抜けようとしても不可能だ．これも同じように説明される．読者の電子と壁の電子の重なりが起こるためには，電子は高いエネルギー状態を使う必要がある．実際には，そんなことが起こる前に壁か読者かが壊れてしまう．

　一般にイオン結晶中の電子は閉殻構造を作っている．このような電子は，電場をかけても移動できず（正確には第7章で説明），電流も流れない．イオン結晶は絶縁体である．ただ，高温ではイオンが動くことにより電流が流れ（イオン伝導とよぶ），融点近くではかなり大きな伝導性を示す．

（2） 共有結合結晶

　共有結合結晶の代表的な例は，ダイヤモンド，シリコン，ゲルマニウム，あるいはその化合物 SiC などの結晶である．これらは共通の結晶構造（ダイヤモンド構造，付-3図）をもつ．結合力の原因は§1.1の水素分子の場合と本質的に同じである．上の C, Si, Ge の原子はどれも4価元素で，最外殻に4個の価電子

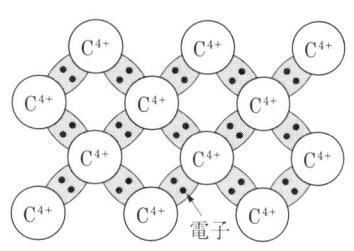

1-7図　ダイヤモンドの電子状態

をもつ．一方この結晶構造では，1原子を取り囲んで4原子が隣接している．そこで周りとの間で4個の価電子を使って電子対結合を作り，それを延々とくり返したのがこの種の結晶である（1-7図）．したがって共有結合結晶は巨大な分子に似ているともいえる．なおダイヤモンド構造で1つの原子を囲む隣接原子の配置は，いわゆる4面体配置（正4面体の中心にある原子を4つの頂点の原子が囲んだ配置）であり，たとえば CH_4 分子での C を囲む4つの H 原子の配置と同じである．

　共有結合結晶も一般に結合力が強い（1-4表）．結晶内の価電子は電子対を作って各結合手におさまり，安定した状態になっている．電場をかけても電子は動かず（正しい説明は第7章），この種の結晶も絶縁体である．ただ

Geなどではこの束縛がゆるく，温度が高くなると電子は結合手から抜け出し伝導性を示す．これがいわゆる半導体で，伝導度は温度とともに増す．

さて，**III - V化合物**とよばれる一群の物質があり，上の4価元素結晶と似た性質を示す．これは3価元素のB, Al, Ga（ガリウム），In（インジウム）などと5価のN，P，As（ヒ素），Sb（アンチモン）などとの間の化合物である．結晶構造はダイヤモンド構造と同じかよく似ており，ただ3価と5価の原子が交互に配列している．そしてたとえばGaAsなら，Gaからの3個とAsからの5個，合計1対当り8個の価電子が電子対結合を作る（1-8図）．しかし原子価が違うので，イオン結晶的性格もある．またAsの方が正電荷が大きいので，結合手の電子密度はいく分そちらに引き寄せられていると思われる．このIII - V化合物も半導体的性質を示し，そのいくつかは固体エレクトロニクスの材料として重要である．

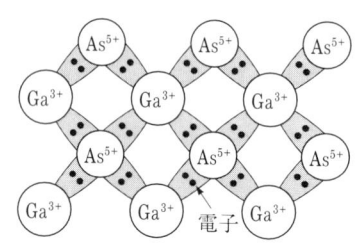

1-8図　GaAsの電子状態

（3）　金属結晶

金属の最も重要な特徴は多数の**伝導電子**（conduction electron）を含むことである．すなわち，金属内の価電子は個々のイオンから離れて伝導電子となり，結晶中をほぼ自由に走り回っている．電場が加わればそれに引かれて流れ出し，電気伝導をひきおこす．一方，価電子を失ったイオンは規則正しく配列して結晶を構成する．

伝導電子は金属結合の原因にもなっている．しばしば金属の状態を称して，伝導電子がほぼ一様な負の電荷分布（の海）を作り，一方 正イオンはそれに支えられて浮いている，というような表現をする（1-9図）．1-3表はいくつかの金属での最も近いイオン間距離 d とイオン半径を示すが，Cu

§1.2 結晶の結合力

を除いてイオン間のすき間のかなり大きいことがわかる．したがってイオン同士の直接的相互作用は弱く，その間を埋めている電子が結合をひき起こしていると考えるのは自然である．これに対して Cu では実際にイオン間相互作用がかなり強いことが知られている．

ではなぜ伝導電子によって結合が起こるのか？　いろいろな因子があってやや複雑だが，伝導電子の運動エネルギーの変化が最も重要な原因である．

一般に，狭い所にとじこめられた電子は不確定性関係のため大きな運動エネルギーをもつ．このことは原子内の電子についてもあてはまる．たとえば，電子が原子核から r 程

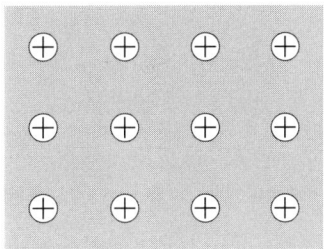

1-9図　金属は伝導電子の海の中に正イオンが浮いている状態にたとえられる．

1-3表　最も近接したイオン間の距離 d とイオン半径（Å）

金属	d	イオン半径
Na	3.67	0.98
Mg	3.20	0.65
Al	2.86	0.50
Cu	2.55	0.96

度の範囲の所に捕えられている場合，その位置は r 程度の不確かさできまる．すると不確定性関係によって運動量には $\hbar/r$ 程度の不確定が生ずる．その意味は，かなり大きな確率で $\pm\hbar/r$ くらいの運動量をもつ，ということである．そこでこの電子は，電子質量を m として

$$K = \frac{1}{2m}\left(\frac{\hbar}{r}\right)^2 \tag{2.4}$$

程度の平均運動エネルギーをもたざるを得ないことになる．*（脚注次頁）

さてこのような原子が集まって結晶を作ると，価電子は伝導電子となり，広い結晶内を自由に走り回れるようになる．上のような運動エネルギーはほとんど0に減る．すなわち結晶を作ると，伝導電子1個について K ほどのエネルギーが低くなる．ただし第3章で述べるフェルミ・エネルギーなるもののため，実際の減り高は半分ぐらいだが．こうして伝導電子によって結合

が生ずるので，一般に原子1個当りの伝導電子の数（原子価）が多いほど結合力は強くなる．1-4表におけるNa（1価），Mg（2価），Al（3価）の結合エネルギーの値は確かにそのような傾向を示している．

このようなメカニズムによる金属の結合力は，イオン結晶や共有結合結晶に比べあまり強くない．金属の中でCuやFeの結合力が強いのは，伝導電子以外に，もっと内殻の電子の間の相互作用が寄与するためだと考えられている．特にFeなどでは，内殻電子による共有結合が働いているといわれる．タングステンの大きな結合エネルギー（880 kJ·mol^{-1}）なども同じ原因によるものと考えられる．

（4） 分子性結晶

分子性結晶の代表例は，ネオンやアルゴンなど閉殻構造をもつ希ガス元素の結晶とか，H_2, O_2, CH_4 のような安定な飽和化合物の分子からなる結晶などである．これらは新しく結合を作るための電子ももたないし，電気的にも中性である．分子性結晶での結合は**ファンデルワールス力**（van der Waals force, 以下v.W.力と省略）とよばれる力に起因する．

この力を説明するため，2つの水素原子を近づけた場合を考えよう．ただ

---

* このような運動エネルギー（局在化エネルギーとよぶ）については，なじみの薄い読者が多いかと思う．しかしこれは教科書にはあまり出ていないが量子力学の基礎的な常識で，たとえばこれを使って水素原子のエネルギーが導かれる．

水素の原子核から平均 r 程度の範囲につかまっている電子を考えよう．その静電エネルギー U は大体 $-e^2/4\pi\epsilon_0 r$ であり，r の減少とともに低くなる．一方，局在化エネルギー K は逆に増加し，全エネルギー $K+U$ は適当な r の所で最小値をとる．その r は，$d(K+U)/dr = 0$ から解かれ

$$r_0 = 4\pi\epsilon_0 \hbar^2/me^2 \tag{2.5}$$

となるが，これはいわゆるボーア半径と同じである．これを $K+U$ に入れると

$$K+U = -me^4/2(4\pi\epsilon_0\hbar)^2 \tag{2.6}$$

となり，水素原子の基底状態のエネルギーと一致する（数値因子まで含めての完全な一致は偶然だが）．この種の方法は，一般にポテンシャル場につかまった電子の基底状態エネルギーの概算に，しばしば利用される．なお古典力学では局在化エネルギーが現れないため，r はいくらでも小さくなりえて，水素原子も潰れてしまう．

§1.2　結晶の結合力

し，電子対結合などが生じない程度に十分離れているとする．v. W. 力は古典力学でも理解できるので，それで行く．電子はそれぞれの原子核の周りを回っているが，時々刻々の軌道上の位置を観察して記録したとする．すると1-10図のよ

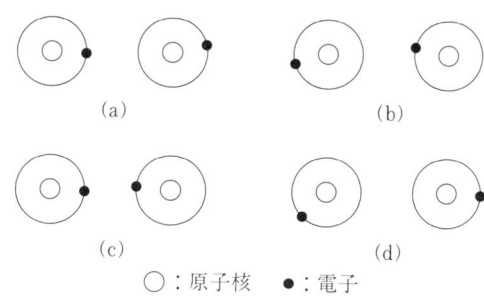

1-10図　2つの水素原子がある場合のさまざまな電子位置

うなのが，たくさん得られるだろう．ところで，このような各場面での静電エネルギーを考えると，少しずつ違っている．すぐわかると思うが，(a)，(b)のような場面に比べ(c)の方が高いエネルギーをもつ．また(d)のエネルギーも(a)，(b)より高い．2つの原子が十分離れているときのエネルギーを0にとると，(a)，(b)でのそれは負，(c)，(d)では正になる．こうして体系の静電エネルギーは，電子位置の相互関係によって変化する．しかし，もし双方の電子の運動が互いに無関係なら，静電エネルギーが正の場面と負の場面が同じように現れ，その平均値は0になる．これは2つの原子の間に相互作用がないことに相当し，中性原子の間に静電力がないのと同じ意味である．だが実際には，原子が近づくにつれ双方の電子の運動は無関係でなくなる．(a)，(b)のような低いエネルギーの場面の方が，(c)，(d)より相対的に現れやすくなる．このため静電エネルギーの平均値は負となり，引力的なポテンシャル・エネルギーが生ずる．これがv. W. 力である．以上は一番簡単な場合だが，もっと複雑な体系でも同様である．2つの原子(分子)が近づいたとき，双方の電子が無関係に運動するなら相互作用は生じないが，実際には静電エネルギーを低くするよう互いの電子運動が調整される．

量子力学でも本質的には同じである．ただ古典力学での時間的経過に相当するものが，量子力学では1つの波動関数によって表わされる（言いかえると，1-10図のいろいろな場面の（量子力学的意味での）重ね合せが波動関数である）．そして波動関数の中に双方の電子の間の相関を表わす部分があるため，v.W.力が生ずる．たとえば次のような波動関数を考える

$$\Psi(\boldsymbol{r}_1, \boldsymbol{r}_2) = (1 + cx_{1A}x_{2B})\psi_A(\boldsymbol{r}_1)\psi_B(\boldsymbol{r}_2) \tag{2.7}$$

ここで ψ_A, ψ_B はそれぞれの原子に属する原子軌道関数であり，x_{1A}, x_{2B} は各原子核位置から測った x 座標である（1-11図）．まず，$c=0$ の場合の Ψ は，電子1がA原子，電子2がB原子の周りを，互いに無関係に運動する状態に相当する．このとき ψ_A と ψ_B の重なりを無視すれば相互作用は生じない．前述のようなことは正の c の場合に起こる．このとき1-10図の(a),(b)のような電子位置では $cx_{1A}x_{2B} > 0$ で，上式の括弧内は1より大きくな

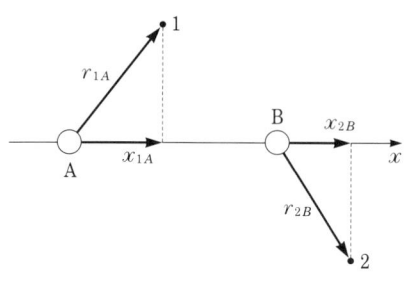

1-11図

る．一方，(c),(d)のような位置では逆に小さくなる．$|\Psi|^2$ が確率密度を表わすから，これは(a),(b)が(c),(d)より現れやすいことを意味する．実際の波動関数はもう少し複雑だが，大筋に違いはない．なお，静電エネルギーは c が大きいほど低くなるが，運動エネルギーは逆に高くなる．全エネルギーが最小になるように c がきまる．

　v.W.力のポテンシャル・エネルギーは原子（分子）間距離の6乗に反比例する．したがって距離が少し遠くなるとたちまち弱くなってしまう．一方接近して波動関数の間に重なりが起こると，イオン結晶でも見たような急激に強くなる斥力が働く．このため分子性結晶での原（分）子は，接触しているときだけ引力の働く剛体，というような性質をもっている．そこで原子や分子はなるべくビッシリとくっつき合った構造（最密構造）をとろうとする．分子の形が球に近いときには，1つの分子を他の12個の分子が取り囲んだ構造になる（1つの球を同じ大きさの球でビッシリと囲むには12個が

必要）．付‐2図の面心立方格子とか付‐4図の六方最密格子などがそれである．

このようにv.W.力は微妙なそしていささか頼りない力である．それから容易に想像できるように，分子性結晶の結合力は一般に弱い（1‐4表）．この種の物質の融点や沸点が低く，その多くが室温で気体の状態でいるのもこのためである．しかし，長いあるいは大きい分子では一般にv.W.力は強くなる．たとえばCH_4，C_2H_6，C_3H_8，…のような系列の場合，沸点は111 K，185 K，231 K，…と高くなり，ついには常温でも固体になる．これは長い分子ほど分子1個当りの外殻電子数が多い上，1‐10図にあるような電子位置のかたよりも大きく起こりうるためである．ただこの場合のv.W.ポテンシャルは分子の方向に依存する異方性をもち複雑である．この種の分子性結晶は多くの有機化合物を含み，従来はむしろ化学の研究対象だった．しかし近頃そのいくつかは特異な物理的性質（特に伝導性）のため，物性物理学の立場からも注目されている．

ここでNaCl結晶とH_2結晶とを比べてみよう．前者の場合，結晶はNaとClのイオンから構成されており，決してNaCl分子から作られてはいない．1つのNaに対して6個のClが等距離のところにあり，特に親しいNaとClのペアがあ

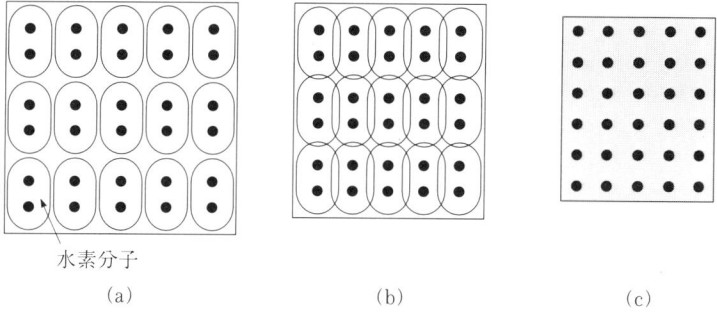

水素分子
(a)　　　　　　　　　(b)　　　　　　　　(c)

1‐12図　(a) 常圧下，(b) 高圧下，(c) 金属状態　の水素結晶

16　　　　　　　　　　　　　　　　1. 物質の凝集機構

るわけではない．これは，NaCl 分子での分子内結合力に比べ分子間の相互作用が強く，結晶を作るとき分子が壊れてしまうためである．これに対して H_2 結晶では逆で，分子内の結合力は分子間相互作用よりはるかに強く，結晶内での分子は孤立した分子とほとんど変りない．しかし非常に強い圧力を加えて圧縮すると事情は変ってくる．分子間距離が減るにつれて相互作用は強くなる．その結果 H_2 結晶の場合，多分 300 万気圧程度で分子が壊れると考えられている．すると結晶は水素原子から構成されたものになる（1–12 図）．これは同じ 1 価元素の Li や Na の結晶と似たもので，金属である．木星や土星の内部はこのような金属水素（の液体）からなるといわれる．

（5）　水素結合結晶

このタイプの結晶の代表的なものは H_2O 結晶（氷）である．その結合力はあまり強くないが，簡単な分子性結晶に比べればかなり強い．氷の場合について結合の機構を説明する．その結晶構造はダイヤモンド構造（付–3 図）と同型であり，炭素の位置に酸素がいる．したがって 1 つの酸素を隣接する 4 つの酸素が取り囲んでいる．そして酸素 1 個当り 2 個の水素（酸素に電子を奪われて H^+ イオンに近い）があって，これが 1–13 図のように隣り合った酸素の中間に入りこむ．ところで結晶中の隣接酸素間の距離は約 2.8Å で，H_2O 分子での H–O 間距離 0.95Å の 2 倍以上ある．そこで水素は O–O 間の中点でなく，どちらか一方の酸素側に寄ってそれと一緒に（図の実線で結んだような）H_2O 分子を構成する．＊したがって結晶を作っても，H_2O 分子はバラバラのときの構造を

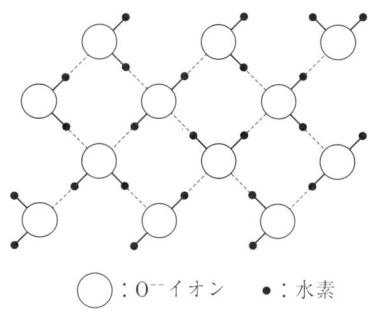

1–13 図　氷の構造（2 次元的に描いた）

＊　ダイヤモンド構造で，1 つの O から隣接する 2 つの O へ向かう方向の間の角度は $2\cos^{-1}(1/\sqrt{3}) \approx 109°$．これは水分子での $\angle HOH = 105°$ にかなり近い．

かなりよく保っている．さて分子間の結合力は，1-13図の点線で結んだような対の間の静電力，すなわち水素の正電荷と酸素の負電荷の間の静電力がもとになっている．直接的な静電力なのでv.W.力よりも結合力は強い．

しかし1-13図のようなH$_2$O分子の組合せは固定されたものではない．水素は，その両側の酸素のうちのどちら側にでもつくことができ，実際にはたえず一方から他方へと行き来をくり返す．ある瞬間 図のようになっていても，次の瞬間には別のH$_2$Oの組合せを作る．したがって水素は平均的には両側の酸素に共有されているともいえる．この状態は，電子対結合で2つの原子の中間に電子が共有されているのと似ている．

このように水素イオンは2つの居場所をもち，その間を行き来できる．それが原因となって，一般に水素結合結晶は大きな誘電率をもつ（-2°Cでの氷の比誘電率は94）．すなわち電場が加わると，水素イオンが2つの居場所のうちの陰極側に移動し，大きな分極を生ずる．

1-4表

結晶のタイプ	例	結合エネルギー (kJ·mol^{-1})	結合力の原因
イオン結晶	NaCl	765	イオン間の静電力
	KCl	688	
	AgCl	861	
共有結合結晶	ダイヤモンド	711	電子対結合
	SiC	1180	
金属結晶	Na	108	伝導電子
	Mg	145	
	Al	327	
	Cu	336	
	Fe	413	
分子性結晶	A	7.7	ファンデルワールス力
	CH$_4$	10.0	
水素結合結晶	H$_2$O	50	H$^+$を介する静電力

（6） まとめ

以上5つのタイプの結晶について結合の機構を説明した．このように結合力の原因はいろいろだが，基本的にはすべて静電エネルギーがもとになっている．金属の場合でも直接的には電子の運動エネルギーの減少が結合をひき起こすが，さらに元をたどれば静電エネルギーに帰着する．* 1-4表に各タイプの代表例とその結合エネルギー，結合の原因などをまとめておく．

§1.3 液体の結合力

最後に液体の結合力について簡単にふれておく．液体の（少なくとも融点直上あたりでの）結合力の性質は固体とあまり違わないと考えられる．液体は，ある種の物理的性質については結晶とかなり違う．しかしその微視的な構造は，結晶のときの構造をかなりよく保っており，いわば乱れの強い結晶という状態に近い．これは次のような事実から確かめられる．

結晶を液体にするとき融解熱が必要である．これは結晶と液体での結合エネルギーの差と考えてよい．しかし1-5表に例示したように，融解熱は結合エネルギーに比べ はるかに小さく，大体 数% 程度に過ぎない．

1-5表 融解熱と結合エネルギー
(kJ・mol^{-1})

物質	融解熱	結合エネルギー
NaCl	28.4	765
Na	2.6	108
Mg	9.0	145
Al	10.8	327
Pb	4.8	196
CH$_4$	0.94	10.0
H$_2$O	6.0	50

結晶から液体になるとき体積が変化する（大抵は増加する）．しかしその変化の割合は一般に小さく，ふつうは 数%，大きいもので 10～20% 程度．さらに平均原子間距離の変化はその1/3である．この程度の小さな変化によって結合力の性質が大きく変ることは考えにくい．

---

* もし静電力がなければ，個々の原子で電子を原子核近傍に捕えておくこともできない．(2.4)のような局在化エネルギーは最初から現れない．

2 格子振動と結晶の熱的性質

結晶を構成している原子は一応きまった規則的な位置にいるが，決して静止してはいない．**格子振動** (lattice vibration) とよばれる振動を行なっている．格子振動は温度の上昇とともに激しくなり，また結晶の中を波の形で伝わって行く．このようなことから，比熱や熱伝導などの熱的現象が現れる．

§2.1 アインシュタインの比熱の式

まず結晶内の原子振動を最も簡単な考え方で扱おう．1個の原子に着目する．この原子は格子点*を中心として振動しているが，それを格子点からの復元力による単振動と考える．すなわち，格子点から u だけずれたとき，原子には $-fu$ という復元力が働くとする．すると原子の運動方程式は

$$M\frac{d^2u}{dt^2} = -fu \tag{1.1}$$

となる．M は原子の質量である．この解はご存知のとおり

$$u(t) = \xi \cos(\omega_0 t + \phi) \tag{1.2}$$

のような単振動である．ただし ω_0 は

---

* 静止している結晶を考えると，各原子の中心位置は，規則正しい点の配列を空間の中に作り出す．このような点を**格子点** (lattice point)，隣り合った格子点を結ぶことによって得られる網目を**格子** (lattice) とよぶ．

$$\omega_0 = \sqrt{f/M} \tag{1.3}$$

温度が上がると振動は激しく（ξは大きく）なり，振動エネルギーは増える．古典統計力学が成り立つときには，その平均値に対し等分配法則が適用できる．すなわち絶対温度 T K で，振動の運動エネルギーとポテンシャル・エネルギーの平均値はともに $k_bT/2$ で与えられる．k_b はボルツマン（Boltzmann）定数．そこで振動エネルギーの平均値は

$$\langle \varepsilon \rangle = k_b T \tag{1.4}$$

となる．ここまで 1 方向だけの振動を考えてきたが，実際には他の 2 方向へも振動するので，原子 1 個当りの平均振動エネルギーは $3k_bT$ となり，さらに原子 N 個からなる結晶の全振動エネルギーは

$$E = 3Nk_bT \tag{1.5}$$

で与えられる．したがって，単体結晶（1 種類の元素だけからなる結晶）1 モル当りの比熱は

$$C_V = dE/dT = 3N_A k_b = 3R \cong 24.94 \text{ J·K}^{-1}\text{·mol}^{-1} \tag{1.6}$$

となる．N_A はアヴォガドロ数，R は気体定数である．この式は，単体結晶の常温でのモル比熱が物質によらず大体 6 cal·deg^{-1}（$\cong$ 25 J·K^{-1}）になるという実験法則，デュロン‐プティ（Dulong‐Petit）の法則，に相当する．なお，この式では振動エネルギーの温度変化だけを考え，熱膨張の効果は無視した．したがって，得られたのは定積比熱である．しかし低温になるとこの法則は破れ，比熱は非常に小さくなる．これは量子論的効果が効き出すためで，それを考慮したのが次に述べるアインシュタイン（Einstein）の比熱の式である．

量子力学によれば，角振動数 ω_0 で振動する粒子のエネルギーは，古典力学でのような連続的な値をとることはできず

$$\varepsilon_n = \left(n + \frac{1}{2}\right)\hbar\omega_0 \quad (n = 0, 1, 2, \cdots) \tag{1.7}$$

のようなとびとびの値しか許されない．なお，$\hbar\omega_0/2$ は零点エネルギーとよ

§2.1 アインシュタインの比熱の式

ばれ，座標 u と運動量 p とが同時に0になることはできない，という不確定性関係の結果現れる．

エネルギー値が不連続的だと平均エネルギーも違ってくる．しかし，この場合でも粒子がエネルギー ε をもつ確率は古典論と同じで，ボルツマン因子 $\exp(-\varepsilon/k_bT)$ に比例する．したがって，ε_n をもつ確率 P_n は

$$P_n = \exp(-\varepsilon_n/k_bT) \Big/ \sum_{m=0}^{\infty} \exp(-\varepsilon_m/k_bT) \tag{1.8}$$

で与えられる．分母があるので P_n の和は1になる．次に ε_n に (1.7) を入れ，また $\hbar\omega_0/k_bT$ を x と書くと

$$P_n = e^{-nx} \Big/ \sum_{m=0}^{\infty} e^{-mx} \tag{1.9}$$

となる．ε_n の中の $\hbar\omega_0/2$ は分母分子に共通で消えている．これから平均エネルギー $\langle\varepsilon\rangle$ は

$$\langle\varepsilon\rangle = \sum_{n=0}^{\infty} P_n\varepsilon_n = \frac{\hbar\omega_0}{2} + \sum_{n=0}^{\infty} n\hbar\omega_0 e^{-nx} \Big/ \sum_{n=0}^{\infty} e^{-nx} \tag{1.10}$$

で与えられる．第2項の級数は次のようにして計算される．まず

$$\sum_{n=0}^{\infty} ne^{-nx} \Big/ \sum_{n=0}^{\infty} e^{-nx} = -\frac{d}{dx}\log\left(\sum_{n=0}^{\infty} e^{-nx}\right)$$

これは右辺の微分を実行してみれば確かめられる．次に右辺の級数は公比 e^{-x} の等比級数なので，和も簡単に求まり，結局

$$= -\frac{d}{dx}\log\left(\frac{1}{1-e^{-x}}\right) = \frac{1}{e^x - 1}$$

を得る．これを $\langle\varepsilon\rangle$ の式に入れ

$$\langle\varepsilon\rangle = \frac{\hbar\omega_0}{2} + \frac{\hbar\omega_0}{e^{\hbar\omega_0/k_bT} - 1} \tag{1.11}$$

となる．これが (1.4) に代る量子論的な平均エネルギーで，プランクの熱放射の理論にも現れる有名な式である．なお，十分高温で $\hbar\omega_0/k_bT$ が小さいときには，指数関数を級数展開して極限をとると $\langle\varepsilon\rangle \to k_bT$ となり，古典論の結果に近づく．すなわち高温では，熱エネルギー k_bT が振動エネル

ギーの準位間隔 $\hbar\omega_0$ よりずっと大きくなり，結果として $\hbar \to 0$ の古典論の場合と同じようになる．

量子論的なモル比熱の式を出すには，この $\langle\varepsilon\rangle$ に $3N_A$ を掛けて T で微分すればよい．すると

$$C_V(T) = 3R \frac{(\hbar\omega_0/k_bT)^2 \exp(\hbar\omega_0/k_bT)}{[\exp(\hbar\omega_0/k_bT) - 1]^2} \qquad (1.12)$$

が出る．次の**アインシュタイン温度**（Einstein temperature）Θ_E を使うと，この式はもう少し見やすくなる．すなわち

$$\Theta_E = \hbar\omega_0/k_b \qquad (1.13)$$

これは温度の次元をもち，振動の量子 $\hbar\omega_0$ を温度目盛で表わしたものになっている．これを使うと同じことだが，(1.12) は

$$C_V(T) = 3R \frac{(\Theta_E/T)^2 \exp(\Theta_E/T)}{[\exp(\Theta_E/T) - 1]^2} \qquad (1.14)$$

と書き直される．これが**アインシュタインの比熱の式**である．

この式も高温（$T \gg \Theta_E$）では，$\langle\varepsilon\rangle$ がそうだったように古典論の値に近づく．しかし低温では大きく違ってくる．特に $T \to 0$ では

$$C_V(T) \cong 3R\left(\frac{\Theta_E}{T}\right)^2 \exp\left(-\frac{\Theta_E}{T}\right) \qquad (1.15)$$

となり，比熱は 0 に近づく．これはエネルギー準位の間隔に比べて熱エネルギーが小さく，上の準位に上がることが非常にむずかしくなるためである．全般的な温度変化は 2-1 図のようになる．実験結果も大体これに似ている．

しかし，実験と理論とをくわしく比べると，低温でくい違いが見出さ

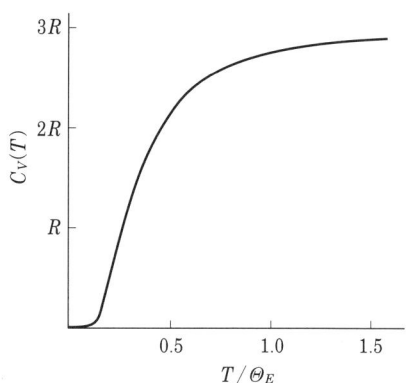

2-1図　モル比熱の温度変化
（アインシュタインの式）

§2.2 波の形で伝わる格子振動

れた．すなわち $T \to 0$ のとき，理論による比熱は (1.15) のような強い形で 0 に近づく．一方，実験結果は T^3 に比例し，もっとゆるやかに 0 に近づく．この違いの原因は，結晶中の原子振動の様子を簡単に扱い過ぎたためである．原子の振動は実際には波の形で伝わる性質をもっており，そしてそれを考慮することで，低温での比熱やさらには熱伝導の現象も理解できる．

§2.2 波の形で伝わる格子振動

前節では，各原子は格子点からの復元力をうけて振動すると考えた．しかし復元力の原因は，周りの原子からの力であり，格子点そのものによるわけではない．周りの原子も動いているから，考えている原子に働く復元力も絶えず変化する．このため個々の原子の振動は独立でなく，互いに結びついて，いわゆる連成振動系を作っている．このような系の性質を，まず最も簡単な 1 次元結晶について，調べてみよう．

（1） 1 次元結晶での格子振動

原子が一直線上に等間隔 a で並んでいる 1 次元結晶を考える（2-2 図 (a)）．原子は互いに何かの力で結合しているが，その原子間力は 2 つの原子の間の距離が a のときつり合っているとしよう．すると距離が a よりも大

(a) 静止しているとき

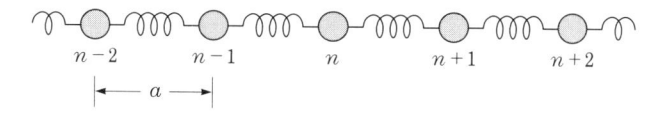

$n-2$　$n-1$　n　$n+1$　$n+2$

$\longleftarrow a \longrightarrow$

(b) 振動しているとき

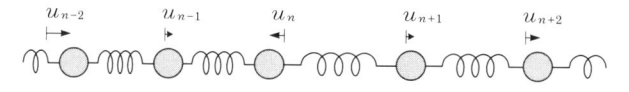

u_{n-2}　u_{n-1}　u_n　u_{n+1}　u_{n+2}

2-2 図　1 次元結晶の振動

きくなると互いに引き合い，小さくなると反発し合うような復元力が働く．これは隣り合った原子が自然長 a のバネでつながっているのと同じである．

さて原子に図のように番号をつけ，ある時刻 t における原子 n の格子点（静止しているときの位置）からのずれを $u_n(t)$ と書く（2-2図(b)，なお右方へのずれを正にとる）．その時刻での原子 $n-1$ と n との距離は $a+u_n-u_{n-1}$ である．これが a より大きいとき，その間のバネは縮もうとするので，原子 n に働く力は左向き（負）となる．a より小さいときは逆に正となる．そこで，n が $n-1$ から受ける力は f を力の定数（>0）として

$$-f(u_n - u_{n-1})/2 \tag{2.1}$$

のように書ける．同様に $n+1$ から受ける力は

$$-f(u_n - u_{n+1})/2 \tag{2.2}$$

となる．もっと離れた原子からの力を無視すれば，原子 n に働く力はこの2つだけであり，したがって運動方程式として

$$M\frac{d^2 u_n}{dt^2} = -\frac{f}{2}(2u_n - u_{n-1} - u_{n+1}) \tag{2.3}$$

を得る．そして全ての n に対して同様の式が成り立つ．

ここで $u_{n-1} = u_{n+1} = 0$，すなわち両隣りの原子を固定すると，この式は前節の(1.1)と同じになる．しかし実際には両隣りも動くので，連立微分方程式になってしまう．これを解くのは非常にむずかしそうだが，方程式が全ての n に対して同じ形をしているため，割合と簡単に解ける．まず

$$u_n(t) = \xi \cos(nqa - \omega t + \phi) \tag{2.4}$$

と置いてみる．ここで na が原子 n の格子点の位置に相当するので，この式は角振動数 ω，波長 $2\pi/q$ の進行波を表わしている．ξ と ϕ はその振幅と位相である．このとき両隣りの原子のずれは

$$u_{n\pm 1}(t) = \xi \cos[(n \pm 1)qa - \omega t + \phi]$$
$$= \xi \cos(nqa - \omega t + \phi)\cos qa \mp \xi \sin(nqa - \omega t + \phi)\sin qa$$

§2.2 波の形で伝わる格子振動

で与えられ，したがって

$$u_{n-1} + u_{n+1} = 2\xi \cos(nqa - \omega t + \phi)\cos qa = 2u_n \cos qa$$

となる．これを (2.3) の右辺に入れ，さらに左辺が $-M\omega^2 u_n$ であることに注意すると，両辺から u_n が落ちて

$$M\omega^2 = f(1 - \cos qa) = 2f\sin^2(qa/2) \tag{2.5}$$

を得る．この式は ω が q の関数であることを示している．そして任意の ξ, ϕ, q と $\omega(q)$ を (2.4) に入れたものは全て運動方程式 (2.3) の解となる．なお，q は**波数**（wave number）とよばれ，波長 λ と

$$q = 2\pi/\lambda \tag{2.6}$$

の関係にある．波長そのものよりも波数の方が，一般に式も簡単になりまた便利なので，よく使われる．

さて (2.5) からは，正負 2 つの ω が得られる．しかしふつうは

$$\omega = \sqrt{\frac{2f}{M}}\left|\sin\frac{qa}{2}\right| \tag{2.7}$$

のように正の値だけをとる．すると (2.4) は q が正の場合には右向きの，逆に負なら左向きの，進行波を表わす．ω と q の関係は 2-3 図のようになり，ω は q に対して周期的に変化する．しかし，実際に意味があるのはこ

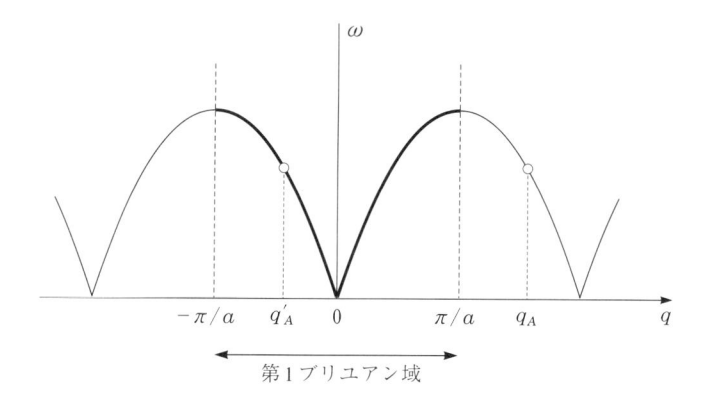

2-3 図　ω と q の関係．なお波数 q_A と $q'_A (= q_A - 2\pi/a)$ とは全く同じ格子波になる．

の中の1周期分で,普通は $-\pi/a$ から π/a の範囲(太線で示してある)だけを考える.このような q の領域を**第1ブリユアン域**(first Brillouin zone)という舌を嚙みそうな名前でよんでいる.

この領域以外の q によって表わされる波はすべて,第1ブリユアン域内のどれかの q による波と同じになる.たとえば,図の波数 q_A の波は波数 $q'_A (= q_A - 2\pi/a)$ の波と全く同じである.すなわち,前者は (2.4) により

$$u_n(t) = \xi \cos(nq_A a - \omega t + \phi)$$

だが,これは

$$= \xi \cos[n(q_A - 2\pi/a)a - \omega t + 2n\pi + \phi]$$

cos 関数の周期性により

$$= \xi \cos[n(q_A - 2\pi/a)a - \omega t + \phi]$$

$$= \xi \cos(nq'_A a - \omega t + \phi)$$

となる.さらに q_A と q'_A とでは振動数も等しい(ω の周期性)ので,2つの波は全ての原子に対し完全に同じ運動を与える.このことは,原子間距離 a よりも短波長の波(すなわち,a の区間で何度も振動しているような波)は意味がない,ということに相当する(2-4図).波長に下限があるた

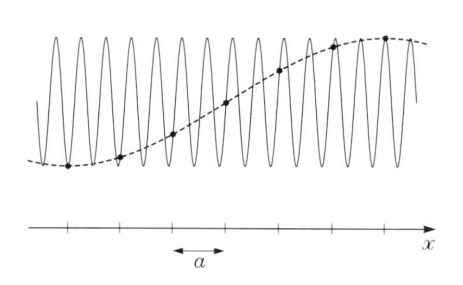

2-4図 原子間距離 a より短波長の波(実線)は,点線のような長波長の波と同じ原子振動を与える.

め波数に上限ができる.なお,第1ブリユアン域右端の $q = \pi/a$ の波は左端 $-\pi/a$ の波と同じである.

ところで線形運動方程式 (2.3) の解は (2.4) だけでなく,これをいろいろな波数について加え上げた

§2.2 波の形で伝わる格子振動

$$u_n(t) = \sum_q \xi_q \cos(nqa - \omega(q)t + \phi_q) \quad (2.8)$$

のような運動もやはり解である．ここで ξ_q, ϕ_q などは任意にとれる．むしろ (2.8) が一般解で，原子の実際の運動もこのようになっている．すなわち原子の振動は結晶内を伝播するいろいろな波の重ね合わせで表わされる．したがって個々の原子の運動は簡単な単振動ではなく，多くの振動数成分を含んだ複雑なものになる．しかしそれを逆にいろいろな波数の波に分解すると，個々の波は互いに独立に運動し簡単になる．後者のような運動を**規準モード** (normal mode) の運動，また波を**格子波** (lattice wave) とよぶ．

十分長波長，すなわち $\lambda \gg a$ の格子波は弾性波と同じになる．この場合 $qa(=2\pi a/\lambda) \ll 1$ なので，(2.7) は

$$\omega \cong \sqrt{\frac{f}{2M}}\, qa = 2\pi\sqrt{\frac{f}{2M}}\,\frac{a}{\lambda} \quad (2.9)$$

となる．振動数が波長に反比例するのは弾性波の特徴の一つで，その場合波の速度は ω と λ から次のように与えられる．

$$s = \lambda \cdot (\omega/2\pi) = a\sqrt{f/2M} \quad (2.10)$$

実際，ここで扱った 1 次元結晶に相当する連続的媒質を伝わる弾性波の速度は，上式と一致する（後出の(c)参照）．また原子の運動の様子も同じになる．すなわち長波長の場合，互いに近くにある原子はあまり位相差なくそろって運動する．これは普通の弾性波での原子の運動と同じである．

こうして (2.4) のような格子波は長波長で弾性波と一致する．しかし短波長になると不連続的な原子構造の影響が現れ，ω 対 q の関係が (2.9) から外れだす．なお (2.7) によると振動数の最大値 ω_m は $\sqrt{2f/M}$ だが，これは (2.10) によると $2s/a$ と書ける．典型的な物質で，たとえば $s \cong 5 \times 10^3 \mathrm{m \cdot s^{-1}}$，また $a \cong 3 \times 10^{-10}\mathrm{m}$ くらい，したがって ω_m は $3 \times 10^{13}\mathrm{s^{-1}}$ 程度となる．

ここで若干の補足的説明を加えておく.

(a) 本節のはじめで原子間力を一定の強さをもつバネのように扱った.しかし原子間力はもちろんバネとは違うし,ずい分乱暴な近似と思われたかも知れない.ところが実際には次のようなことで,かなり良い近似となっている.

すなわち1対の原子の間の結合エネルギー $U(r)$ は,その間の距離 r が a のときに最小になる.そして r が a に近いところで

$$U(r) = U(a) + \frac{1}{2}\left(\frac{d^2U}{dr^2}\right)_{r=a}(r-a)^2 + \cdots$$

のようにテイラー展開される.1次の項は $r=a$ で極小という条件から現れない.したがって原子間の力はこれを微分して

$$-\frac{dU}{dr} = -\left(\frac{d^2U}{dr^2}\right)(r-a) + \cdots \tag{2.11}$$

となる.ところで現実の結晶での格子振動の場合,その振幅は一般にかなり小さい.温度とともに増加するが,振幅が最大となる融点直下でも,大体原子間距離の10%程度に過ぎない.したがって,この式で $r-a$ の2次以上の項を省略しても悪い近似ではない. d^2U/dr^2 を $f/2$ と書くと (2.1) が出る.なお3次元の場合も同様な近似で,力は変位の1次式で表わされ,格子波が規準モードとなる.

(b) ここで行なった他の近似は隣り合う原子間の力しか考えなかったことである.しかしもっと離れた原子間の力を考えても本質的な違いは生じない.ただ ω と q の関係が (2.7) より多少複雑になるだけである.2-7,-8図に見られるのはその例である.

(c) 最後に,この節で扱った1次元結晶に対応する連続的媒質を伝わる弾性波の速度が (2.10) で与えられることを示そう.この波は細い弦の縦波に相当する.弾性体の力学によれば,その速度は弦の線密度(単位長さ当りの質量) σ と弾性定数 K を用いて

$$s = \sqrt{K/\sigma} \tag{2.12}$$

と書かれる.まず σ は,長さ a ごとに質量 M があるので, M/a である.では K は?この弦を一様にひきのばし,長さ l を $l+\Delta l$ にしたとする.各原子間隔は a から $a(1+\Delta l/l)$ にのびる.これによる原子間の復元力 F は (2.1) から $(f/2) \times a(\Delta l/l)$ となる.弾性定数 K は力 F をのびの割合 $\Delta l/l$ で割ったもので定義され, $fa/2$ となる.したがって,弾性波の速度は

$$s = \sqrt{\frac{fa/2}{M/a}} = \sqrt{\frac{f}{2M}}\,a \tag{2.13}$$

となり,(2.10) と一致する.

（2） 3次元結晶での格子振動

前項の1次元での話の大部分は3次元でもそのまま成り立つ．原子の振動はやはりいろいろな波の重ね合せで書ける．

しかし3次元の場合，同じ波長でも伝播方向の違う波があるため，波数 q はベクトルになる．これを**波数ベクトル**とよぶ．その大きさはやはり $2\pi/\lambda$ であり，方向は波の伝播方向，すなわち波面に垂直な方向と一致する（2-5図）．このため (2.4) の cos の部分は

$$\cos(\boldsymbol{q}\cdot\boldsymbol{r}_n - \omega t + \phi)$$

の形になる．$\boldsymbol{r}_n$ は原子 n の格子点の位置．さらに3次元では原子の振動そのものが3次元的になる．このためある波数ベクトル $\boldsymbol{q}$ に対して，振動方向の異なる3種類の波が存在し，縦波と横波という区別が生ずる．すなわち原子の振動方向が $\boldsymbol{q}$ と平行な縦波と垂直な横波である（2-6図）．横波にはもう1つ紙面に垂直に振動する波もあり，独立な波の数は合計3つとなる．こうして3次元での格子波は

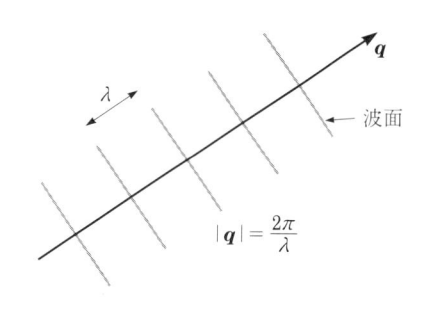

2-5図　波数ベクトルの説明

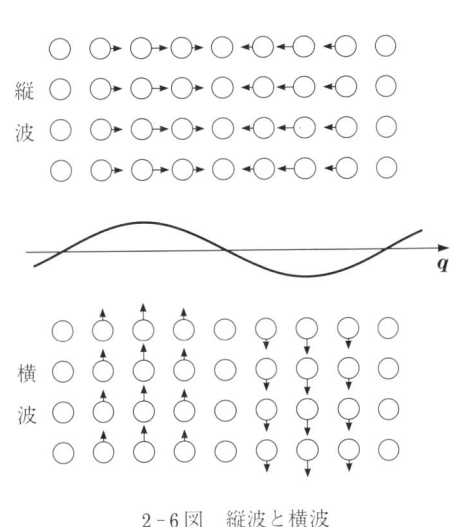

2-6図　縦波と横波

$$\boldsymbol{u}_n(t) = \xi \boldsymbol{e}_i \cos(\boldsymbol{q}\cdot\boldsymbol{r}_n - \omega_i(\boldsymbol{q})t + \phi) \quad (i = 1, 2, 3) \quad (2.14)$$

のような形で与えられる．ξ が波の振幅，$\boldsymbol{e}_i$ は振動方向を表わす単位ベクトル，i は3種類の波を区別する添字である．振動数は一般に $\boldsymbol{q}$ の大きさだけ

でなく方向にも依存し、また縦波か横波かによっても異なる（一般に縦波の方が振動数が高い）．3次元の場合も長波長の波は弾性波と一致する．そして q が小さいときの振動数は，対応する弾性波の速度 s_i を使って

$$\omega_i(q) \cong 2\pi s_i/\lambda = s_i q \tag{2.15}$$

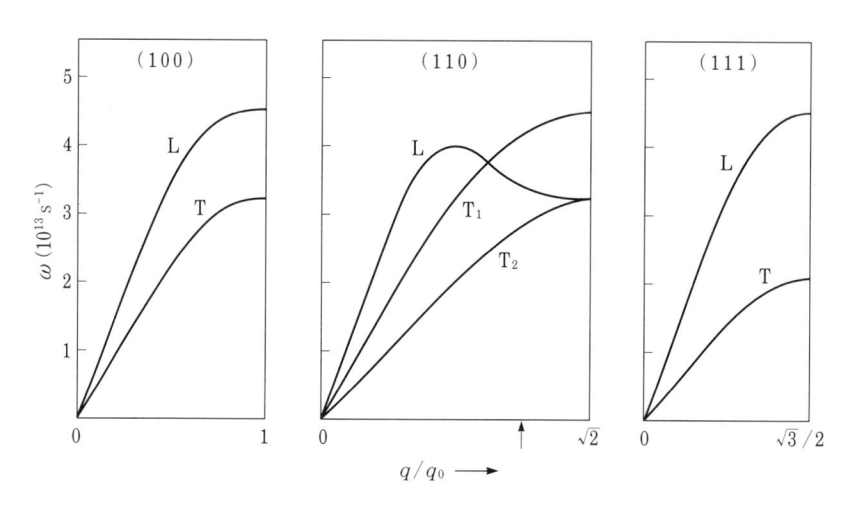

2-7図　銅の ω-q 関係（分散関係），$q_0 = 1.74 \times 10^{10}\,\mathrm{m}^{-1}$

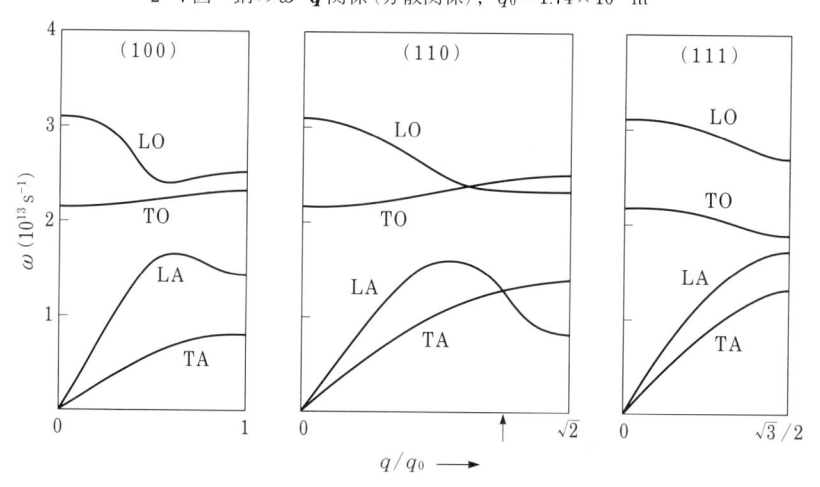

2-8図　KBr の分散関係，$q_0 = 0.955 \times 10^{10}\,\mathrm{m}^{-1}$

§2.2 波の形で伝わる格子振動

と書くことができる．

また，ある程度より短波長の波は1次元の場合と同じく無意味であり，その結果 q の値もある領域（第1ブリユアン域）内に限られる．この領域は結晶構造に依存した多面体の形をとる．例えば x, y, z 方向に間隔 a で同種の原子が立方体的に並んだ単純立方格子（現実には存在しないが）なら，$-\pi/a \leq q_x, q_y, q_z < \pi/a$ という立方体の領域になる．現実の結晶での第1ブリユアン域の例は7-16図に示されているが，かなり面倒な形だ．

実際の ω 対 q の関係（**分散関係**とよぶ）はかなり複雑である．中性子線の非弾性散乱の測定からこれを決めることができ，2-7，-8図はその例である．さし当りざっと眺めておけばよいと思う．ω は q の方向にも依存するが，3つの方向に沿った値を示してある．L，T は縦波と横波を意味し，T_1，T_2 は2つの横波の振動数が違うことを示す．ただし，大きい q では縦波横波の区別があまりはっきりしなくなる．第1ブリユアン域の形はどちらも7-16左図のようだが，その境界面での q は(100)と(111)方向については図の右端であり，(110)方向では矢印の所 ($3\sqrt{2}/4$)* にある．

ところで KBr については，さらに説明を加える必要がある．このように2種類の原子を含む結晶では，これまでのような弾性波的な波のほかに，$q=0$ で K と Br とが互いに反対方向に動くような波がある（2-9図）．この種の波を**光学モード**（optical mode）

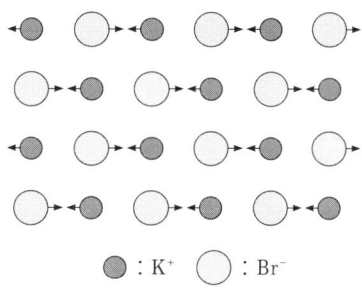

2-9図 $q=0$ の光学モード格子振動

---

* この位置は7-16左図のK点に相当する．さらに同じ方向に進むことは，前述の周期性のため，K′点から矢印方向に進むのと同等になる．そして k_z 軸と出会った所が $q/q_0 = \sqrt{2}$ の右端で，ここは対称性により(100)方向の右端と等価である．振動数も等しい．なお q の単位 q_0 は，Cu の場合 付-2図の a と $q_0 = 2\pi/a$，KBr では1-5図の a と $q_0 = \pi/a$，の関係にある．

の波とよぶ——イオン結晶でこのモードが赤外線と非常に強く相互作用するからである．一方，弾性波的な波を**音響モード**（acoustical mode）とよぶ（弾性波，特に縦波，は音波の性質をもつ）．2-8図でAおよびOは，音響モードと光学モードを意味する．音響モードの場合，q の減少とともに隣接する原子間の相対的動きは小さくなる．このため復元力の働きも弱まり，振動数は減少する．他方，光学モードでは2-9図からもわかるように，$q=0$ でも隣り合う原子間の動きは大きく振動数も高い．

一般に結晶の単位構造（単位胞あるいは単位格子ともいう）の中に2個以上の原子を含む結晶では，$q=0$ でもそれら原子が相互に動くような振動モード（やはり光学モードとよぶ）が存在し，高い振動数をもつ．ダイヤモンドやSiなどは単体結晶だが，構造的に単位構造中に2個の原子を含むので，意外にも光学モードをもつ．

ここで光学モードがどのような計算によって出てくるか，1次元結晶を例にとり簡単に示しておこう．質量 M_0，M_1 の2種類の原子が間隔 a で交互に並んでいて，偶数番号の位置には M_0 が，奇数番号には M_1 がいるとする．運動方程式は (2.3) のときと同様に考えて

$$\left. \begin{array}{l} M_0 \dfrac{d^2 u_{2n}}{dt^2} = -\dfrac{f}{2}(2u_{2n} - u_{2n-1} - u_{2n+1}) \\ M_1 \dfrac{d^2 u_{2n+1}}{dt^2} = -\dfrac{f}{2}(2u_{2n+1} - u_{2n} - u_{2n+2}) \end{array} \right\} \quad (2.16)$$

と書くことができる．これを解くため

$$u_{2n} = \xi_0 \cos(2nqa - \omega t + \phi)$$
$$u_{2n+1} = \xi_1 \cos((2n+1)qa - \omega t + \phi)$$

と置いて運動方程式に入れ，前と同じような計算をして，整理すると

$$\left. \begin{array}{l} (M_0 \omega^2 - f)\xi_0 + f \cos qa\, \xi_1 = 0 \\ f \cos qa\, \xi_0 + (M_1 \omega^2 - f)\xi_1 = 0 \end{array} \right\} \quad (2.17)$$

を得る．これはいわゆる固有値方程式で，0でない ξ_0, ξ_1 が得られるためには，係数の作る行列式が0でなければならない．その条件は ω^2 についての2次方程式となり，2つの根が q の関数として出てくる．一般的に解くのもむずかしくない

§2.2 波の形で伝わる格子振動

が，ここでは $q \to 0$ の場合を考える．そのとき ω は

$$\omega = \sqrt{\frac{f}{M_0 + M_1}}\, qa \qquad \text{および} \qquad \omega = \sqrt{\frac{(M_0 + M_1)f}{M_0 M_1}} \qquad (2.18)$$

となる．左が音響モード，右が光学モードである．これを (2.17) に入れ

$$\xi_0 = \xi_1 \qquad \text{および} \qquad M_0 \xi_0 + M_1 \xi_1 = 0 \qquad (2.19)$$

が得られる．光学モードでは ξ_0 と ξ_1 が逆向きで，重心は動かない．

(3) フォノン

結晶内の原子の振動は，さまざまな格子波の重ね合わせで書かれる．そして各格子波は互いに独立な波として結晶中を伝播する．言いかえれば，各波の間には相互作用がなく，ぶつかっても互いに無関係に行き違う．静かな水面に少し離して2つの小石を同時に落としたときなど，似た現象が見られる．このとき<u>全振動エネルギーは個々の格子波のエネルギーの和となる</u>．

さて1つの格子波のエネルギーは，古典力学ではその振幅とともに連続的に増加するが，量子論では量子化され，振動数 ω の場合

$$\varepsilon_n = (n + 1/2)\hbar\omega \qquad (2.20)$$

という前節と同じ離散的な値をとる．ただ，前節は1個の粒子のエネルギーの量子化だったが，今度は結晶内に広がった波のエネルギーの量子化なのでわかりにくいかも知れない．しかしこれは電磁波の場合も同じで，空間的に広がった電磁場のエネルギーが量子化される．そして振動数 ω の電磁波のエネルギーはやはり $\hbar\omega$ を単位として変化する．そこで $\hbar\omega$ ずつの塊を考え，これを**光子**（photon）と名づけている．同じように格子波の場合も $\hbar\omega$ ずつの振動エネルギーの塊を考え，これを**フォノン**（phonon*，**音子**などと訳す）とよぶ．また光子は光の進行方向に h/λ の運動量をもっているが，これは波数ベクトル $\boldsymbol{q}$（$q = 2\pi/\lambda$）と

$$\boldsymbol{p} = \hbar \boldsymbol{q} \qquad (2.21)$$

---

* 光を意味する photo- に対して，音を意味する phono- からきた言葉である．

の関係にある．フォノンも同様に運動量 $\hbar\boldsymbol{q}$ をもつ（ものとされる）．*

このようにして格子振動の系はさまざまなエネルギー $\hbar\omega(\boldsymbol{q})$ と運動量 $\hbar\boldsymbol{q}$ をもったフォノンの集まりによって表わされる．そしてフォノンは物質の熱的性質と直接的に関係しているだけでなく，特に伝導電子と相互作用して電気抵抗や逆に超伝導の原因になるなど，大変重要な存在である．

§2.3 デバイの比熱の式

温度の上昇につれ個々の格子波のエネルギーも増加する．温度 T で振動数 ω の1つの格子波がもつ平均エネルギーは（1.11）と同じく

$$\langle \varepsilon \rangle = \frac{\hbar\omega}{2} + \frac{\hbar\omega}{e^{\hbar\omega/k_bT} - 1} \tag{3.1}$$

で与えられる．これと（2.20）とを比べると，この波には平均

$$\langle n \rangle = \frac{1}{e^{\hbar\omega/k_bT} - 1} \tag{3.2}$$

個のフォノンが存在することになる．$\langle n \rangle$ は温度の上昇とともに増加し，十分高温では $k_bT/\hbar\omega$ に近づく．上の $\langle \varepsilon \rangle$ を全ての波について加え上げれば結晶の全振動エネルギーが得られ，その温度微分が比熱となる．しかしそのためには，波の数を知る必要がある．すなわちこれまでの議論では，波数 q は任意で連続的な値がとれた．このままだと格子波の数は，したがって振動エネルギーの合計も，無限大になる．これは結晶の大きさを制限しなかったためである．大きさを制限すると古典力学の振動問題で知られているように，表面での境界条件がつけ加わって，波長（すなわち q の値）はとびとびになる．まずそれを考えよう．

---

* フォノンには本当の意味での運動量はない．これは，たとえば横波を考えればわかる．この場合，進行方向（$\boldsymbol{q}$ 方向）の原子の動きは全くない．しかし電子など他の粒子と相互作用するとき，運動量 $\hbar\boldsymbol{q}$ をもつかのように振舞う．この $\hbar\boldsymbol{q}$ は**結晶運動量**（crystal momentum）とよばれる．

§2.3 デバイの比熱の式　　　　　　　　　　35

（1）　有限な大きさの結晶の格子振動

まず1次元結晶を考える．その長さを $L(=Na)$ とする．原子は $n=0$（左端）から $n=N$（右端）まである（2-10図）．ここで表面（すなわち

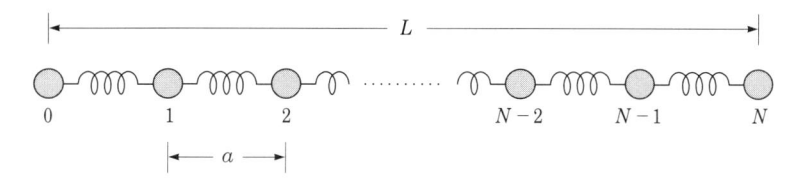

2-10図

端）での境界条件として

$$u_0 = u_N \qquad (3.3)$$

と置く．すなわち，両端の動きを等しいとするわけで，左端と右端をつなげてしまったことに相当する．数学的には扱いやすい境界条件だが，現実的ではない．なぜこれでよいのかという理由については後で述べる．さてこの場合も (2.4) が運動方程式の解だが，それを (3.3) に入れると

$$\cos(-\omega t + \phi) = \cos(Nqa - \omega t + \phi)$$

Na が L であること，そして cos 関数の周期性から

$$qL = 2\pi\ell \qquad (\ell = \pm 1, \pm 2, \cdots)$$

という条件が出る．ここで $\ell=0$ は ω も 0 なので除く．上式から

$$q = \frac{2\pi\ell}{L} \qquad (3.4)$$

これが可能な q の値である．一方，q の範囲は前と同じく $-\pi/a \sim \pi/a$（第1ブリユアン域）である．これを ℓ の範囲に直すと $-N/2 \sim N/2$，したがって可能な波の数は $\underline{N}$ となる．これは当然のことである．考えている系の運動の自由度は，$N+1$ の原子があるが条件 (3.3) のため，N．そのような体系の運動を波（規準モード）の重ね合わせで書くとき，必要にして十分な波の数はちょうど N となるはずだから．

これまでの話を3次元の場合に拡張しよう．辺の長さがLの立方体結晶を考える（2-11図）．ずれ$\bm{u}$に対する境界条件としては

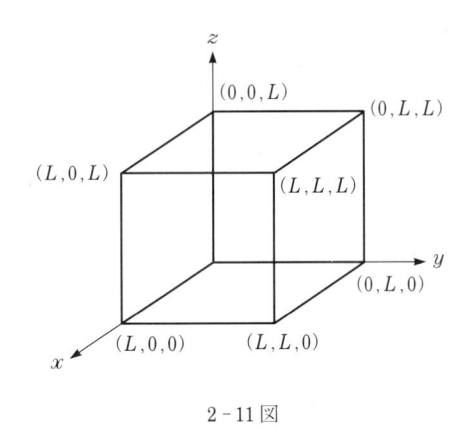

$$\left.\begin{array}{l}\bm{u}(0,\ y,\ z) = \bm{u}(L,\ y,\ z)\\ \bm{u}(x,\ 0,\ z) = \bm{u}(x,\ L,\ z)\\ \bm{u}(x,\ y,\ 0) = \bm{u}(x,\ y,\ L)\end{array}\right\} \quad (3.5)$$

2-11図

と置く．すなわち立方体の反対側の面での$\bm{u}$を互いに等しくとる．これを(2.14)に入れると，1次元の場合と同様な計算によって

$$q_x = \frac{2\pi\ell_x}{L}, \qquad q_y = \frac{2\pi\ell_y}{L}, \qquad q_z = \frac{2\pi\ell_z}{L}$$
$$(\ell_x, \ell_y, \ell_z = 0, \pm 1, \pm 2, \cdots) \quad (3.6)$$

を得る．すなわちこのような$\bm{q}$の波が存在できる．そして$\bm{q}$空間でそのような点をプロットすると，間隔$2\pi/L$で配列した立方格子が得られる．また第1ブリユアン域内の$\bm{q}$の点の数は，1次元結晶の場合と同様，結晶中の原子数（より正確には単位構造の数）に等しいこともいえる．*

このように有限の大きさの結晶では$\bm{q}$点はとびとびになる．しかし，実際にはq_x，q_y，q_zの各方向に10^8個ほども並んでいるわけで，ほとんど連続的といってよいほど密に分布している．このような場合，次のように扱うのが便利だ．すなわち一応$\bm{q}$を連続的な量と考える．その代り，波の数を有限個にするため，1つの$\bm{q}$点は$\bm{q}$空間で$(2\pi/L)^3$の体積を占めると見な

---

* 詳しくいうと，結晶中に単位構造がN個，単位構造の中に原子がn個ある場合，$\bm{q}$点の数はN，波の数は（音響モード，光学モード，縦波，横波をひっくるめて）1つの$\bm{q}$点当り$3n$そして全体で$3Nn$となる．

す．すると，q 空間内で $\Delta q_x \Delta q_y \Delta q_z$ という体積部分を考えたとき*，その中に含まれる点の数は $(L/2\pi)^3 \Delta q_x \Delta q_y \Delta q_z$ となる．ここで L^3 は結晶の体積なので，これを一般化して

$$q \text{ 点の数} = \frac{V}{(2\pi)^3} \Delta q_x \Delta q_y \Delta q_z = w \Delta q_x \Delta q_y \Delta q_z \qquad (3.7)$$

という式が体積 V の一般的な形の結晶に対して成り立つ．なお，3番目のように書いたとき，w を**状態密度**（density of states）とよぶ．

ここで条件 (3.5) について説明しておく．物理的に見ると，これは立方体の互いに反対側の面をつなげたことに相当し，非常に不自然で実現不可能な条件である．それにもかかわらず (3.5) を使うのは，次のような理由による．

一般に結晶のいろいろな性質（比熱とか抵抗率など）はその表面条件には影響されない．金の比熱は，それが延棒の形でも小判の形でも，また指輪の形で読者の指にあっても（あるいはもっと美しい指にあっても），変りない．これは結晶が非常に小さいとき以外は正しい．すなわち結晶表面にある原子数に比べ，内部の原子数の方が圧倒的に多いため，表面の条件が問題にならないのである．こうして格子波に対する表面での境界条件がどうであっても，最後の結果は変らない．ただ結晶の大きさが正しく与えられていればよい．最終結果が同じなら，数学的に非常に扱いにくい現実の境界条件にこだわらず，もっと扱いやすい条件を採用するのが賢明だ．

こうして導入されたのが (3.3) や (3.5) の境界条件で，扱いにくい表面を消してしまったのと同じになる．この場合 結晶は周期 L でくり返すので，この条件は**周期的境界条件**（periodic boundary condition）とよばれる．

（2） デバイの比熱の式

結晶の全振動エネルギー $E(T)$ は，個々の波の平均エネルギー (3.1) をすべての波について加え上げれば出てくる．すなわち

$$E(T) = \sum_i \sum_q \frac{\hbar \omega_i(\boldsymbol{q})}{\exp[\hbar \omega_i(\boldsymbol{q})/k_b T] - 1}$$

---

* ここで Δq_x は q_x の間隔 $2\pi/L$ よりはずっと大きく，q_x の全領域（$2\pi/a$ 程度）よりはずっと小さいとする．他の2方向についても同様．

ここで零点エネルギーは温度と無関係なので省略した. i の和は,一般的には縦波と横波,音響光学両モードなど,同じ $\bm{q}$ をもつ全ての波についてとる. 上述のように $\bm{q}$ を連続的な変数と見なして,和を積分で置きかえると

$$E(T) = \frac{V}{(2\pi)^3} \sum_i \iiint dq_x dq_y dq_z \frac{\hbar\omega_i(\bm{q})}{\exp[\hbar\omega_i(\bm{q})/k_b T] - 1} \quad (3.8)$$

となる. 積分は第1ブリユアン域内について行なう. ここで例えば,中性子散乱の測定などから得られた $\omega_i(\bm{q})$ をこの式に入れれば,その結晶の $E(T)$ や比熱が正確に計算される. しかし,いろいろの物質に共通な比熱の温度変化の傾向などを見るには,次のデバイ (Debye) の近似理論が便利である. 以下に説明するのは,それをさらに簡略化したものである.

音響モードだけで光学モードをもたない結晶を考える. そして $\omega(\bm{q})$ に対して,q の小さいとき成り立つ関係

$$\omega(\bm{q}) = sq$$

が q の大きいところでも成り立つとする. 音速は,縦波と横波,また方向によっても違うが,それらは適当な平均値で置きかえる. 次に (3.8) の積分範囲が多面体の第1ブリユアン域であるのを,それと同体積の球で置きかえる. 同体積というのは,その中に含まれる $\bm{q}$ の数が等しいということである. 球の半径を q_m とすると,その体積 $4\pi q_m^3/3$ に状態密度 $V/(2\pi)^3$ を掛けたものが $\bm{q}$ 点の数となる. これが結晶中の原子数 N に等しいという条件から

$$q_m = (6\pi^2 N/V)^{1/3} \quad (3.9)$$

が得られる. このような近似の結果,(3.8) の積分は $\bm{q}$ の方向に無関係となり

$$\iiint dq_x dq_y dq_z \rightarrow 4\pi \int_0^{q_m} q^2 dq$$

と書きかえられる. また縦波も横波も同じ音速をもつとするので,i の和はただ3倍すればよい. こうして

§2.3 デバイの比熱の式

$$E(T) = \frac{3V}{2\pi^2} \int_0^{q_m} dq \, q^2 \frac{\hbar s q}{\exp(\hbar s q/k_b T) - 1} \tag{3.10}$$

となる．これをさらに簡潔な形にするため，(1.13) の Θ_E に対応して

$$\Theta_D = \hbar s q_m / k_b \tag{3.11}$$

を定義する．$\hbar s q_m$ は，いまの近似で最大の振動数をもつ格子波のエネルギー量子に相当し，それを温度目盛で表わしたのが Θ_D である．これを**デバイ温度** (Debye temperature) とよぶ．さらに q の代りに

$$x = \hbar s q / k_b T$$

という変数を使うと，(3.10) は

$$E(T) = \frac{3V}{2\pi^2} \frac{(k_b T)^4}{(\hbar s)^3} \int_0^{\Theta_D/T} \frac{x^3}{e^x - 1} dx \tag{3.12}$$

となる．この積分の係数は，V が (3.9) により $6\pi^2 N q_m^{-3}$ と書けるので

$$\frac{3V}{2\pi^2} \frac{(k_b T)^4}{(\hbar s)^3} = 9 N k_b T \left(\frac{T}{\Theta_D}\right)^3$$

となる．1モルの結晶の場合，Nk_b は気体定数 R に等しいので

$$E(T) = 9RT \left(\frac{T}{\Theta_D}\right)^3 \int_0^{\Theta_D/T} \frac{x^3}{e^x - 1} dx \tag{3.13}$$

を得る．結晶の振動エネルギーは Θ_D によって特徴づけられることがわかる．前と同じく十分な高温と低温の場合について，この式を調べてみる．

まず十分高温で $T \gg \Theta_D$ の場合を考える．そのときには

$$0 \leq x \leq \Theta_D/T \ll 1$$

なので，分母の指数関数を展開し，x の高次の項を省略すると，$e^x - 1 \cong x$ となり，(3.13) の積分は

$$\int_0^{\Theta_D/T} \frac{x^3}{e^x - 1} dx \cong \int_0^{\Theta_D/T} x^2 dx = \frac{1}{3}\left(\frac{\Theta_D}{T}\right)^3$$

したがって $E(T)$ と比熱は

$$E(T) = 3RT \quad \text{および} \quad C_V = 3R \tag{3.14}$$

となり，当然古典論と同じ結果が得られる．

一方，十分低温では $\Theta_D/T \gg 1$ であり，この場合 積分の値は

$$\int_0^{\Theta_D/T} \frac{x^3}{e^x-1} dx \cong \int_0^\infty \frac{x^3}{e^x-1} dx = \frac{\pi^4}{15} \quad (3.15)$$

という一定値に近づく．これを使って

$$E(T) = \frac{3\pi^4}{5} RT\left(\frac{T}{\Theta_D}\right)^3 \quad (3.16)$$

$$C_V(T) = \frac{12\pi^4}{5} R\left(\frac{T}{\Theta_D}\right)^3 = 1944\left(\frac{T}{\Theta_D}\right)^3 \text{J·K}^{-1}\text{·mol}^{-1} \quad (3.17)$$

が得られる．こうして低温での比熱は T^3 に比例するが，これは実験結果ともよく一致する．アインシュタインの式との違いは，低い振動数の波を考慮に入れたことである．すなわち低温でも，$\hbar\omega = \hbar sq \leq k_b T$ を満たす小さい q の波はほぼ等分配法則に従い，$k_b T$ 程度のエネルギーをもつ．このような波の数は温度とともに増すが，それは上の条件を満たす q 空間の体積に比例する，すなわち $(k_b T/\hbar s)^3$ に比例する．結果として全エネルギーは $T^4(= T \times T^3)$ に比例し，比熱は T^3 に比例する．

一般の温度での比熱は，(3.13) を微分して多少書き直してやると

$$C_V(T) = 9R\left(\frac{T}{\Theta_D}\right)^3 \int_0^{\Theta_D/T} \frac{x^4 e^x}{(e^x-1)^2} dx \quad (3.18)$$

のようになる．これが**デバイの比熱の式**で，T/Θ_D の形で温度の関数となっている．積分を数値計算した結果が 2-12 図である．例として Cu と Ag についての実測値もプロットしてあるが，計算値との一致は非常によい．このように横軸に T/Θ_D をとると，いろいろな物質の比熱が 1 本の曲線上にま

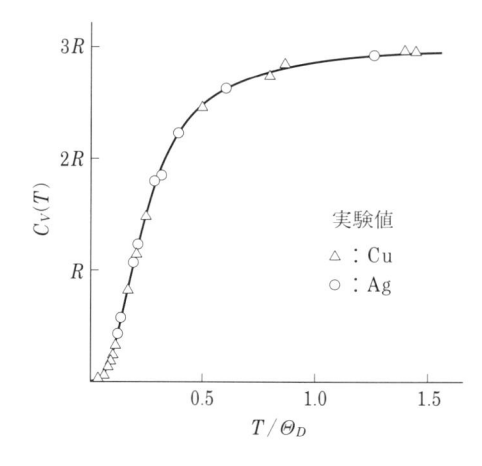

2-12 図　モル比熱の温度変化 (デバイの式)

とまる．なお図によれば，$T/\Theta_D \cong 0.7$ のあたりから既にモル比熱は $3R$ 近くになっており，$T \gg \Theta_D$ というほどの条件は必要ない．多くの物質の比熱が常温で古典論に近いのはこのためだろう．

このようにデバイ温度は比熱の温度変化をきめるが，さらに熱伝導（次節）や金属の電気抵抗（§3.4）の温度変化にも入ってくる重要な物質定数である．2-1表にいくつかの物質の Θ_D を示す．＊これを決めるには (3.17) と低温の比熱から出す方法，また (3.9) と

2-1表 デバイ温度（K）

Na	158	ダイヤモンド	2230
Cu	343	Si	646
Ag	225	NaCl	308
Au	165	KCl	230
Al	428	MgO	890

(3.11) を使う方法，などがある．どちらを使っても大差ないが，ただあまり正確に決められる量でもない．一般に同系列の物質では原子量の大きいほど Θ_D が低い．このことは，例えば (2.7) のような表式から理解できよう（しかも f は原子量が増すと小さくなる）．

デバイの理論がわかると，プランクの空洞放射の理論がたやすく復習できる．体積 V の真空の箱を考える．周りの壁を熱すると内部にいろいろな電磁波振動（フォトン）が励起される．その様子は結晶中の格子波（フォノン）の場合とほとんど同じだ．違いは，電磁波には縦波がないこと，波長に下限がないため q に上限がないこと，音速 s が光速 c で置きかえられること，これだけである．このような書きかえを (3.12) に対して行うと，電磁波の全エネルギーは

$$E_{em}(T) = \frac{V}{\pi^2} \frac{(k_b T)^4}{(\hbar c)^3} \int_0^\infty \frac{x^3}{e^x - 1} dx$$

となる．縦波がないので係数は (3.12) の 2/3 倍になっている．ここで変数 x が $\hbar\omega/k_b T$ であることに注意すると，この式の被積分関数は放射場のエネルギーの振動数分布を与えていることがわかる．また，それが有名なプランクの公式に一

＊ NaCl など光学モードをもつ物質は次のように扱うのが簡単である．まず音響モードについては上の考え方をそのまま使う．一方，光学モードの方はその振動数が（2-8図からわかるように）変化に乏しくほぼ一定なので，アインシュタインの式を使う．両モードによる寄与の和が全比熱を与える．

致することも簡単に確かめられる．(3.15) の数値を入れ，単位体積当りのエネルギーとして

$$\frac{E_{em}(T)}{V} = \frac{\pi^2}{15}\frac{(k_b T)^4}{(\hbar c)^3} = 7.566 \times 10^{-16} T^4 \quad \text{J·m}^{-3} \qquad (3.19)$$

を得る．これから，単位体積当りの真空の比熱は

$$C_{em}(T) = 3.026 \times 10^{-15} T^3 \quad \text{J·K}^{-1}\text{·m}^{-3}$$

となる．どちらも常温では非常に小さいが，たとえば $T = 1.5 \times 10^7$ K（太陽の中心温度）となると，驚くべき大きな値になる．

電磁波の場合 q に上限がないので，自由度は無限にある．古典論のように等分配則が成り立つと，真空の比熱は無限大になる．量子論以前は難問だった．

§2.4 熱 伝 導

結晶の一方が他方よりも高温で格子振動が激しいと，容易に想像できるように，高温側の激しい振動が低温側に伝わって行く．これによる振動エネルギーの流れが熱伝導である．熱伝導は格子振動以外に伝導電子によっても起こり，金属ではそれによるものが重要である（次章）．しかし絶縁体では伝導電子がほとんどないので，格子振動が熱伝導の原因となる．

（1） 熱伝導度の式

前節で考えた格子波は，(3.5) のような境界条件を満たし，結晶全体に広がる波だった．しかし，これは波（規準モード）の数を求めるための一種の数学的理想化であり，一つながりの波の広がりが実際にそんなに大きいわけではない．少なくとも巨視的なスケールに比べればずっと小さい．それに対応して1つのフォノンの空間的広がりも巨視的には十分小さく，1つの点粒子のように見なしてよい．

このようなことから，熱伝導現象を次のように考えることができる．結晶中の温度の高い場所と低い場所を比べると，前者の方がフォノン密度が高い．フォノンは音速 s で走り回っているが，その運動方向は気体中の分子と同じようにそれぞれにランダムである（2-13図）．このようなフォノン

§2.4 熱伝導

の運動の結果，しばらくするとフォノンの密度分布の違いは平均化され，全体が同じ密度（すなわち同じ温度）になる．

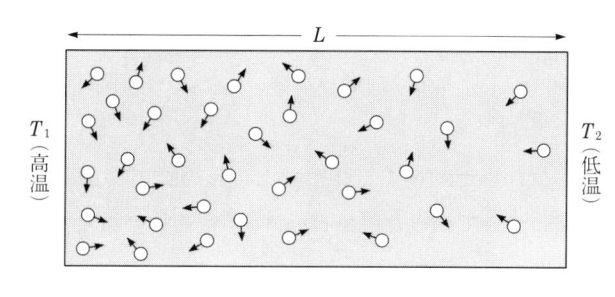

2-13図　フォノンと熱伝導（$T_1 > T_2$）

ところで，もしフォノンが妨げられないでまっすぐに進むならば，高温側のフォノンは大体 L/s 程度の時間で低温側に到達する．L は結晶の長さである．すなわち，L/s くらいの時間で結晶全体の温度はある程度平均化される．しかし，L が 0.1 m，s が 5000 m·s^{-1} とすると L/s は 2×10^{-5} s となり，日常の経験と比べて明らかに短か過ぎる．

実際のフォノンの運動は決して直線的なものではない．いろいろな原因によってたえず散乱され進行方向を変えている．このため，そう簡単には一方から他方に移れない．この事情は空気中の分子の場合などと似ている．分子は常温で秒速 数百 m の速度をもっているが，いま眼の前にある分子が 1 秒後に 数百 m の彼方に行ってしまうわけではない．分子間の衝突で運動方向が絶えず曲げられるため，実際にはほとんど移動できない．

この種の問題を扱うには，フォノンの**平均自由行路** Λ というのを考える．これはフォノンが曲がらずに進む平均距離である．すなわち，1 つのフォノンの運動の軌跡を描くと 2-14 図のようになるだろうが，この 1 つ 1 つの折れ線の長さの平均が Λ である．ところで統計数学に**乱歩**（random walk）の問題というのがある．このようなランダムな運動を行なう粒子は，n 回の折れ線運動の後に，最初の位置からどのくらい離れた所にいるか，

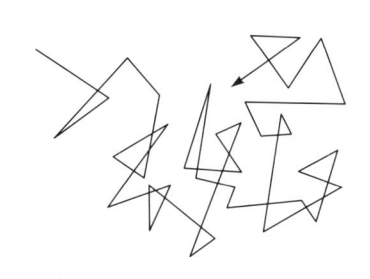

2-14図

という問題である．その答は平均 $\sqrt{n}\,\Lambda$ となる．行ったりもどったり無駄足が多いので，$n\Lambda$ にはならない．したがって距離 L を移動するには大体

$$n \cong (L/\Lambda)^2 \qquad (4.1)$$

回の折れ線運動をする必要がある．実際の移動距離は L でも，ジグザグな経路に沿って測った長さは $n\Lambda (= L^2/\Lambda)$ である．そこで L だけ移動するのに必要な平均時間は，$n\Lambda$ を速度 s で割った

$$t = L^2/\Lambda s \qquad (4.2)$$

となる．直線運動の場合に比べ，L/Λ 倍の時間がかかる．

こうして 2–13 図において最初左端にあったフォノンは，平均 t ほどの時間の後，右端に現れる．その平均速度は

$$\langle v \rangle = L/t \cong \Lambda s/L \qquad (4.3)$$

くらいである．逆に右端からも同じように左端にやってくるが，左側の方により多くのフォノンがあるので，差引き右向きの流れを生ずる．さて，左端の温度を T_1 としてフォノンのエネルギー密度を $E_u(T_1)$ と書く．これが右に向かって速度 $\langle v \rangle$ で移動すると考えると，単位面積単位時間当り

$$E_u(T_1)\langle v \rangle = E_u(T_1)\Lambda s/L \qquad (4.4)$$

というエネルギーの流れを作り出す．同じように左向きには

$$E_u(T_2)\langle v \rangle = E_u(T_2)\Lambda s/L \qquad (4.5)$$

が流れる．T_2 は右端の温度である．この 2 つの差が正味の右向きの流れで

$$J = \{E_u(T_1) - E_u(T_2)\}\Lambda s/L \qquad (4.6)$$

ところで，E_u は単位体積当りのフォノンのエネルギーなので，温度差 $T_1 - T_2$ があまり大きくないときには，<u>単位体積当りの比熱</u> C_u を使って

$$E_u(T_1) - E_u(T_2) = C_u(T_1 - T_2)$$

と書くことができる．これを (4.6) に入れて

$$J = C_u \Lambda s (T_1 - T_2)/L \qquad (4.7)$$

を得る．一方 熱伝導の理論によると，長さ L の物体の両端に $T_1 - T_2$ の温度差があるとき，単位面積単位時間当りの熱の流れは

§2.4 熱伝導

$$J = \kappa(T_1 - T_2)/L \tag{4.8}$$

で与えられる．κ が**熱伝導度**（thermal conductivity）である．(4.7) と (4.8) を比べると，κ は $C_u \Lambda s$ となることが分かる．ただしこの導き方はかなり粗いので，もう少し正確に計算すると下のように係数がついてくる．

$$\kappa = \frac{1}{3} C_u \Lambda s \tag{4.9}$$

（2） フォノンの平均自由行路

格子振動の運動方程式が (2.3) のような形ならば，その解は (2.4) とか (2.14) のようになる．この場合 格子波は妨げられないで結晶中を伝わり，フォノンの散乱は起こらない．散乱は次のような原因によって生ずる．

第1はフォノン同士の衝突である．原子に働く力が (2.3) の右辺のように u の1次式の形に書けるのは，振幅が小さいとしての近似（かなりよい近似だが）で，実際には2次や3次の項も存在する (p.28(a) 参照)．このような項を**非調和項**（1次の項は**調和項**）とよぶが，それがあるとこれまで考えてきたような波は運動方程式の正しい解でなくなる．例えば q_1，q_2 という2つの波のある初期状態から出発して運動方程式を積分していくと，時間の経過とともに他の波数をもった波が現れる．これは2つの波の衝突による新しい波の発生を意味し，量子論的にいえばフォノン同士の衝突である．ただ気体分子の衝突などと違って，衝突前後でのフォノン数は一般に保存しない．例えば2個のフォノンが衝突して1個になったり，あるいはその逆が起こる．

第2は結晶の不完全性によるフォノンの散乱である．第9章で見るように，現実の結晶は決して完全なものではなく，多少なりとも不純物や格子欠陥とよばれる結晶格子の乱れを含んでいる．そのような場所での運動方程式は (2.3) とは違う形になる．格子波もそこでは正しい解でなくなり，散乱される．同じ物質でも，不純物や格子欠陥の多い結晶（汚い結晶とよばれ

る）では当然 散乱が激しい．なおこのように複数の散乱原因のあるときの実際の散乱頻度は，それぞれの原因による散乱頻度の和で与えられる．

さて第1のフォノン同士の衝突だが，これをきちんと扱うことはきわめて難しい．しかし定性的な議論なら ある程度できる．すなわち温度が高くなるにつれ，フォノンの数（つまり衝突する相手の数）が増えて散乱は激しくなる．温度がかなり高くて $T > \Theta_D$ のときには，フォノン数は $\cong k_b T/\hbar\omega$ とほぼ T に比例するので，散乱頻度も T に比例し，Λ は逆に

$$\Lambda \propto T^{-1} \qquad (T > \Theta_D) \qquad (4.10)$$

となる．低温でのフォノン数は (3.2) のようにもっと強く減少する．特に $T \ll \Theta_D$ では(3)で述べるような事情から，有効な Λ は

$$\Lambda \propto \exp(\Theta_D/2T) \qquad (T \ll \Theta_D) \qquad (4.11)$$

のような形で急激に長くなる．

一方，第2の散乱は，$T \gtrsim \Theta_D$ だとあまり温度に依存しない．そこで十分高温では第1の散乱が支配的となる．この場合 比熱はほぼ一定なので

$$\kappa \propto T^{-1} \qquad (高温領域) \qquad (4.12)$$

という温度変化を示すことになる．

しかし，ある程度低温になるとフォノン間散乱は急激に弱まり，第2の散乱が重要となる．この散乱は同じ物質でも試料ごとに異なり複雑である．また格子波の波長によって散乱頻度が変化する．一般に長波長になると，いわば小さな乱れや不純物には気づかないといった感じで，Λ は長くなる．低温ではフォノンの平均波数が小さくなり（$q > k_b T/\hbar s$ のものはほとんどない），その結果 平均的な Λ は (4.11) ほど急激ではないが長くなる．ただ表面や結晶粒界（§9.2(4)）による散乱頻度は波長に依存しない．特に表面散乱の話は有名である．たとえば細い針状試料を通して熱を流す場合，フォノンはその表面にぶつかりながら走る．表面との衝突がある程度乱反射的なら，Λ は大体針の直径くらいになる．比較的高純度で乱れの少ない試料を十分低温にすると，他の散乱は消えて表面散乱だけが残る．この場合 熱

§2.4 熱伝導

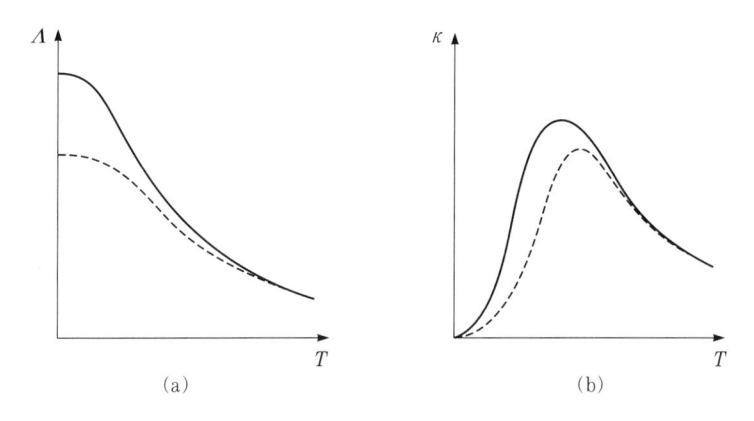

2-15図　Λ および κ の温度変化（概念的な図）

伝導度は試料の太さに依存する．

　こうして Λ の温度変化の形は大体2-15図(a)のようになる．低温での変化は時として非常に激しく，幾桁も変る場合があるので，縦軸は対数で表わされることが多い．同じ物質の場合，高温での Λ は共通になるが*，低温では汚い結晶（破線）ときれいな結晶（実線）とで大きく異なる．一方，比熱は2-12図のように変化する．したがって熱伝導度の温度変化は図(b)のようになる．低温では比熱が小さくなるため，高温では Λ が小さくなるため κ が減り，中間温度領域に山ができる．

　2-16図は LiF と Al_2O_3（サファイヤ）での熱伝導度の実測例で，予想通りの山が見られる．LiF では，高純度で太さ（図中に記入）の異なる場合，および多数（$2 \times 10^{24} \mathrm{m}^{-3}$）の格子欠陥を含む場合とが示されている．高純度結晶のピーク近くでの値はかなり高い．なお点線は T^3 の線で，低温でほぼこれと平行になるのは $\kappa \propto T^3$ の傾向を示している．

　ダイヤモンドや BeO（$\Theta_D \cong 1200\,\mathrm{K}$）などは高いデバイ温度をもつので，常温でも Θ_D/T が大きく，フォノン間散乱は(4.11)の領域に入る．このためある程度結晶が純粋なら熱伝導度は非常に大きくなる．室温でのダイヤ

---

*　多くの場合，常温での Λ は数 nm から 10 nm くらいになる．

モンドと BeO の κ は約 2000 および 400 W・m^{-1}・K^{-1} で，熱の良導体として知られる Cu や Ag（p.70 の 3-5 表）よりも高い．これらは絶縁性のよいこともあり，LSI の放熱性のよい基板としての応用が考えられている．

ガラスは非晶質とよばれ，結晶に比べ原子配列がひどく乱れている．このため Λ は非常に短く大体数 Å 程度，かつ温度によらない．熱伝導度はふつうの結晶よりずっと小さい．慣れた人は舌か唇で触れて熱伝導の差を感じとり，ガラス製の模造宝石と本物（結晶）とを区別する．

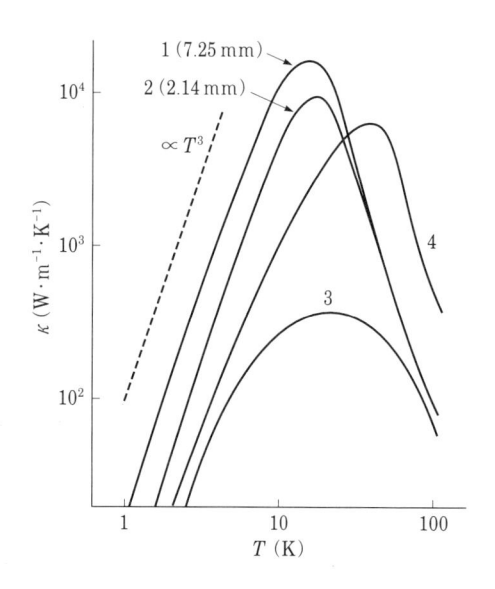

2-16図　熱伝導度の温度変化の実測例（1,2 は高純度 LiF，3 は格子欠陥の多い LiF，4 は Al_2O_3）

（3）正常過程と反転過程

ふつうの分子間衝突と同じように，フォノン間衝突でもエネルギーと運動量が保存する．しかし運動量が完全に保存すると困ったことが起こる——（1）で述べた説明が成り立たなくなる．例えば高温（左）側から低温（右）側に向かって走る 1 個のフォノンを考えよう．このフォノンは Λ ほど進むと他のフォノンと衝突してはじき返される．すると相手のフォノンが，第 1 のフォノンのもっていた右向き運動量を受け取って，代わりに低温側に走ることになる．こうして最初にあった右向きのエネルギー流は次々とリレーされて行き，止まることがない．これは，1 つのフォノンが妨げられないで進むのと事実上同じ結果になる．熱伝導度はやたらに大きくなってしまう．一方，不純物や表面での散乱の場合には運動量は保存せず，このような心配は起こらない．

実は運動量（正しくは結晶運動量）の保存しない過程がある．これを**反転過程**

(Umklapp（ウムクラップ）process) という．これに対し保存する過程を**正常**（normal）**過程**とよぶ．前に 2-3 図で，波数 q_A と $q'_A(=q_A-2\pi/a)$ とは全く同じ波を表わすと述べた．反転過程はこのことに関係している．2-17 図は 2 次元 q 空間を示すが，$-\pi/a \leqq q_x \leqq \pi/a$ の領域が q_x 方向の第 1 ブリ

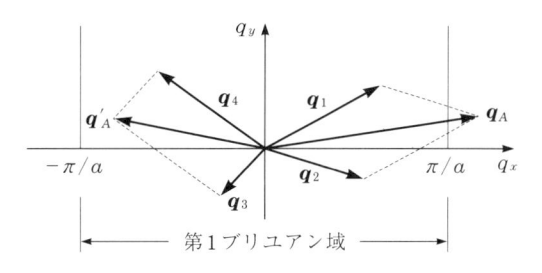

2-17 図　反転過程の説明．q_1 と q_2 が衝突して q_3 と q_4 になる．

ユアン域である．そこで，q_1 と q_2 の 2 つのフォノンが衝突したとする．その和 q_A は $q'_A(q'_{Ax}=q_{Ax}-2\pi/a)$ と同じである．したがって，衝突後のフォノンが例えば q_3 と q_4 になる過程も可能である．もちろんエネルギー保存則も満たす必要があるが，一般にフォノンの合計運動量は $\hbar \times 2\pi/a$ の整数倍変化しうる．フォノンは本当の意味での運動量をもたないから (p.34 脚注)，保存則が完全には成り立たなくても不思議ではない．そしてこのような反転過程をともなう散乱の平均自由行路が低温の熱伝導をきめる．

　さて反転過程が起こるためには，q_1+q_2 がかなり大きく，第 1 ブリユアン域をはみ出すかそれに近い必要がある．大体 $k_b\Theta_D/2$ 程度のエネルギーをもつフォノン間の衝突でないと難しい．そのようなフォノンの密度は高温では T に比例するが，低温ではほぼ $\exp(-\Theta_D/2T)$ に比例する．したがって反転過程の頻度も同じ温度依存性をもち，(4.11) が導かれる．

3 金属の自由電子論

　　　　　　　　　　　　　金属の最大の特徴は多数の伝導電子の存在
　　　　　　　　　　　である．金属の自由電子論はこうした伝導電
　　　　　　　　　　子の運動を非常に簡単な考え方で扱い，金属
の多くの性質を理解する上で大きな成功を収めた．

§3.1　フェルミ・エネルギー

　典型的な金属は正イオンと伝導電子とからできている．原子価電子を失ったイオンは格子点に並んで結晶を組立て，伝導電子はどの原子に属するということもなく結晶中を自由に走り回る．しかし電子には正イオンからの静電引力が作用している．また電子同士の間には斥力も働いている．イオンも伝導電子も非常に沢山あるから，実際の伝導電子の運動は非常に複雑なものだろう．まともな計算ではとうてい歯が立ちそうもない．

　自由電子論はこれを思い切って簡単化する．すなわち伝導電子に働くこのような力を全部無視してしまう．実際，金属内の正負の電荷は，平均すればちょうど打ち消し合い中性になっている．そこで伝導電子に働く力もかなりならされ弱められている．さらに第7章で述べるようなこともあり，自由電子論は簡単な1価金属などではかなり良い近似になる．

　こうして金属内部では伝導電子に力は働かないとするが，表面においては電子を金属内に閉じ込めようとする力が働く．すなわち電子のポテンシャ

§3.1 フェルミ・エネルギー

ル・エネルギー U を描くと，3-1図のような形で，外部の方が内部より U_0 だけ高い．金属内の電子の運動エネルギーは特別な場合以外 U_0 より小さいので，電子は表面で

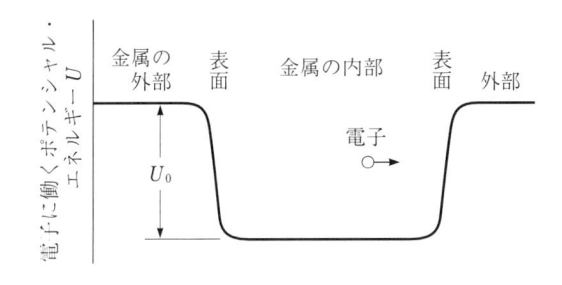

3-1図 金属内外での電子のポテンシャル・エネルギー

引きもどされ外には出られない．しかし内部では U が一定で，力は働かない．なおこの傾斜部分の厚さは非常に薄く，ふつうの場合には表面に直立した壁があるように考えてよい．*

さて伝導電子の振舞を考えるとき，パウリの排他律が非常に重要な意味をもつ．上のように金属中に閉じこめられた電子の場合，そのエネルギー値は離散的になる．そして1つのエネルギー準位には2個までの電子しか入れない．電子を3-2図のように下から順に2個ずつ詰めこんでいった状態が，結晶全体の最低エネルギー(0K)の状態に相当する．マクロな結晶の場合，エネルギー準位の分布は非常に密だが，電子の数もやたらに多い．そこで，このように積み上げた結果の最高エネルギー ε_F^0 はかなり大きくなってしまう．このことは伝導電子の性質に決定的な影響をおよぼす．

まず金属内電子のエネルギー準位を求める．これはもちろん量子力学の波動方程式から決められる．結晶内部でのポテンシャルは

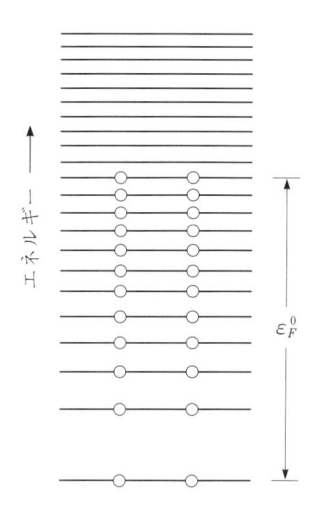

3-2図 金属内電子のエネルギー準位とパウリの排他律

---

* 外部にいる電子に対しては，いわゆる鏡像力のポテンンシャルが働く．

一定なのでそれを 0 と置くと，シュレーディンガー方程式は自由電子のそれと同じで

$$-\frac{\hbar^2}{2m}\Delta\psi(\boldsymbol{r}) = \varepsilon\psi(\boldsymbol{r}) \tag{1.1}$$

と書ける．これに適当な表面での境界条件をつけ加えれば，とびとびの ε が得られる．ここでも前（p.37）に説明した**周期的境界条件**を使う．すなわち境界条件は結晶の体積をきめる役割を果たせばよく，その詳細は結晶全体の性質には影響しない．そしてその一番扱いやすい形が周期的境界条件だった．一辺の長さ L の立方体結晶を考え，波動関数に対して

$$\left.\begin{array}{l}\psi(0, y, z) = \psi(L, y, z) \\ \psi(x, 0, z) = \psi(x, L, z) \\ \psi(x, y, 0) = \psi(x, y, L)\end{array}\right\} \tag{1.2}$$

と置く（第2章の (3.5) 参照）．(1.1) と (1.2) を満たす ψ は

$$\psi(x, y, z) = \frac{1}{\sqrt{L^3}}\exp[i(k_x x + k_y y + k_z z)] \tag{1.3}$$

で，かつ可能な波数 $\boldsymbol{k} = (k_x, k_y, k_z)$ は第2章の (3.6) と同じく

$$k_x = \frac{2\pi\ell_x}{L}, \qquad k_y = \frac{2\pi\ell_y}{L}, \qquad k_z = \frac{2\pi\ell_z}{L}$$

$$(\ell_x, \ell_y, \ell_z = 0, \pm 1, \pm 2, \cdots) \tag{1.4}$$

で与えられる．なお，ψ を三角関数で表わすこともできるが，上の形は運動量 $\hbar\boldsymbol{k}$ をもつ状態に相当し物理的にわかりやすい．そしてエネルギーは

$$\varepsilon = \frac{p^2}{2m} = \frac{\hbar^2 k^2}{2m} = \frac{h^2}{2mL^2}(\ell_x^2 + \ell_y^2 + \ell_z^2) \tag{1.5}$$

となる．前章 §2.3 での $\boldsymbol{q}$ の分布と同じく，$\boldsymbol{k}$ の分布も非常に密なのでこれを連続的と見なし，その代り 1 つの $\boldsymbol{k}$ 状態は $\boldsymbol{k}$ 空間で

$$\Omega = (2\pi/L)^3 = (2\pi)^3/V \tag{1.6}$$

という体積を占めるとする．ここで V は結晶の体積である．

さて結晶内の伝導電子の数を N とする．これだけの電子を収容するには，

§3.1 フェルミ・エネルギー

$N/2$ の k 状態が必要だ．エネルギーの低い状態から電子をつめていくと，$\varepsilon \propto k^2$ なので，k の小さいところから球状に満たされる．こうして半径 k_F の球の中の k 状態が全部詰まったとしよう．球の体積は $4\pi k_F{}^3/3$ だから，これを (1.6) で割れば，球内の k 状態の数が出る．すなわち

$$(4\pi k_F{}^3/3)/\Omega = V k_F{}^3/6\pi^2 \tag{1.7}$$

となる．そしてこれが $N/2$ に等しいという条件から k_F が求まり

$$k_F = (3\pi^2 N/V)^{1/3} = (3\pi^2 n_c)^{1/3} \tag{1.8}$$

n_c は単位体積当りの伝導電子の数．この k_F に相当するエネルギー

$$\varepsilon_F^0 = \frac{(\hbar k_F)^2}{2m} = \frac{\hbar^2}{2m}(3\pi^2 n_c)^{2/3} \tag{1.9}$$

が 3-2 図の ε_F^0 である．たとえていえば，安い席から順に売り切れていったあげくの最後の席の値段が ε_F^0 だ．これを**フェルミ・エネルギー**（Fermi energy）とよぶ．また，運動量 $\hbar k_F$ を**フェルミ運動量**，電子によって占められている半径 k_F の球を**フェルミ球**（― sphere），そして球の表面を**フェルミ面**（― surface）とよぶ．

フェルミ・エネルギーは伝導電子の密度 n_c だけに依存し，結晶の体積とは無関係である．一塊の金属を2つに分けても変らない．重要なのは ε_F^0 が非常に大きいことである．たとえば銅の場合，n_c は $8.5 \times 10^{28}\,\mathrm{m}^{-3}$ で

$$\varepsilon_F^0 = \frac{(1.055 \times 10^{-34})^2}{2 \times 9.11 \times 10^{-31}}(3\pi^2 \times 8.5 \times 10^{28})^{2/3} = 1.13 \times 10^{-18}\,\mathrm{J} = 7.1\,\mathrm{eV}$$

となる．これだけでは，どの程度大きいのか分からないかも知れない．そこでこれをボルツマン定数 k_b で割る．すると温度にして何 K に相当するかが分かる．それを T_F と書くと

$$T_F = \varepsilon_F^0/k_b = 1.13 \times 10^{-18}/1.38 \times 10^{-23} \cong 8.2 \times 10^4\,\mathrm{K}$$

という大きな値になる．これを**フェルミ温度**（― temperature）とよぶ．3-1 表に若干の金属について T_F の値を示す．大体同程度に大きな数値である．なお，1 eV を k_b で割って温度目盛にすると 11600 K，約1万Kにな

る．これは覚えておくと役に立つ．

かりに電子を古典的な自由粒子とすると，温度 T K での 1 電子当り平均運動エネルギーは，等分配法則により $3k_bT/2$ となる．常温の T の値 約 300 に比べ，T_F は非常に高い．なお ε_F^0 は上積みの最高エネルギーで，伝導電子全体の平均運動エネ

3-1表 フェルミ温度

	電子密度(m⁻³)	T_F(K)
Li	4.6×10^{28}	5.5×10^4
Na	2.5	3.7
K	1.3	2.4
Cu	8.5	8.2
Ag	5.8	6.4
Au	5.9	6.5

ルギーはその 3/5 倍である．3-2図にあるように上の方ほど準位が密なので，平均値は半分より高くなる．

このようにパウリの排他律のため，古典的な k_bT よりはるかに大きな運動エネルギーをもたざるを得ない粒子の集まりを**フェルミ気体**（— gas）とよぶ．この場合，理想気体中の分子と同じように，粒子間の力学的相互作用は無視できるとしているので，気体とよぶ．フェルミ気体の他の例としては矮星（わいせい）の中の電子が知られている．矮星の密度は非常に高く，電子密度も 10^{34} m⁻³ 以上に達する．フェルミ温度は 10^8 K 以上になり，星の中心温度に比べても十分高い．

ここで，しばしば使われるエネルギー状態密度とよばれるものの式を導いておく．k 空間で原点を中心とする半径 k の球の中にある k 状態の数は，(1.7) により $Vk^3/6\pi^2$ で与えられる．そこで，あるエネルギー ε よりも低い運動エネルギーをもつ k 状態の数は，ε に相当する波数 $\sqrt{2m\varepsilon}/\hbar$ を上の k に入れた
$$V(2m\varepsilon)^{3/2}/6\pi^2\hbar^3$$
となる．あるいはこれを 2 倍（1 つの k 状態に電子は 2 個入れるので）した
$$G(\varepsilon) = \frac{V}{3\pi^2\hbar^3}(2m\varepsilon)^{3/2} \qquad (1.10)$$
が，ε より低いところにある電子の座席の数（スピンまで含めての状態数）を与える．次に，$\varepsilon \sim \varepsilon + d\varepsilon$ というエネルギー範囲内にある座席数を考える．これは $G(\varepsilon + d\varepsilon) - G(\varepsilon)$ だが，$d\varepsilon \to 0$ として
$$\frac{dG}{d\varepsilon}d\varepsilon = \frac{\sqrt{2}}{\pi^2\hbar^3}V\, m^{3/2}\varepsilon^{1/2}d\varepsilon = g(\varepsilon)d\varepsilon \qquad (1.11)$$

となる．$g(\varepsilon)$ は単位エネルギー領域当りの状態の数を表わし，エネルギー状態密度とよばれる．エネルギーととも $\varepsilon^{1/2}$ に比例して増加する．フェルミ・エネルギーは

$$N = G(\varepsilon_F^0)$$

から決められる．また伝導電子の平均運動エネルギーは

$$\langle \varepsilon \rangle = \frac{1}{N} \int_0^{\varepsilon_F^0} \varepsilon g(\varepsilon) \, d\varepsilon = \frac{3}{5} \varepsilon_F^0$$

となる．証明は読者にまかせる．

§3.2 フェルミ分布と電子比熱

前節では電子系全体の最低エネルギーの状態，すなわち 0 K の状態，を考えた．しかし温度が少し上がっても，$T \ll T_F$ である限り，あまり目立った変化は起こらない．若干の電子が ε_F^0 より $k_b T$ 程度高い準位まで上がりこみ，その代り ε_F^0 より $k_b T$ 程度低い範囲内に若干の空席が生ずる．もっと底の方にいる電子は，その近くの準位がどれもぎっしりと詰まっていて身動きできず，熱エネルギーの影響をうけることもない．たとえていえば，深い池（深さ $k_b T_F$）の表面が $k_b T$ 程度 波立ったようなものである．

このことは伝導電子による比熱（**電子比熱**）と関係する．もし電子が古典的自由粒子なら，その平均エネルギーは $3k_b T/2$ であり，1電子当り $3k_b/2$ の熱容量，したがって1価金属なら1モル当り $3R/2$ という電子比熱が期待される．しかし実験によると，デュロン-プティの法則は室温で金属でも絶縁体でも同じように成り立ち，電子による比熱というのは認められない．量子力学以前の古典的自由電子論において，この矛盾は一つの謎だった．しかし実際には $T \ll T_F$ での温度の影響は弱く，電子比熱もごく小さい．

電子比熱のおよその大きさは次のようにして見積ることができる．すなわち，上端 ε_F^0 の下の大体 $k_b T$ くらいの範囲にいた電子だけが温度の影響をうけ，それぞれ $k_b T$ 程度の熱エネルギーを受け取る．そのような電子の全伝導電子に対する割合はおよそ $k_b T/\varepsilon_F^0 (= T/T_F)$，したがってその数は

NT/T_F 程度．そこで全エネルギーの増し高 $E(T)$ は

$$E(T) \cong k_b T \cdot (NT/T_F) \tag{2.1}$$

結晶 1 モルを考え $N = N_A z$ (z は原子価) と置くと，モル電子比熱

$$C_e(T) = \frac{dE}{dT} \cong \frac{2zRT}{T_F} \tag{2.2}$$

が得られる．これは常温で $10^{-2}R$ ほどになり，格子振動による比熱や古典論的電子比熱などに比べずっと小さい．

上記の議論をもっと正確に行なうには**フェルミ分布関数***（— distribution function) を使う．そのエネルギーが ε である1つの状態（スピンの向きも指定された）を考えよう．0K では，もし $\varepsilon < \varepsilon_F^0$ ならこの状態には1個の電子がつまっており，$\varepsilon > \varepsilon_F^0$ なら空席である．温度が上がると，$\varepsilon > \varepsilon_F^0$ の状態にも電子が入りこむし，逆に $\varepsilon < \varepsilon_F^0$ にも空席ができる．個々の状態にいる電子数は 0 か 1 で，時間とともに絶えず変動している．ある瞬間にある状態にいる電子の数など知ることはできない．しかし統計力学によれば，熱平衡状態で，ある状態にいる平均電子数（その状態が詰まっている確率）を求めることはできる．その結果がフェルミ分布関数で，k の方向にはよらず，ε だけの関数として書ける．すなわち

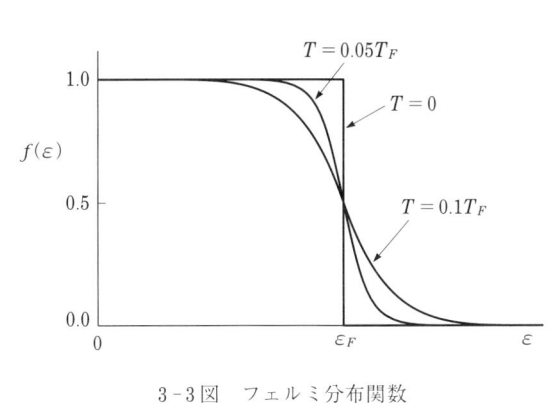

3-3図　フェルミ分布関数

$$f(\varepsilon) = \frac{1}{\exp\left[(\varepsilon - \varepsilon_F)/k_b T\right] + 1} \tag{2.3}$$

---

* 丁寧に言うと，フェルミ－ディラック (Dirac) 分布関数．特に英国人を相手にするときなど，ディラックの名を加えておく方が無難かも知れない．

§3.2 フェルミ分布と電子比熱

である。ここで ε_F は,さし当り前出の ε_F^0 と同じと考えておいてよい.

この分布関数の形は 3-3 図に描かれているが,もう少し説明しよう. まずすぐに分かることは

$$f(\varepsilon_F) = 1/2$$

である. 次に ε が大きく, $\varepsilon - \varepsilon_F$ が k_bT の数倍にもなると,分母の指数関数は非常に大きくなるので 1 を省略して

$$f(\varepsilon) \cong \exp\left[-(\varepsilon - \varepsilon_F)/k_bT\right] \tag{2.4}$$

と書ける. すなわち電子はあまり高いエネルギー準位までは上がっていかない. 大体は $\varepsilon_F + k_bT$ くらいまでの所にいる. 逆に ε が小さく, $\varepsilon_F - \varepsilon$ が k_bT の数倍にもなると,指数関数は非常に小さくなって

$$f(\varepsilon) \cong 1 - \exp\left[(\varepsilon - \varepsilon_F)/k_bT\right] \tag{2.5}$$

と近似できる. ここで $1-f$ が空席の割合を表わす. すなわち空席が見つかるのは, ε_F より下の数倍の k_bT くらいの範囲に限られ,それ以下はほとんど満席である. こうして f は ε_F の近傍, k_bT の数倍くらいの範囲で, 1 から 0 へと急速に落ちる. 温度が低くなるにつれてこの落ち方は急激になり, $T \to 0$ の極限では階段関数になる. 図には $T = 0$, $T = 0.05T_F$, $T = 0.10T_F$ の 3 通りの場合についての $f(\varepsilon)$ が描かれている.

このような分布関数を使うと,この節の始めで述べたことを定量的に表現できる. 電子比熱ももっと正確に計算され, (2.2) の代りに

$$C_e(T) = \frac{\pi^2}{2} zR \frac{T}{T_F} \tag{2.6}$$

が得られる. 係数が少し違うが結果は似ている. これから分かるように電子比熱は T に比例する. 一方, 格子振動による比熱は低温で T^3 に比例する (前章(3.17)). したがって金属の低温での比熱は両者の和として

$$C(T) = \gamma T + BT^3 \tag{2.7}$$

のように書ける (3-4 図). このため十分低温 (たとえば $10 \sim 20\,\mathrm{K}$) では, 室温とは逆に電子比熱の方が大きくなる. そこで低温の比熱を調べれば, 電

子比熱の係数 γ がわかる．これをゾマーフェルト（Sommerfeld）の係数とよぶ．3-2表に若干の金属での実測値と理論値を示す．両者の間には多少の差が見られる．その主な原因は，伝導電子が実際には結晶イオンからの影響を受けており，ここで考えたような完全な自由電子ではないためである．

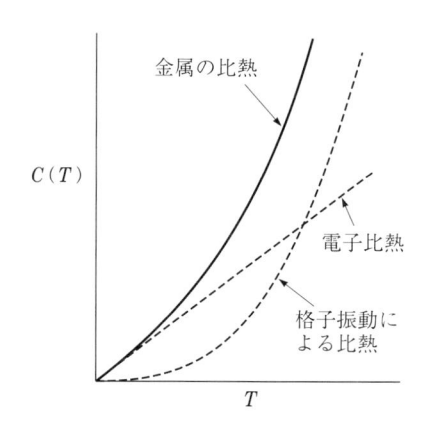

3-4図　金属の低温での比熱の温度変化

前節の (1.11) によれば，エネルギー範囲 $\varepsilon \sim \varepsilon + d\varepsilon$ の中の状態数は $g(\varepsilon)d\varepsilon$ である．1状態当り平均 $f(\varepsilon)$ 個の電子がいるから，この範囲にいる電子数は $f(\varepsilon)g(\varepsilon)d\varepsilon$，したがって全電子数 N に対して

$$N = \int_0^\infty f(\varepsilon) g(\varepsilon) d\varepsilon$$
$$= \frac{\sqrt{2}\, Vm^{3/2}}{\pi^2 \hbar^3} \int_0^\infty \frac{\varepsilon^{1/2} d\varepsilon}{\exp\left[(\varepsilon - \varepsilon_F)/k_b T\right] + 1} \tag{2.8}$$

3-2表　γ の値
(10^{-4} J・mol^{-1}・K^{-2})

	実測値	理論値
Na	13.8	11.1
Cu	7.0	5.0
Ag	6.5	6.4
Au	7.3	6.3

が成り立つ（積分上限は U_0 とすべきだろうが，U_0 以上からの寄与は無視できる）．この式から ε_F が T の関数として得られる．$g(\varepsilon)$ が ε の増加関数のため，ε_F は T とともに減少する．しかし，$T \ll T_F$ なら変化は非常に小さく

$$\varepsilon_F \cong \varepsilon_F^0 \left[1 - \frac{\pi^2}{12}\left(\frac{T}{T_F}\right)^2\right] \tag{2.9}$$

で与えられる．このとき電子系の全エネルギーは，この ε_F を使って

$$\int_0^\infty \varepsilon f(\varepsilon) g(\varepsilon) d\varepsilon \cong \frac{3}{5} N \varepsilon_F^0 + \frac{\pi^2}{4} N k_b \frac{T^2}{T_F} \tag{2.10}$$

のようになる．これを T で微分すると (2.6) の電子比熱が出てくる．

§3.3　電子放出

金属中の伝導電子は，ふつうはそのエネルギーが足りないため，外部に脱

§3.3 電子放出

出できない．しかし何かの方法により十分なエネルギーが与えられれば，電子放出が起こる．なお絶縁体や半導体中の電子の場合も以下の話はほぼ同様にあてはまる．

（1） 光電子放出

伝導電子は深さ U_0 のポテンシャルの底から，（高温でなければ） ε_F^0 まで詰まっており，脱出するにはまだ少なくとも

$$\phi = U_0 - \varepsilon_F^0 \tag{3.1}$$

というエネルギーが足りない（3-5図左）．そこへ光を当て，光子のエネルギー $h\nu$ でその不足分を補ってやると**光電子放出**（photo-electric emission）が起こる．その際，光子のエネルギーの満たすべき条件は

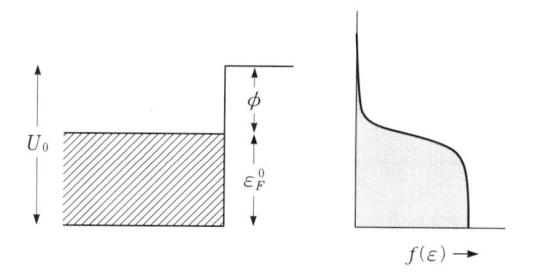

$$h\nu \geq \phi \tag{3.2}$$

である．＊アインシュタインが，この関係を含めて当時知られていた実験事実を，光子の考えを使って説明したことは有名だ．光電子放出に必要な最小振動数 $\nu_0 (= \phi/h)$ を測ると ϕ が得られる．これを**仕事関数**（work function）とよぶ．若干の金属での値を3-3表に示す．

3-5図

3-3表 ϕ の値（eV）

	$h\nu_0$ から	熱電子放出から
Na	2.3	
Cs	1.9	1.81
Ba		2.11
Ta	4.11	4.12
Mo	4.15	4.15
W	4.54	4.54
Ni	5.01	5.03
Pd	4.97	4.99

＊ 特別に強い光でない限り，電子は同時に1個の光子しか吸収しない．また1個の光子を吸収した電子は，次の光子を吸収するいとまもなく，得たエネルギーを（まわりに渡すことにより）失ってしまう．

高いエネルギーの粒子（電子，イオンなど）を金属や半導体に当てると，そのエネルギーをもらって電子放出が起こる．これを**2次電子放出**とよぶ．入射粒子のエネルギーが十分に大きければ，1個の入射に対して何個もの電子が結晶の外にとび出す．この現象をくり返し使ったのが2次電子増倍管で，1個の電子から多数の電子の流れを作り出す．さらに光電子放出とこれを組み合わせた光電子増倍管は優れた光センサーとして知られている．

（2） 熱電子放出

高温になるとエネルギーの大きい電子が増えてくる（3-3図）．あるものは U_0 以上になり，結晶の外にとび出すようになる（3-5図右）．これが**熱電子放出**（thermionic emission）である．ところで

$$U_0 - \varepsilon_F \cong U_0 - \varepsilon_F^0 = \phi$$

なので，U_0 以上のエネルギーをもつ電子の数は（2.4）から，ほぼ

$$e^{-\phi/k_b T}$$

に比例する．単位時間当りに表面からとび出してくる電子数，したがって熱電流も，ほぼこれに比例する．もう少しくわしく計算した結果によると，表面の単位面積当りの熱電流は

$$j = 4\pi m e (k_b T)^2 h^{-3} e^{-\phi/k_b T} = 1.202 \times 10^6 T^2 e^{-\phi/k_b T} \text{ A·m}^{-2} \quad (3.3)$$

となる．これはリチャードソン-ダッシマンの式とよばれる．T^2 の因子もあるが，重要なのは指数関数の因子でこれが温度変化を支配する（たとえば ϕ が 3 eV のとき，1000 K での値は 900 K のそれの 50 倍にもなる）．温度変化の実験から求めた ϕ の値も3-3表にのせてあるが，光電子放出による値とよく一致している．なお実験結果から逆算した数値係数は，表面の状態などの影響をうけ，理論値とはかなり違う．

熱電子放出は，昔は真空管の熱陰極という応用上の重要性から，くわしく研究された．近ごろでの身近な応用例は蛍光灯だろう．熱陰極としてはタングステンの表面を Ca, Sr, Ba などの酸化物で覆ったものが使われる．こ

れら酸化物は金属ではないので，この場合の ϕ は3-5図の説明とは違うが，電子を外部に引き出すために必要な平均的最小仕事に相当する．その値は $1 \sim 1.5\,\mathrm{eV}$ くらいで小さく，比較的低温でも大きな熱電流が得られる．

§3.4 電気伝導

金属の最も重要な性質は電流をよく通すことである．金属に電場をかけると，伝導電子がそれに引かれて動き電流が流れる．* ここでこの現象をもう少しくわしく議論する．

伝導電子の状態は波数 k によって表わされる．これは

$$\bm{p} = \hbar \bm{k} \tag{4.1}$$

という運動量をもつ状態，そしてまた

$$\bm{v} = \bm{p}/m = \hbar \bm{k}/m \tag{4.2}$$

という速度で動いている状態に相当する．したがって，電場のない熱平衡での伝導電子の速度分布は，$v=0$ を中心とする半径 v_F（$=\hbar k_F/m$，**フェルミ速度**とよぶ）の球をびっしりと詰めたものになっている（3-6図）．ただ球の表面近く，エネルギーにして $k_b T$ 程度の厚さで，ぼやけがある．

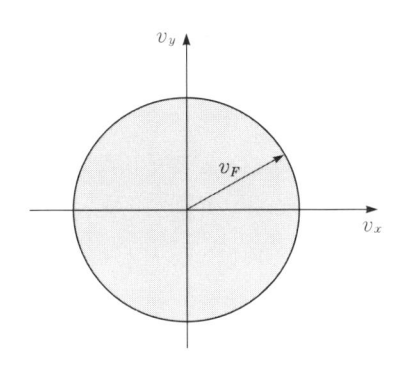

3-6図　伝導電子の速度分布（$\bm{E}=0$）

---

* 境界条件（1.2）によれば，電子の波動関数は結晶全体に広がっている．この場合，電子が結晶内を動くといっても，その意味はわかりにくい．しかし条件（1.2）は状態の数を簡単に求めるための一種の数学的技法であって，現実に個々の電子がこんなに広がって存在するわけではない（その場合でも ε_F^0 の値は，電子密度だけに依存し体積には無関係なので，変りない）．実際の電子は，第7章の7-8図にあるような，いわゆる**波束**の形をしている．電子の存在確率 $|\psi|^2$ が大きいのは波束の範囲くらいで，その広がりは結晶全体に比べ無視できるほど小さい．一方，$\hbar/$（波束の大きさ）程度の運動量の不確定もあるが，これも普通は運動量そのものの大きさに比べ十分小さい．すなわちマクロな結晶での電気伝導などを扱う際には，特別な場合以外，電子を確定した運動量と位置をもつ古典力学的粒子とみなしてよい．

それでも速度分布は原点の周りで球対称であり,電子全体の平均速度は 0 になる.すなわち伝導電子の流れはなく,当然電流もない.

さて電場 $\boldsymbol{E}$ が作用すると,個々の電子は運動方程式

$$d\boldsymbol{v}/dt = -e\boldsymbol{E}/m \qquad (\text{電子の電荷は} -e) \qquad (4.3)$$

によって加速される.これは量子力学でも古典力学でも同じである.この加速は全ての伝導電子に共通なので,電子系全体でいうと 3-6 図のような球がそのまま,毎秒 $-e\boldsymbol{E}/m$ の割合でずれていくことになる.したがって電子の平均速度 $\langle \boldsymbol{v} \rangle$(球の中心に一致)も同じように

$$d\langle\boldsymbol{v}\rangle/dt = -e\boldsymbol{E}/m \qquad (4.4)$$

と加速されていく.しかし $\boldsymbol{E}$ が一定(直流電場)の場合,これだけでは $\langle\boldsymbol{v}\rangle$ は(したがって電流も)時間とともに増え続け,決して一定値にはならない.すなわちオームの法則は出てこない.

実際には,伝導電子は加速される一方,後で述べるような原因によりかなり頻繁な散乱を受ける.この散乱は弾性散乱に近く,その前後で電子のエネルギーはほとんど変化しないが,運動方向は変る.最も簡単な場合,散乱後の運動方向は散乱前のそれと全く無関係になる.すると散乱後の速度のベクトル的な平均値は 0 となり,その結果加速によって得た余分な速度も平均として失われる.しかし散乱のタイプによっては,1 回の散乱での方向変化がもっと小さいこともある.ただこの場合でも何回か散乱をくり返すと,運動方向は最初と無関係になる.いずれにせよ散乱の働きによって際限もない加速は抑えられる.

散乱の影響を簡単にとり入れるには (4.4) を次のように書き直す.

$$\frac{d\langle\boldsymbol{v}\rangle}{dt} = -\frac{e\boldsymbol{E}}{m} - \frac{\langle\boldsymbol{v}\rangle}{\tau} \qquad (4.5)$$

右辺第 2 項が散乱の影響を表わし,**散乱項**とよばれる.この項の役割を見るため,右辺がこの項だけ(すなわち $\boldsymbol{E}=0$)の場合を考える.すると

$$d\langle\boldsymbol{v}\rangle/dt = -\langle\boldsymbol{v}\rangle/\tau \qquad (4.6)$$

§3.4 電気伝導

これを，$t=0$ で $\langle v \rangle = v_0$，という初期条件下で積分すると

$$\langle v(t) \rangle = v_0 e^{-t/\tau} \tag{4.7}$$

が得られる．この解は，電子系が最初0でない平均速度をもっていても，散乱のため減速し次第に0に近づくことを表わしている．すなわち，3-7図に矢印で示されたような散乱によって，実線で囲まれ影をつけた $\langle v \rangle \neq 0$ の速度分布から，点線で囲まれた $\langle v \rangle = 0$ の分布に引き戻される．その戻り方の速さを示す時定数が τ で，**衝突時間** (collision time) とか**散乱時間**などとよばれる．このように，散乱は電子系の速度分布をならして，平均速度を0にするように働く．

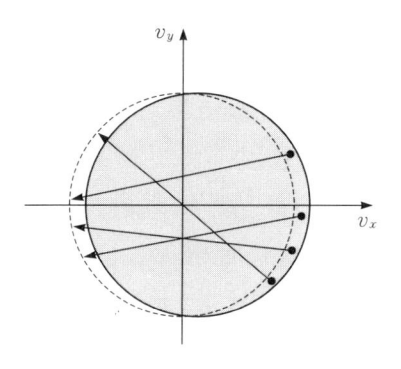

3-7図 右向き平均速度をもつ伝導電子系の速度分布と散乱（左から右への散乱もあるが，この分布の場合左への散乱の方が頻繁におこる．図は差引き正味の散乱効果を示す）

加速が抑えられる結果，直流電場の下では一定電流が流れることになる．この場合 $d\langle v \rangle/dt$ は0なので，(4.5) から

$$\langle v \rangle = - e\tau E/m \tag{4.8}$$

と電場に比例する平均速度が得られる．* これによる電流を求めるには，3-8図のように電場に垂直な単位面積の底面をもち，電場方向に $\langle v \rangle$ の長さをもつ柱を考える．するとこの柱の中の全電子が1秒間に底面を通過する．その

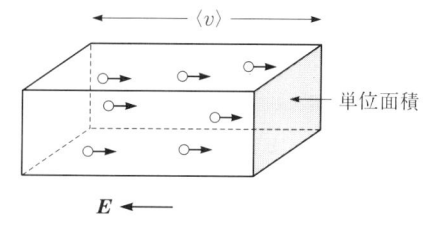

3-8図

---

* 正確にいうと微分方程式 (4.5) の一般解は，(4.8) と任意係数をもつ (4.7) の和である．しかし後者はすぐ消えて，定常解 (4.8) だけが残る．

電子数は，電子密度が n_c だから，$n_c \langle v \rangle$. したがってこの単位面積を通って1秒間に流れる電気量，すなわち電流密度 $\boldsymbol{j}$ は

$$\boldsymbol{j} = -n_c e \langle \boldsymbol{v} \rangle = n_c e^2 \tau \boldsymbol{E}/m \tag{4.9}$$

となる．そこで電気伝導度（electrical conductivity，抵抗率の逆数）σ は

$$\sigma = \frac{\boldsymbol{j}}{\boldsymbol{E}} = \frac{n_c e^2 \tau}{m} \tag{4.10}$$

で与えられる．

散乱時間 τ は，この程度たつと電子の運動方向がすっかり変ってしまう，という平均時間である．1回の散乱で方向が完全に変るような簡単な場合には，τ は散乱と散乱の間の平均間隔になる．一般に散乱は確率的現象なので，個々の電子について見れば，τ より早く運動方向の変る電子もあり，なかなか変らないのもある．このように電子ごとに散乱に遅速があるため，(4.7) の $\langle \boldsymbol{v}(t) \rangle$ は連続的に減少する．また τ はしばしば

$$\tau = \Lambda_e / v_F \tag{4.11}$$

のように書かれる．Λ_e は電子の平均自由行路である．ここでフェルミ速度 v_F だけが現れて，それ以外の電子の速度を考えないのは，フェルミ・エネルギー（と $k_b T$ 程度）に近い電子だけが散乱されるからである．すなわち，それより高いエネルギーの電子はほとんどない（現実の場合，3-7図にあるようなずれは非常に小さく*，加速により高エネルギーの電子を生ずることはない）．また散乱に際してのエネルギー変化が小さいため，ε_F^0 よりある範囲以下の低エネルギー電子は，行き先が詰まっていて散乱を受けない．

こうして直流電場の下での電子系の振舞は以下のようにイメージ化される．まず3-7図のような電子で満たされた球が，電場に引かれ，一定の割合でずれようとする．一方，はみ出た側の表面の電子は，絶えず反対側表面に散乱される．結果として，ずれは一定に保たれる．

---

* 例えば直径1mmの銅線に10Aの電流を流したときの $\langle v \rangle$ は秒速わずか0.94 mm，一方 v_F（3-4表）は秒速1000 km以上である．

§3.4 電気伝導

しかし残念なことに，自由電子論では τ や Λ_e を理論的に出すことができない．ただ σ の実測値から逆算することはできる．いくつかの簡単な金属について，こうして求めた $0°C$ での Λ_e と τ の値を 3-4 表に示した．

3-4表　平均自由行路と散乱時間 $(0°C)$

	$v_F(\mathrm{m \cdot s^{-1}})$	$\Lambda_e(\text{Å})$	$\tau(\mathrm{s})$
Na	1.07×10^6	350	3.3×10^{-14}
K	0.85	370	4.4
Cu	1.58	420	2.7
Ag	1.40	570	4.1
Au	1.40	410	2.9

注目されるのは Λ_e の値で大体数百Å，原子間距離の 100 倍以上に達する．低温ではもっと長くなる．伝導電子はかなりの長距離をまっすぐに走るわけで，これは自由電子論が良い近似であることを示している．

実は第 7 章で説明するように，結晶を構成するイオンの配列が完全に規則正しければ，電子の散乱は起こらない．個々のイオンは電子に力をおよぼし，その運動に影響を与える．しかし規則正しい配列の場合，電子はそれに対しある意味で調子を合わせた運動を行ない，自由電子と同じように振舞う．これは電子が波動性をもつからで，古典的粒子にはこんな器用なまねはできない．そしてこうした規則的配列が乱れると電子は散乱される．一番重要なのは格子振動で，各原子は正規の格子点からずれて振動している．また不純物や結晶の乱れも規則性を乱す．これらが電子散乱の原因となる．この事情は，例えばとび石が規則正しく並んでいるときは歩きやすいが，乱れていたり不ぞろいだとつまずくのに似ている．

温度が上がると格子振動も散乱も激しくなり，τ や Λ_e は短くなる．$T > \Theta_D$ で散乱頻度は大体フォノン密度に比例し，フォノン密度は T に比例する．したがって τ は T に反比例し，一方 n_c や m は一定なので，結局 σ は T^{-1} に，また抵抗率 ρ は T に比例する．低温でのフォノン密度の減少はもっと激しく，σ は T^{-5} (ρ は T^5) に比例するようになる．

格子振動による電子の散乱は，個々の過程としては，電子が 1 個のフォノンを吸収あるいは放出するという形で行なわれる．その際エネルギーと運動

量(結晶運動量)の保存則が成り立つ．すなわち，散乱の前後での電子の運動量を p, p', 吸収または放出されるフォノンの波数ベクトルおよび振動数を q, ω とすると

$$p'^2/2m = p^2/2m \pm \hbar\omega \tag{4.12}$$

$$p' = p \pm \hbar q \tag{4.13}$$

が成り立つ．符号は上が吸収，下が放出の場合である．このような過程をふつう3-9図のように表現する．*,** したがって散乱の際の電子のエネルギー変化は $\hbar\omega$ であり，最大で $k_b\Theta_D$ 程度の大きさに過ぎない．一方電子エネルギーそのものは k_bT_F で100倍以上大きく，<u>散乱は弾性散乱に近い</u>．

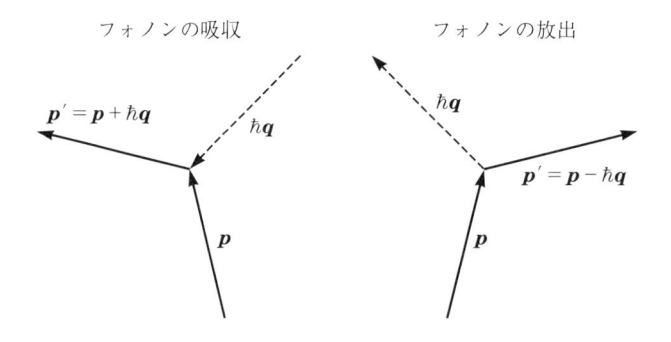

3-9図　フォノンの吸収と放出

第2のタイプの散乱は，当然不純物の量や結晶の乱れの程度が増せば激しくなる．したがって同種の金属でも試料ごとに違う．またこの散乱は温度にほとんど依存せず，ほぼ<u>完全な弾性散乱である</u>．フォノンによる散乱とこの

---

*　第2章で中性子線の非弾性散乱の実験からフォノンの ω 対 q の関係が得られることを述べた．そろった運動量 p をもつ中性子線を結晶に入射させると，1個のフォノンを吸収または放出した中性子が出てくる．このときもやはり同じ保存則が成り立つので，出てきた中性子の p' を調べれば，ω と q の関係がわかる．中性子とフォノンの相互作用は弱いので，2個以上のフォノンが関与する確率は割と小さい．

**　なお運動量保存については，(4.13) のような正常過程以外に，反転過程も起こりうる．すなわち，$p \pm \hbar q$ が第1ブリュアン域の外にあるとき，p' はそれと等価な第1ブリュアン域内の運動量になる．

§3.4 電気伝導

散乱とは互いに独立に起こると考えてよいので，実際の抵抗率 ρ は

$$\rho(T) = \rho_{ph}(T) + \rho_{imp} \quad (4.14)$$

のように，それぞれの散乱だけがあるときの抵抗率の和として書ける．これは以前から**マティーセンの法則**として実験的に知られていたものである．一般に高温では ρ_{ph} が大きくそれが電気抵抗をきめるが，低温では逆に ρ_{imp} が重要になる．抵抗率の温度変化は 3-10 図のようになる．なお，$T \to 0$ で残る抵抗（ρ_{imp}）を**残留抵抗**（residual resistance）とよぶ．

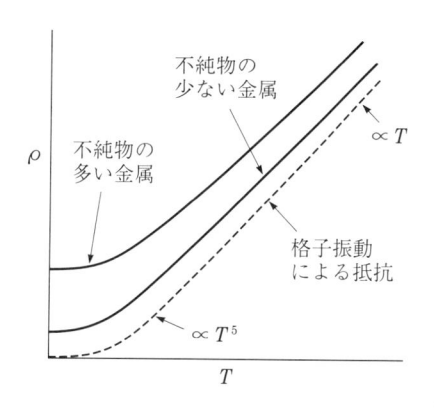

3-10 図 抵抗率の温度変化（概念的な図）

　合金の場合，異なる種類の原子が混在しており，いわば不純物が非常に多い状態に近い．それによる散乱はかなり激しく，室温でも格子振動による散乱をしのぐ場合が多い．このため一般に合金の抵抗率は単体金属に比べて大きい．しかしたとえば，2 種類の元素を原子数比で 1：1 に混ぜて作った合金などでは，2 種の原子が交互に規則正しく並ぶことがある．そのような場合，抵抗率は単体金属と同じ程度まで小さくなる．

　中間の温度領域も含めた ρ_{ph} の温度変化の形は，次の**グリュナイゼン**（Grüneisen）**の式**によってかなりよく表わされる．

$$\rho_{ph} \propto T^5 \int_0^{\Theta_D/T} \frac{x^5 dx}{(e^x - 1)(1 - e^{-x})} \quad (4.15)$$

たとえば十分高温の場合 $0 < x \leq \Theta_D/T \ll 1$，そこで指数関数を展開すると被積分関数は x^3 となり，積分して $(\Theta_D/T)^4/4$．こうして ρ_{ph} は T に比例する．逆に低温では $\Theta_D/T \to \infty$，積分は 124.43… という一定値に収束し，ρ_{ph} は T^5 に比例．3-11 図は上式で計算した $\rho_{ph}(T)$ の図である．横軸と縦軸はデバイ温度およびそこでの ρ_{ph} の値を基準にとってある．この式は高純度の銅や金などで，広い

温度範囲にわたり実測とよく合う（特に Θ_D を多少調整すると）．このとき低温での ρ は非常に小さくなる．たとえば金の場合，4.2 K では 0°C での値の 2.6×10^{-6} 倍となり，相当する Λ_e は 1.6 cm にも達する．

低温でのフォノン散乱はこのように $\propto T^5$ という強い減少を示すが，これは2つの因子の積からなっている．一つは散乱頻度そのものの減少で T^3 に比例し，もう一つは T^2 に比例する．後者は散乱ごとの運動方向の変化が減り（散乱に関与するフォノンの波数が $k_b T/\hbar s$ 程度に抑えられる），大きい方向変化をするには多数回の散乱が必要となるための因子である．

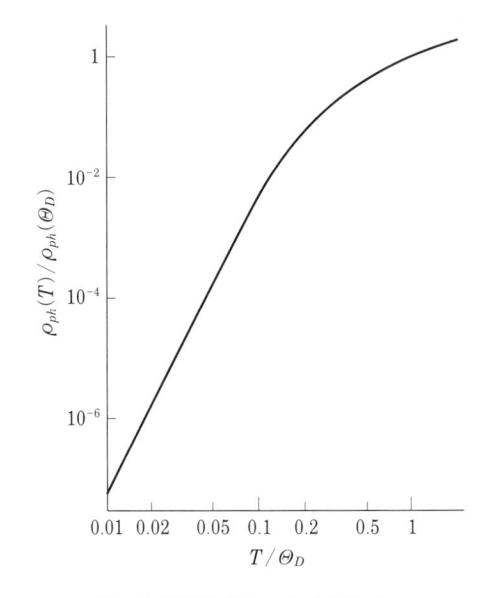

3-11図　格子振動だけによる抵抗率 ρ_{ph} の温度変化

§3.5　熱伝導

前章でフォノン熱伝導について述べた．金属ではそれに加え伝導電子も熱を運ぶ．特に高純度の金属だと電子の寄与の方がずっと大きく重要である．

3-3図のフェルミ分布関数を見ると，温度の上昇につれ ε_F^0 の近くで，高エネルギー側の電子が増え，逆に低エネルギー側が減っている．したがって金属の一方側が高温で他方が低温の場合，前者には大きいエネルギーをもった電子が多く，後者には小さいエネルギーの電子が多い（3-12図）．そして電子のランダムな運動の結果，電子分布の場所による違いは混じり合って一様になろうとする．これが熱伝導をひき起こす．

このような熱伝導の説明は前章のフォノン熱伝導の場合とよく似ている．したがって電子による熱伝導度 κ_e に対して，前章（4.9）と同じ形の式

§3.5 熱伝導

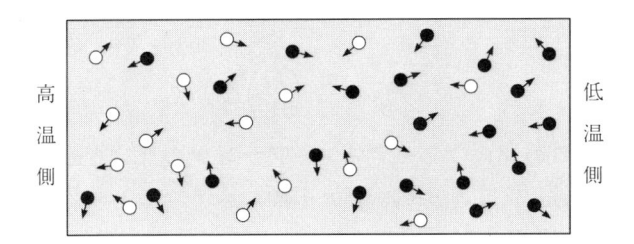

○：大きいエネルギーをもった電子
●：小さいエネルギーをもった電子

3-12図

$$\kappa_e = c_e \Lambda_e v_F / 3 \tag{5.1}$$

が成り立つ．ここで c_e は単位体積当りの電子比熱であり，音速 s の代りにフェルミ速度 v_F が入っている．この式の各因子の室温での値を前章 (4.9) のそれらと比べると，c_e はフォノン比熱の 10^{-2} くらい，Λ_e は比較的純粋な金属の場合でフォノンの Λ の 10 倍ほど，最後の v_F は s の 200 倍程度，となっている．結果として κ_e はフォノンによる熱伝導度の約 20 倍ということになる．しかし，不純物の多い金属や合金などでは Λ_e/Λ の比はもっと小さく，2 つの熱伝導度の大きさが同程度となる場合もある．

したがって比較的純粋な金属では，上の κ_e がほぼ熱伝導度の実測値を与えると考えてよい．ところで (4.10) の σ において，τ は Λ_e/v_F だから，κ_e も σ もともに Λ_e に比例する．そこで比 κ_e/σ を作ると，Λ_e が消えて

$$\frac{\kappa_e}{\sigma} = \frac{c_e m v_F^2}{3 n_c e^2} \tag{5.2}$$

のように簡単に計算できる量だけで表わされる．まず単位体積当りの電子比熱 c_e は，モル比熱の式 (2.6) において，1 モル当りの電子数 zN_A を単位体積当りの電子数 n_c で置きかえれば得られる．すなわち

$$c_e = \pi^2 n_c k_b T / 2 T_F \tag{5.3}$$

さらに

$$m v_F^2 / 2 = \varepsilon_F^0 = k_b T_F$$

に注意して，結局

$$\frac{\kappa_e}{\sigma} = \frac{\pi^2}{3}\left(\frac{k_b}{e}\right)^2 T \tag{5.4}$$

が出てくる．この比は**ヴィーデマン‐フランツの比**（Wiedemann-Franz ratio）とよばれる．さらにこれを T で割った

$$L = \frac{\kappa_e}{\sigma T} = \frac{\pi^2}{3}\left(\frac{k_b}{e}\right)^2 = 2.443 \times 10^{-8} \,\mathrm{W \cdot \Omega \cdot K^{-2}} \tag{5.5}$$

は**ローレンツ数**（Lorenz number）とよばれ，金属の種類や温度によらない定数となる．したがって電気の良導体は熱の良導体でもある．3‐5表は実測値の例だが，一般に広い温度範囲で上式との一致はかなり良い．これは金属の自由電子論の大きな成功の一つといえる．ただ $T \ll \Theta_D$ の低温では，散乱の効き方が σ と κ_e とで異なるため，実測値は理論値よりも小さくなる．

3‐5表

	$\sigma(0°C)$ $10^7\,\Omega^{-1}\cdot m^{-1}$	$\kappa(0°C)$ $W\cdot m^{-1}\cdot K^{-1}$	$L(10^{-8}\,W\cdot\Omega\cdot K^{-2})$ 0°C	100°C
Cu	6.45	385	2.18	2.30
Ag	6.60	418	2.31	2.37
Mg	2.54	150	2.16	2.32
Al	4.00	238	2.18	2.22
Pb	0.52	35	2.46	2.57
Pt	1.02	69	2.47	2.56

§3.6 プラズマ振動

プラズマ振動（plasma oscillation）は，金属中の伝導電子に限らず，半導体中の電子正孔や電離気体中のイオンなど，自由に動く荷電粒子の集団で見られる振動である．振動発生のメカニズムはどの場合にも共通だが，その振動数には大きな違いがある．伝導電子のプラズマ振動は金属の電磁的性質と重要なかかわり合いをもつ．たとえば金属の光学的特性はプラズマ振動数

§3.6 プラズマ振動

を境にして大きく変化する（§4.4）．

金属には伝導電子と正イオンがあり，ふつうは電気的に中性となっている．この中性状態が局所的に少し破れると，プラズマ振動が発生する．まず何かの原因により，電子密度が3-13図の(1)の実線のように空間的に波打っていたとしよう．このとき電子は平均として止まっており（$\langle v \rangle = 0$），また波長は原子間距離に比べ十分長いとする．一方正イオンは重くてほとんど動けず，その密度はほぼ一定に保た

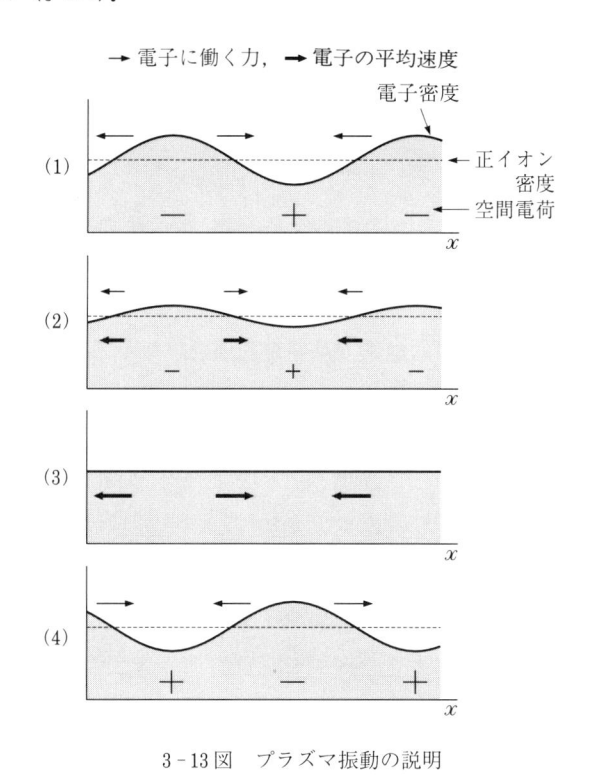

3-13図　プラズマ振動の説明

れる（点線）．そこで金属内部には空間電荷（図の下部に示されている）が生じ，これにより電場が発生する．電子は矢印のような力を受け，空間電荷をならす方向に加速される．その結果，電子密度は→(2)→(3)と変化し，空間電荷も電場も消える．もしこの状態で電子が止まっていれば，現象はこれまでで振動は起こらない．ところが後でわかるように，ここまでの経過時間は散乱時間τに比べ十分短く，電子の散乱は無視できる．したがって，加速された電子はまだ盛んに走っており，行き過ぎて最初密度の低かった場所を逆に盛り上げてしまう．そして最初とは逆位相の状態(4)まで行ってやっと止まる．その後また逆にたどって(1)にもどる．このような振動を

プラズマ振動とよぶ．

水面上の定常波の運動も上記の振動に似ている．水面が(1)のように波打っていると，重力または表面張力による力が働き，水が動き出す．(3)のようになったとき，水はまだ動いている最中で，行き過ぎて(4)のようになって止まる．そしてまた(1)にもどる．

プラズマ振動の角振動数 ω_p は後で示すように次式で与えられる．

$$\omega_p{}^2 = \frac{n_c e^2}{\epsilon_0 m} \tag{6.1}$$

この振動数は金属では非常に高い．たとえば銅の場合，$n_c = 8.5 \times 10^{28}\,\mathrm{m^{-3}}$ で

$$\omega_p = \sqrt{\frac{8.5 \times 10^{28} \times (1.6 \times 10^{-19})^2}{8.85 \times 10^{-12} \times 9.11 \times 10^{-31}}} \cong 1.64 \times 10^{16}\,\mathrm{s^{-1}}$$

となり，これは波長 115 nm の紫外線の振動数に相当する．いくつかの金属での ω_p の値を 3-6 表に示す．プラズマ振動の周期は 3-4 表の散乱時間 τ よりはるかに短く，1/100 程度に過ぎない．なおプラズマ振動は縦波である．すなわち 3-13 図を見れば分かるように，電子は波面に垂直に振動する．

3-6 表 プラズマ振動数とプラズモンのエネルギー

	計算値		実験値
	ω_p	$\hbar\omega_p$	$\hbar\omega_p$
Be	$2.9 \times 10^{16}\,\mathrm{s^{-1}}$	19 eV	19 eV
Mg	1.7	11	10
Al	2.4	16	15
Li	1.21	8.0	9.5
Na	0.86	5.7	5.4
K	0.59	3.9	3.8

プラズマ振動も一種の単振動なので，そのエネルギーは $\hbar\omega_p$ ずつの塊に量子化される．このような量子を**プラズモン**とよぶ．金属薄膜を通過する高エネルギー電子は，金属内に何個かのプラズモンを作って出てくる．すると

§3.6 プラズマ振動

最初エネルギー ε をもっていた電子の通過後のエネルギーは

$$\varepsilon - n\hbar\omega_p \quad (n = 0, 1, 2, \cdots)$$

のようになる．したがって，このエネルギー変化を測れば $\hbar\omega_p$ が決められる．3-6表に $\hbar\omega_p$ の計算値と実験値を示す．よく一致している．

最後に ω_p の式 (6.1) を導いておく．それには前述の説明をそのまま式にして書き下せばよい．見かけは偏微分方程式でむずかしそうだが，大したことはない．このような計算に不慣れな読者は，鉛筆をもって式を追うとよい練習になる．まず電子密度の変動があるわけで，それを

$$n(x, t) = n_c + \delta n(x, t) \tag{6.2}$$

と書く．n_c が平均密度で δn が変動部分．変動は x 方向だけにあるとする．すなわち y, z 方向には一様な平面波を考える．これにより空間電荷

$$\rho(x, t) = -e\delta n(x, t) \tag{6.3}$$

が発生する．電場 $E_x(x, t)$ はガウスの法則により

$$\frac{\partial E_x(x, t)}{\partial x} = \frac{\rho(x, t)}{\epsilon_0} \tag{6.4}$$

で与えられる．この電場のため電子が加速される．位置 x，時刻 t における平均速度 $\langle v_x(x, t) \rangle$ は

$$\partial \langle v_x(x, t) \rangle / \partial t = -eE_x(x, t)/m \tag{6.5}$$

のように変化する．前にも述べたが散乱の影響は無視してよい．このように電子が動くと，ある領域では電子が流れ込んで電子密度が増え，別の領域では流れ出して減る．これは連続の式（電荷保存の式）によって表わされる．

$$\frac{\partial \delta n(x, t)}{\partial t} = -\frac{\partial (n\langle v_x \rangle)}{\partial x} \tag{6.6}$$

ここで，右辺にある $n\langle v_x \rangle$ は電子の流れを意味するが，それを

$$n\langle v_x \rangle = (n_c + \delta n)\langle v_x \rangle \cong n_c \langle v_x(x, t) \rangle$$

と書きかえる．すなわち微小振動だとして，2次の微小量 $\delta n \langle v_x \rangle$ を省略する．すると (6.6) は

$$\frac{\partial \delta n(x, t)}{\partial t} = -n_c \frac{\partial \langle v_x(x, t) \rangle}{\partial x} \tag{6.6}'$$

となる．以上が必要な基本式で，これらから δn だけ残して，ほかの量を消去する．まず (6.3) の ρ を (6.4) に入れ

$$\partial E_x/\partial x = -e \cdot \delta n/\epsilon_0 \tag{6.7}$$

次に (6.5) を x で微分して

$$\frac{\partial^2 \langle v_x \rangle}{\partial x \partial t} = -\frac{e}{m}\frac{\partial E_x}{\partial x} = \frac{e^2 \cdot \delta n}{\epsilon_0 m} \tag{6.8}$$

また (6.6)′ を t で微分すると

$$\frac{\partial^2 \delta n}{\partial t^2} = -n_c \frac{\partial^2 \langle v_x \rangle}{\partial x \partial t} \tag{6.9}$$

(6.8) と (6.9) から $\langle v_x \rangle$ の項を消去して

$$\frac{\partial^2 \delta n}{\partial t^2} = -\frac{n_c e^2}{\epsilon_0 m} \delta n = -\omega_p^2 \delta n \tag{6.10}$$

を得る．これは単振動の微分方程式で，δn は ω_p で振動する．なお振動数が波長 (原子間距離より十分長ければ) に依存しないことも分かる．

4　誘　電　体

　　　　　　　　　　　　　　　　金属に電場を加えると電流が流れる．これ
　　　　　　　　　　　　　　　に対し絶縁体では分極が生じる．この章では
　　　　　　　　　　　　　まず，分極がどのように起こるかについて，
　　　　　　　　物質の構造と関連させ説明する．次に振動電場の下での分極現象をと
り上げ，その振動数変化の様子とか，それにともなう電磁波の吸収や
反射などについて述べる．

§4.1　物質の分極

　すべての物質は正電荷の粒子（原子核や正イオン）と負電荷の粒子（電子
や負イオン）からできている．外から電場 E を加えると，それらは互いに
反対方向に力をうける．それによって2種類の電荷が相互にずるずると動け
ば電流が流れる．しかし絶縁体では正負の粒子
は何かの力によって結びつけられており，しか
もその力は一般に外部電場による力に比べはる
かに強い．このため正負の粒子は反対方向に
ごくわずかずれてつり合う．これによって**分極**
(polarization) が生ずる．

　このようにして分極した物質の中の電荷分布
を，分極のないときと比べると，多くの微小な
電気双極子が生じたのと同じになっている．た

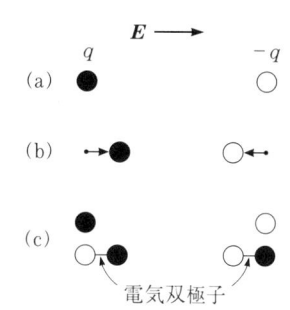

4-1図　電荷のずれと
　　電気双極子の発生

とえば，4-1図(a)のように正負の点電荷があり，それが(b)のようにずれたとしよう．この状態での電荷分布は，それぞれの電荷をもとの位置にもどし，それに重ねて(c)に示されているような正負の電荷の対（電気双極子*）をおいたのと同じになる．もっと一般的に，たとえば粒子が運動している場合とか，また電子のように不確定性のため正確な位置をいうことができない場合などでも，平均的な位置を考えれば同様に議論できる．

こうして生じた双極子モーメントの単位体積当りのベクトル和が静電気学での分極 P となる．すなわち，体積 V の中に分極が生じている場合

$$P = \sum m_i / V \quad (i \in V) \tag{1.1}$$

ここで和は体積 V の中の双極子モーメント m_i 全部についてとる．ふつうの程度の強さの電場では P は E に比例する．また以下で扱う等方的物質の場合，両者は平行で，誘電率 ϵ および比誘電率 κ に対して

$$\kappa = \frac{\epsilon}{\epsilon_0} = 1 + \frac{P}{\epsilon_0 E} \tag{1.2}$$

と書ける．なお記号 κ は熱伝導度を表わすのにも使ったが，混同のおそれはないと思う．

さて分極はどのようにして生ずるか．その成因によって，ふつう3種類に分けている．すなわち，**電子分極**（electronic polarization），**イオン分極**（ionic —），**配向分極**（orientation —）である．以下順に説明しよう．

(1) 電子分極

電子分極は，電子が原子核に対し平均としてずれるため生ずる．すなわち4-2図のように，電子密度（= |波動関数$|^2$）が陽極側で大きく陰極側で小さくなることが原因である．孤立した原子や分子の場合，そこに誘起された

---

* 2つの電荷 q と $-q$ とが接近して存在するとき，これを**電気双極子**（electric dipole）とよぶ．そして $-q$ から q への方向をもち，大きさ qd（d は電荷の間の距離）のベクトルを**電気双極子モーメント**という．

§4.1 物質の分極

双極子モーメントを

$$m = \alpha_e E \quad (1.3)$$

と書いて，α_e を**分極率**（polarizability）とよぶ．このような原子または分子を単位体積中に N 個含む体系では，分極は

$$P = Nm = N\alpha_e E$$
$$(1.4)$$

で与えられ，したがって比誘電率 κ は (1.2) から

$$\kappa = 1 + N\alpha_e/\epsilon_0$$
$$(1.5)$$

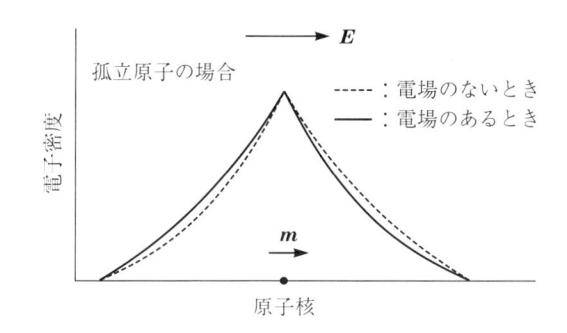

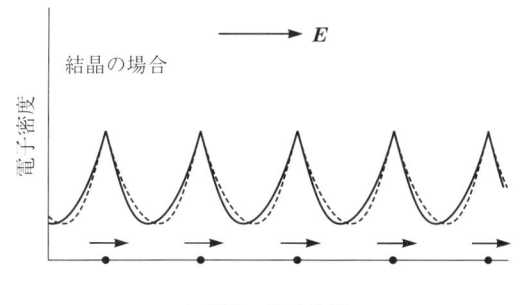

4-2図 電子分極

となる．ただしこの 2 つの式は正確には気体のような密度の低いものでしか成り立たない．液体や固体では次節で述べるような補正が必要となる．

SI 単位系だと，α_e はそのままではやや分かりにくい量である．しかし α_e/ϵ_0 は体積の次元をもち，その大きさも原子や分子の体積（$10^{-30}\,\mathrm{m}^3$）とほぼ同程度になる．さらに $\alpha_e/4\pi\epsilon_0$ は原子や分子の体積に一層近い上，しばしば表に掲載されている cgs 単位系での値に等しい．4-1表はそれで表わした分極率の実測値の例である．一般に体積が大きいと分極率も大きい．また分子の場合は球対称でないため方向によって α_e が異なる．表の中で（∥）は 2 つの原子核を結ぶ方向に電場をかけたときの値，（⊥）はそれ

4-1表 分極率の値（$\alpha_e/4\pi\epsilon_0$，単位は $10^{-30}\,\mathrm{m}^3$）

			(∥)	(⊥)
He	0.201	H_2	0.93	0.72
Ne	0.390	O_2	2.35	1.21
A	1.62	N_2	2.38	1.45
Kr	2.46	Cl_2	6.60	3.62

と垂直な面内での値である．なおこのような分子からなる気体（や液体）の中で各分子はランダムに向いており，$(2(\perp)+(\parallel))/3$ という平均が実験にかかる．

（2） イオン分極

原子分極ともいう．典型的な例はNaClのようなイオン結晶で見られる．この種の結晶に電場をかけると，正イオンと負イオンとが互いに逆方向に引かれてずれ，分極を生ずる（4-3図）．イオン結晶の分極は電子分極（各イオンに属する電子が原子核に対してずれる）とイオン分極とからなるが，その半分以上は後者による．

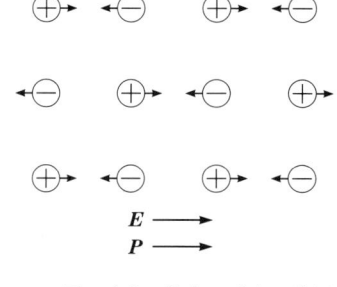

4-3図　イオン結晶のイオン分極

他の例として CCl_4 のような分子でのイオン分極がある．この分子では，Cは正にClは負に帯電している．電場がなければ，ClはCを対称的に囲んでいて，双極子モーメントはない．電場があると，CとClが互いに逆にずれて分極を生ずる．しかし，一般に分子でのイオン分極は電子分極に比べてずっと小さく，1/10程度のことが多い．なお電子分極もイオン分極もともに電荷のずれによって生ずるので，両者を合わせて**変位分極**などとよぶ．

（3） 配向分極

配向分極の原因は変位分極の場合とは全く異なる．H_2 や O_2，あるいは CCl_4 のような分子は，電場のない限り双極子モーメントをもたない．しかし電場なしでも双極子をもつ分子がある．例えばHCl分子で，HよりClの方が電気陰性度が大きく，Hは正に，Clは負に帯電している．このためClからHへ向いた双極子モーメントが常に存在する（4-4図）．このよう

な分子を（有）**極性分子**（polar molecule），そうでない分子を**無極性**（nonpolar）**分子**とよぶ．また極性分子が常にもつ双極子を**永久双極子**（permanent dipole），そして変位分極のように電場によって生じたものを**誘起**（induced）**双極子**とよぶ．永久双極子の大きさは誘起されたものに比べ非常に大きく，10^{11} V·m^{-1} 程度の実現不可能な電場下での誘起双極子に相当する．

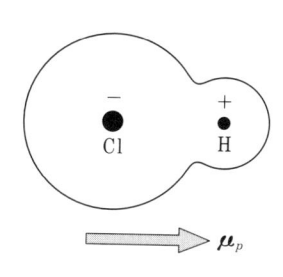

4-4図　HCl分子の永久双極子モーメント

このような極性分子からなる気体を考える．電場のないとき各分子の方向はランダムで，永久双極子モーメントのベクトル和も平均して 0 となる．分極はない．電場が加わると双極子モーメントには，それを電場と同じ方向にそろえようとする偶力が働く（4-5図）．一方，分子の熱運動はそれをかき乱してランダムに

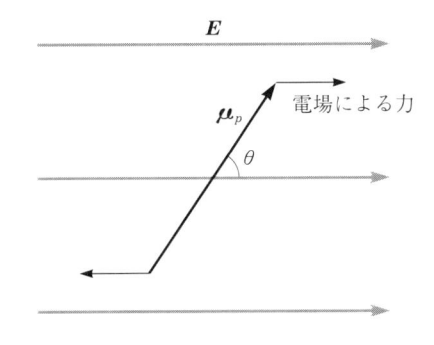

4-5図　電場と永久双極子モーメント

もどそうとする．この 2 つの傾向の競合の結果，電場方向に向いた双極子モーメントの割合がいくらか増え，分極を生ずる．

これは統計力学の典型的な応用問題だ．まず永久双極子モーメント $\boldsymbol{\mu}_p$ と電場 $\boldsymbol{E}$ との間の角度が θ のとき（4-5図），そのエネルギーは

$$W = -\mu_p E \cos\theta \tag{1.6}$$

で与えられ，電場方向に向いた方が低くなる．次に分子がエネルギー W をもつ確率は温度 T の熱平衡状態で $\exp(-W/k_bT)$ に比例する．もう少し正確にいうと，分子が $\theta \sim \theta+d\theta$ という方向をとる確率は

$$\exp(-W/k_bT)\,d\Omega = 2\pi\exp(\mu_p E\cos\theta/k_bT)\sin\theta\,d\theta \tag{1.7}$$

に比例する．ここで $d\Omega$ は θ と $\theta + d\theta$ の間にはさまれた立体角であり，分子のとれる方向の広がりは立体角に比例する．これをその積分値で割った

$$p(\theta)\,d\theta = \frac{\exp\left(\mu_p E \cos\theta/k_b T\right)\sin\theta\,d\theta}{\int_0^\pi \exp\left(\mu_p E \cos\theta/k_b T\right)\sin\theta\,d\theta} \tag{1.8}$$

は，分子が θ と $\theta + d\theta$ の間を向く規格化された確率になる．確かに $\cos\theta > 0$ となる確率が大きい．

さて，分極は電場方向に生じるので，双極子モーメントのこの方向への成分 $\mu_p \cos\theta$ を考えればよい．そしてその平均値は

$$\mu_p \langle \cos\theta \rangle = \mu_p \int_0^\pi \cos\theta\, p(\theta)\,d\theta \tag{1.9}$$

となる．この積分もむずかしくないが，ここではさらに簡単化する．すなわち普通の条件では $\mu_p E/k_b T \ll 1$ なので*，exp を展開して1次の項までとり

$$p(\theta) \cong \frac{1}{2}\left(1 + \frac{\mu_p E}{k_b T}\cos\theta\right)\sin\theta$$

とする．これを (1.9) に入れると，分子1個当りの平均双極子モーメント

$$\mu_p \langle \cos\theta \rangle = \mu_p^2 E / 3 k_b T \tag{1.10}$$

が得られる．電場方向への双極子モーメントのそろい方は一般にごくわずかである．しかしこれが原因となって配向分極を引き起こす．

変位分極の場合，電場が電荷の ずれ を引き起こそうとするのに対して，電荷間の結合力がこれをひきとめて抵抗した．配向分極の場合，双極子モーメントを電場方向にそろえようとする力に抵抗するのは分子の熱運動である．2つの分極の間には大きな性質の違いがある．温度が上がると配向分極は生じにくくなる．(1.10) が T に反比例するのは，このためである．

さて電子分極からの寄与 (1.4) も加えると，分極 P に対して

---

* 4-2表にあるように，μ_p は 10^{-29} C·m 程度，10^4 V/m の電場で 300 K として，$\mu_p E/k_b T \cong 10^{-25}/4 \times 10^{-21} \cong 2.5 \times 10^{-5}$．

$$P = N\alpha_e E + N\mu_p \langle \cos\theta \rangle = N\left(\alpha_e + \frac{\mu_p{}^2}{3k_b T}\right)E \qquad (1.11)$$

を得る．N は単位体積当りの分子数．したがって比誘電率は

$$\kappa = 1 + \frac{N}{\epsilon_0}\left(\alpha_e + \frac{\mu_p{}^2}{3k_b T}\right) \qquad (1.12)$$

となる．ただしこの式は後で述べるように，気体の場合にしか使えない．

温度を変えて κ を測り，κ 対 $1/T$ のグラフを作ると直線になる．するとその傾きから μ_p がわかる．4-2表にその値を例示する．大体 10^{-29} C·m の程度だが，これは素電荷（1.6×10^{-19} C）と原子間距離（$\cong 2 \times 10^{-10}$ m）から

4-2表　永久双極子モーメントの値（10^{-29} C·m）

HCl	0.34	CS_2	0.0
HBr	0.26	H_2O	0.60
HI	0.13	SO_2	0.54
CO_2	0.0	NH_3	0.49

いって妥当な値である．この表によると H_2O は双極子モーメントをもつが，CO_2 はもたない．どちらの場合も，O の方が負に帯電している．しかし CO_2 では，2つの O が C を中央にして一直線状に並んでいるので，μ_p は 0 となる．一方 H_2O では，O を頂点にした三角形構造のため $\mu_p \neq 0$ である．配向分極の研究の始まった1910年代初期，分子構造を知る手段がまだ乏しかったので，このようなデータは貴重であった．

§4.2　局所電場

前節の (1.5) や (1.12) は孤立した原子や分子を対象としており，したがって気体に対してだけ成り立つ．液体や固体には使えない．特に共有結合結晶などでは，孤立した原子での価電子の状態と，結晶中でのそれとは著しく異なる．このような場合，分極についても原子と結晶状態との間に関係をつけることはむずかしい．

しかし，イオン結晶中のイオンなどは，孤立イオンのときの電子状態をかなりよく保っている．また分子性結晶（や液体）中の分子についても同様である．したがってこれらの物質では，孤立したイオンや分子の分極と集合状

態での分極との間に何かの関係のあることが期待される．そのような関係を近似的に与えるのが，局所電場の考えである．

（1） ローレンツ電場（Lorentz field）

原子や分子に双極子モーメントが誘起されると，その周りに電場を生ずる．固体や液体が分極すると，その中にある分子のそれぞれが双極子モーメントをもち，電場を作り出す．したがって，分極した固体や液体の中の電場を微視的に見ると，場所とともに複雑に変化している．この微視的電場を分子スケールに比べ十分大きい領域にわたって平均したものが，(1.2) などに現れる E である．しかし各分子に作用する電場は，分子のいるその場所での微視的電場であり，これは一般に上の E とは一致しない．このように個々の分子の場所に働いている電場（そして分子を分極させる電場）を **局所電場**（local field）とよぶ．分子のいる<u>その場所</u>での電場という意味である．

局所電場 F は着目する分子の場所に，それ以外の全分子の双極子および外部の電荷（たとえばコンデンサー極板上の電荷）が作り出す電場であり，結晶型によっても違った表式になる．適当な条件のとき（たとえば，物質が等方的なときとか，立方対称性をもつときなど）には

$$F = E + \frac{P}{3\epsilon_0} \tag{2.1}$$

となる．右辺第2項が **ローレンツ電場** である．

ここで (2.1) を導いておく．しかしかなり技巧的方法を使う上，導き方そのものに本質的重要性はないので，完全に理解する必要はあまりない．

平行板コンデンサーを満たしている誘電体を考える（4-6図）．その中の1分子に着目し，それを中心とする半径 R の球を想像する．R は分子スケールに比べれば十分大きいが，巨視的には十分小さい．また球の表面は分子を切らないよう多少凸凹していてもよい．問題の分子に働く電場 F は2つの部分，球の外部からのものと球内部の他の分子によるもの，からなる．

ところで R は十分大きいので，球外部の個々の分子による影響はならされ，全

§4.2 局所電場

体として外部を連続的媒質と見なすことができる．球表面の凸凹も R に比べ十分小さいので無視してよい．すると外部からの電場は，コンデンサーの両面にある電荷（金属極板にある真電荷と誘電体表面の分極電荷）による $\boldsymbol{F}_1$ と，球表面に生じた分極電荷（これは誘電体を球の外と内とに分けたための人為的なものだが）による $\boldsymbol{F}_2$ との和になる．

まず $\boldsymbol{F}_1$ は $\boldsymbol{E}$ に等しい．これが静電気学での $\boldsymbol{E}$ そのものであることは分かると思う．他方，$\boldsymbol{F}_2$ の計算は次のように行なう．分極の方向に z 軸をとり，それから測った角度を θ とする（4-7図）．球表面の分極電荷密度は $-P\cos\theta$ であり，$\theta \sim \theta + d\theta$ という輪（面積は $2\pi R^2 \sin\theta\, d\theta$）の上にある電荷は $-2\pi R^2 P \sin\theta \cos\theta\, d\theta$ となる．この電荷が中心に作る z 方向の電場は $(2\pi R^2 P \sin\theta \cos\theta\, d\theta/4\pi\epsilon_0 R^2)\cos\theta$ であり，これを積分して $\boldsymbol{F}_2$ が得られる．すなわち

$$F_2 = \frac{P}{2\epsilon_0}\int_0^\pi \sin\theta \cos^2\theta\, d\theta = \frac{P}{3\epsilon_0} \tag{2.2}$$

最後に球内部の他の分子の双極子モーメントが作り出す電場 $\boldsymbol{F}_3$ は

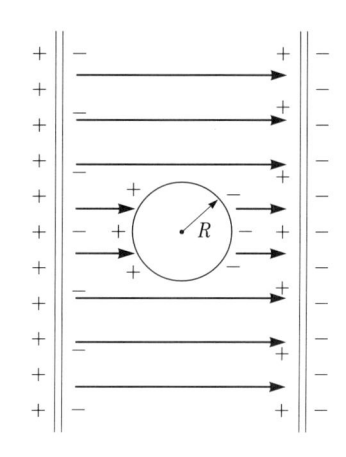

4-6図

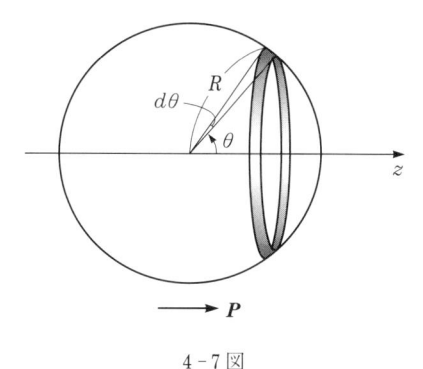

4-7図

$$\boldsymbol{F}_3 = \sum_i \frac{3(\boldsymbol{m}_i \cdot \boldsymbol{r}_i)\boldsymbol{r}_i - \boldsymbol{m}_i r_i^2}{4\pi\epsilon_0 r_i^5} \tag{2.3}$$

と書くことができる．ここで $\boldsymbol{m}_i$ および $\boldsymbol{r}_i$ は，i 分子の双極子モーメントおよび中心から測った位置である．和は球内部の全分子についてとる．この和の計算は一般的には面倒だが，非常に簡単な場合もある．それは，双極子モーメントが全部 z 方向を向いていて（この条件は有極性分子のとき以外は大体満たされている），かつ周囲の分子の配列が等方的あるいは立方対称の場合であり，和は 0 になる．すなわち，このような場合上の各項は $m_i(3\cos^2\theta_i - 1)/4\pi\epsilon_0 r_i^3$（$\theta_i$ は $\boldsymbol{r}_i$ が z 軸となす角）となるが，同じ r_i をもつ分子について $3\cos^2\theta_i - 1$ を加え上げると，打

ち消し合って 0 となる．F_1 は E なので，F_3 が 0 のとき (2.1) が出る．

（2） クラウジウス‐モソティの式

前にも述べたように，分子性結晶（や分子性液体）中の分子の電子状態は，孤立分子のそれとほとんど変わりない．したがって分極も集合状態と孤立状態とで同じように生じているであろう．ただ各分子に働く電場が E でなく，局所電場 F になっている．F に対して (2.1) が成り立つとき，分子に誘起される双極子モーメントは

$$m = \alpha_e F = \alpha_e(E + P/3\epsilon_0) \qquad (2.4)$$

となり，分極は (1.4) の代りに

$$P = N\alpha_e(E + P/3\epsilon_0)$$

と書かれる．これから P を解くと

$$P = \frac{N\alpha_e}{1 - N\alpha_e/3\epsilon_0} E \qquad (2.5)$$

が出てくる．そして比誘電率 κ を与える式は

$$\kappa = 1 + \frac{N\alpha_e/\epsilon_0}{1 - N\alpha_e/3\epsilon_0} \qquad (2.6)$$

のようになる．分子に働く局所電場 F が E より強いため，これら P，κ も前節の場合より大きくなっている．あるいは，誘起された双極子間の相互作用のため分極がより生じやすくなる，と考えてもよい．局所電場のこのような働きは，第 6 章で述べる強誘電性の原因とも関係する．

さて，(2.6) を書き直すと

$$\frac{\kappa - 1}{\kappa + 2} = \frac{N\alpha_e}{3\epsilon_0} \qquad (2.7)$$

が得られる．これを**クラウジウス‐モソティ**（Clausius-Mossotti）**の式**とよぶ．この式は無極性分子の液体では実験とかなりよく合う結果を与える．たとえば O_2 の場合，液体と気体とで N は 1000 倍以上も違うが，κ の実測値から上式を使って $\alpha_e/4\pi\epsilon_0$ を求めると，液体からは $1.539 \times 10^{-30} \mathrm{m}^3$，気

体では $1.535 \times 10^{-30}\,\mathrm{m}^3$ となり，よく一致する．他の液体についても，大体同じ程度の一致が見られる．液体の場合，1つの分子を囲む他の分子の配列は平均として等方的であり，また異方性の弱い無極性分子なら **m** も大体電場方向にそろっている．上の局所電場の式はかなりよく成り立つはずである．ただ異方性の強い分子や誘電率の大きい液体では若干の不一致が現れる．

これに対して有極性分子の液体の場合に同じように書くと

$$\frac{\kappa - 1}{\kappa + 2} = \frac{N}{3\epsilon_0}\left(\alpha_e + \frac{\mu_p^2}{3k_b T}\right) \tag{2.8}$$

となる．この式はデバイの式とよばれるが，実験との一致は一般にあまりよくない．場合によっては非常に悪い．これは，有極性分子が大きな永久双極子をもち，その間の相互作用が強いためである．このような点を考慮した改良理論もあるが，あまり簡単ではない．

クラウジウス-モソティの式が成り立つもう一つの例はイオン結晶，特にアルカリ・ハライド結晶である．この場合結晶中のイオンの電子状態は孤立したときの状態をかなりよく保っている．それに結晶型も立方対称なので，電子分極に対して (2.7) が適用できるはずである．しかしイオン結晶では電子分極に加えてイオン分極も起こる．電子分極だけの寄与を知るには**光学的誘電率** ϵ_{op} を使う．すなわちある程度高い振動数の電場の下では，電子より4桁以上も重いイオンの運動が電場の変化に追いつかなくなり，イオン分極は消える．この限界は赤外線領域にあって，それ以上の（例えば光の）振動数では電子分極だけしか生じない．そのときの誘電率が ϵ_{op} で，その比誘電率 κ_{op} は電磁気学によれば屈折率 n から

$$\kappa_{op} = n^2 \tag{2.9}$$

によって得られる．この場合のクラウジウス-モソティの式は

$$\frac{\kappa_{op} - 1}{\kappa_{op} + 2} = \frac{N}{3\epsilon_0}(\alpha_e^+ + \alpha_e^-) \tag{2.10}$$

となる．ただし N は単位体積当りの<u>イオン対</u>の数，a_e^+ と a_e^- は正および負イオンの分極率である．しかし分極率の正確な値は実験でも理論でも得られていない．そこで κ_{op} の実験値を与えるよう逆に a_e を決める．すると第1章 (2.1) (p.6) のときと同様に，9種類のイオンの a_e (4-3表) から $20 (= 5 \times 4)$ 種類のアルカリ・ハライド結晶の κ_{op} をかなりよく再現できる．4-4表はその例だが，他の場合も同程度の一致が得られる．

4-3表 イオンの分極率
($a_e/4\pi\epsilon_0$，単位は 10^{-30} m³)

Li⁺	0.03	F⁻	0.65
Na⁺	0.41	Cl⁻	2.97
K⁺	1.33	Br⁻	4.17
Rb⁺	1.98	I⁻	6.44
Cs⁺	3.34		

4-4表 κ_{op} の実測値と計算値の例

	実測値	計算値
LiF	1.92	1.91
NaCl	2.25	2.29
NaBr	2.62	2.60
KCl	2.13	2.13
KBr	2.33	2.33

§4.3 誘電分散

前節の終りで述べたように，電場の振動数が高くなるとイオン分極が消える．これはイオンの運動が遅くて，電場の変化に追いつかなくなるためである．しかし固体や液体の中で分子が向きを変えるのはもっと遅い．このため振動数を増していくと，最初に配向分極が追いつかなくなって消える．その限界の振動数は，ものや温度によって大きく異なるが，数十 Hz からマイクロ波振動数程度になる（極端な場合，向きを変えるのに数日かそれ以上かかることもある）．さらに振動数を高くすると，赤外線領域でイオン分極が，そして可視光線から紫外線にかけての領域で電子分極が追いつかなくなる．こうして誘電率の変化の形は大体4-8図のようになる．このような現象を**誘電分散**（dielectric dispersion）とよぶ．

誘電分散は電磁波の吸収と密接に関連している．すなわち，イオン分極の分散はイオンの振動による赤外線の吸収に，また電子分極の分散は電子状態間の電子遷移による光の吸収にともなって起こる．一方配向分極の場合に

§4.3 誘電分散

は，共鳴吸収という形でなく，広い振動数領域にわたった吸収が現れる．いわゆる**誘電損失**（dielectric loss）である．この2種類の分散の間には，誘電率の変化にも吸収の形にも大きな違いがある．

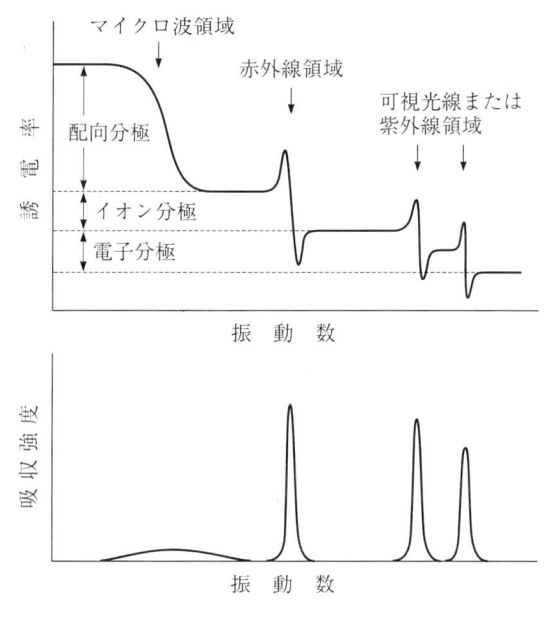

4-8図　誘電分散と電磁波の吸収

（1）配向分極の誘電分散

誘電体に時間的に変化する電場 $E(t)$ が働いているとする．その変化の速さは，変位分極（電子分極やイオン分極）が十分追いつける程度にはゆっくりしているが，配向分極については必ずしもそうでないとしよう．誘起された分極 $P(t)$ を2つの部分に分けて

$$P(t) = P_d(t) + P_o(t) \tag{3.1}$$

と書く．$P_d(t)$ は変位分極による部分で，いま考えている電場の時間変化には十分速く追いつくので，その瞬間の電場に比例し

$$P_d(t) = \chi_d E(t) \tag{3.2}$$

のように書ける．一方，$P_o(t)$ は配向分極であまり速い変化はできない．そのくわしい様子を知ることはむずかしいが，次のような現象論的な式を仮定すると，その時間変化がかなりよく表わされる．

$$\frac{dP_o(t)}{dt} = \frac{1}{\tau}(\chi_o E(t) - P_o(t)) \tag{3.3}$$

この式の意味は分かりにくいと思う．そこでまず直流電場が加わっている場合を考える．このときには時間変化がないので，$dP_o/dt = 0$，したがって P_o は $\chi_o E$ となる．すなわち右辺にある $\chi_o E(t)$ は，配向分極が完全に $E(t)$ を追っている場合の値，いわば $P_o(t)$ の理想値である．すると括弧内は理想と現実の差．そこで (3.3) の意味は，$P_o(t)$ が常にこの差を埋めようと一定の割合 $1/\tau$ で追って行く，ということになる．次のような場合を考えると意味はもっとはっきりするだろう．

$$t < 0 \text{ で } E(t) = 0, \quad t \geq 0 \text{ で } E(t) = E_0$$

すなわち時刻 0 で突然 E_0 という電場を加える（4-9図上）．$t \geq 0$ に対する (3.3) の解は，$t = 0$ では $P_o = 0$ なので

$$P_o(t) = \chi_o E_0(1 - e^{-t/\tau})$$

となる．4-9図下に描いたように，$P_o(t)$ はすぐには静電場での値 $\chi_o E_0$ にならず，時定数 τ で漸近的にこれに近づく．こうして (3.3) に従う配向分極は，電場の変化に瞬間的には追随できず，大体 τ 程度の遅れを示す．これは分子が向きを変えるのに，ある程度の時間が必要なことを反映している．なお，この τ を**緩和時間** (relaxation time) とよぶ．

さてこのような誘電体に振動電場が加わるとどうなるか．この場合には分極と電場の間に位相差を生ずるので，

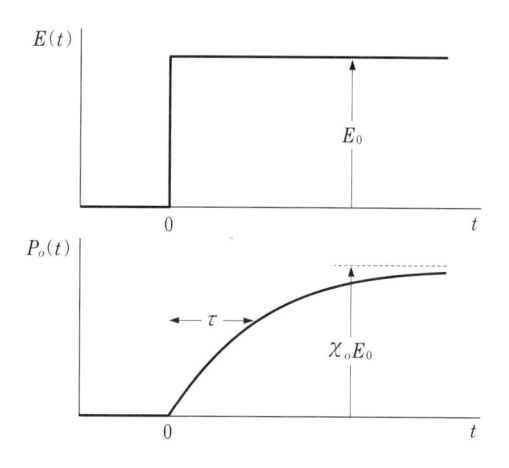

4-9図　突然電場が加わったときの配向分極 $P_o(t)$ の時間変化

§4.3 誘電分散

複素数表示* を用いるのが便利だ．$E(t) \propto e^{-i\omega t}$ とすると，P_o も $e^{-i\omega t}$ に比例し，それを (3.3) に入れると

$$-i\omega P_o = (\chi_o E - P_o)/\tau$$

これから P_o を解くと

$$P_o(t) = \frac{\chi_o E(t)}{1 - i\omega\tau} = \frac{\chi_o(1 + i\omega\tau) E(t)}{1 + (\omega\tau)^2}$$

となる．そして全分極は (3.1)，(3.2) から

$$P(t) = \left[\chi_d + \frac{\chi_o(1 + i\omega\tau)}{1 + (\omega\tau)^2}\right] E(t) \tag{3.4}$$

で与えられる．したがって誘電率 $\epsilon(\omega)$ は，これを実数部分と虚数部分とに分けて $\epsilon_1(\omega) + i\epsilon_2(\omega)$ と書くならば

$$\epsilon_1(\omega) = \epsilon_0 + \chi_d + \frac{\chi_o}{1 + (\omega\tau)^2} \tag{3.5 a}$$

$$\epsilon_2(\omega) = \frac{\omega\tau\chi_o}{1 + (\omega\tau)^2} \tag{3.5 b}$$

となる．あるいは変位分極だけによる誘電率

$$\epsilon_d = \epsilon_0 + \chi_d$$

および，静電場に対する誘電率

$$\epsilon(0) = \epsilon_0 + \chi_d + \chi_o$$

を使うと，(3.5) は

$$\epsilon_1(\omega) = \epsilon_d + \frac{\epsilon(0) - \epsilon_d}{1 + (\omega\tau)^2} \tag{3.6 a}$$

$$\epsilon_2(\omega) = \frac{(\epsilon(0) - \epsilon_d) \omega\tau}{1 + (\omega\tau)^2} \tag{3.6 b}$$

とも書ける．これは**デバイ型分散**とよ

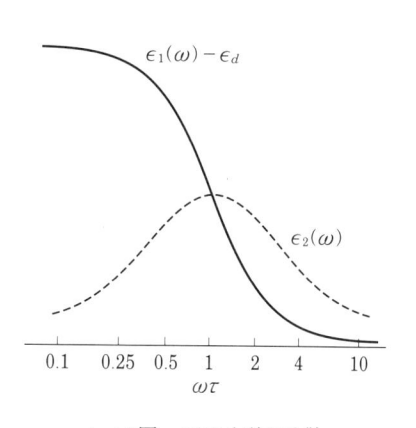

4-10図　デバイ型の分散

---

* このような複素数表示に不慣れな読者のために，この項の最後に (3.4) を実数表示で導いてある．

ばれ，4-10図のようになる．一般に実験結果ともかなりよく合う．誘電率に虚数部分があると電磁波の吸収（誘電損失）が起こる．誘電体の単位体積当りに毎秒吸収される電力 L は

$$L = \omega \epsilon_2(\omega) \langle E^2 \rangle \tag{3.7}$$

で与えられる．*$\langle E^2 \rangle$ は E^2 の時間平均である．この吸収の原因は，有極性分子が電場を追って回転する際の，周りとの摩擦熱による．電子レンジはこの現象を応用している．食品にマイクロ波電場を加え，その中の水分子の誘電損失を使って加熱する．

液体や固体内での分子の回転は，多数の分子の動きが同時に関連した複雑な現象である．しかし大ざっぱにいって，分子が向きを変えるにはある活性化エネルギーが必要であり，そのため τ は大体 $\exp(H/k_b T)$ に比例する形で変化する．誘電分散の起こる振動数がものや温度で大きく変るのはこのためである．一般に H は，分子が大きいほど，また回転軸の周りの非対称性が強いほど，大きくなる．

ここで複素数表示を使わないで (3.4) を導いておく．それには，$E(t) = E_0 \cos \omega t$ および $P_o(t) = P_1 \cos \omega t + P_2 \sin \omega t$ と書いて，これを (3.3) に入れる．すると両辺には cos に比例する項と sin に比例する項が現れる．しかし (3.3) が常に成り立つためには，両辺の cos の係数，sin の係数がそれぞれに等しいことが必要である．そこで

$$\omega P_2 = (\chi_o E_0 - P_1)/\tau \quad \text{および} \quad -\omega P_1 = -P_2/\tau$$

となるが，これから P_1, P_2 を解くと

$$P_1 = \frac{\chi_o E_0}{1 + (\omega \tau)^2}, \qquad P_2 = \frac{\chi_o \omega \tau E_0}{1 + (\omega \tau)^2}$$

が得られる．これに $P_d (= \chi_d E_0 \cos \omega t)$ を加えると

$$P(t) = \left[\chi_d + \frac{\chi_o}{1 + (\omega \tau)^2} \right] E_0 \cos \omega t + \frac{\omega \tau \chi_o}{1 + (\omega \tau)^2} E_0 \sin \omega t$$

となるが，これは (3.4) と同じ意味の式である．

---

* これに前頁の ϵ_2 を入れると $\omega \tau \gg 1$ で L は一定値になる．実は非常に速い電場変化では現象論の式 (3.3) が破れ，本当の L は 4-8図の通り十分高い ω で 0 に近づく．

（2） 変位分極の誘電分散

変位分極の場合，電場の力に抵抗して電荷をひきとめている力はバネの復元力に似ている．そして誘電分散の特徴も，以下のような調和振動子の運動を考えることによって，かなりよく表現される．

質量 M，電荷 q の粒子が変位（ずれ）x に比例する復元力 $-M\omega_0^2 x$ で原点に結びつけられているとする．電場のないときの運動方程式は

$$M\frac{d^2x}{dt^2} = -M\omega_0^2 x \tag{3.8}$$

である．この式は単振動の解

$$x(t) = A\cos(\omega_0 t + \phi) \tag{3.9}$$

を与える（A と ϕ は任意定数）．電場 E があるときは，右辺に電場による力 qE が加わり

$$M\frac{d^2x}{dt^2} = -M\omega_0^2 x + qE \tag{3.10}$$

となる．E が振動電場のとき，粒子はゆさぶられて強制振動をうける．電場が $\cos\omega t$ に比例するとき，x も $\cos\omega t$ に比例するので，この式は

$$-M\omega^2 x = -M\omega_0^2 x + qE \tag{3.11}$$

となる．これから x を解くと

$$x = \frac{qE}{M(\omega_0^2 - \omega^2)} \tag{3.12}$$

を得る．* これによって生ずる双極子モーメントは（4-1図参照）

$$m_d = qx = \frac{q^2 E}{M(\omega_0^2 - \omega^2)} \tag{3.13}$$

で与えられる．このような振動子が単位体積当り N 個あるとき，これまでと同じような計算により，誘電率は

---

* （3.10）の本当の一般解は（3.12）に（3.9）を加えたものである．しかし（3.9）は $E = 0$ のときの運動であり，分極を問題とするときは誘起された運動（3.12）だけ考えればよい．

$$\epsilon(\omega) = \epsilon_0 + \frac{Nq^2}{M(\omega_0^2 - \omega^2)} \tag{3.14}$$

となる．これが変位分極の分散の最も簡単な場合である．この式による $\epsilon(\omega)$ は4-11図に細い実線で示されているが，ω_0 のところに極をもつ．この系はまた ω_0 で鋭い共鳴吸収（細い点線）を起こす．

しかしもっと現実に近い誘電分散（たとえば4-8図）は，(3.10) の右辺に速度に比例する抵抗力 $-M\gamma \cdot (dx/dt)$ を加えることによって得られる．この場合には複素数表示を使い，E も x も $\propto e^{-i\omega t}$ とすると，

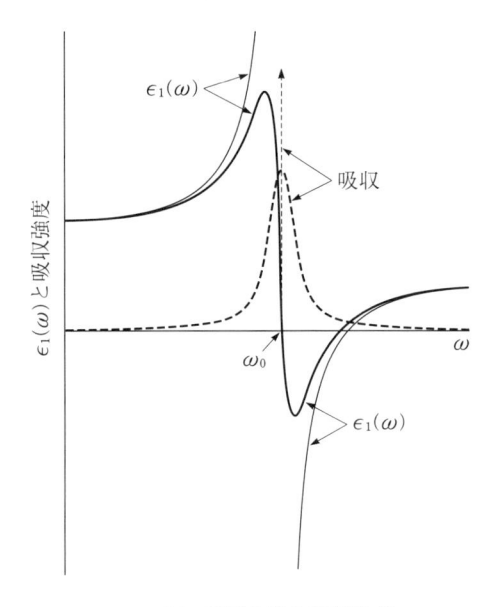

4-11図　誘電分散と吸収強度

(3.11) の右辺に抵抗力 $iM\gamma\omega x$ が加わる．これから (3.12) の代りに

$$x = \frac{q}{M} \cdot \frac{E}{\omega_0^2 - \omega^2 - i\gamma\omega}$$

となり，さらに前と同じ手続きで $\epsilon(\omega)$ を出すと

$$\epsilon(\omega) = \epsilon_1(\omega) + i\epsilon_2(\omega) = \epsilon_0 + \frac{Nq^2}{M} \cdot \frac{\omega_0^2 - \omega^2 + i\gamma\omega}{(\omega_0^2 - \omega^2)^2 + (\gamma\omega)^2} \tag{3.15}$$

その結果，実部 ϵ_1 は4-11図での太い実線のようになり，また吸収をきめる ϵ_2 は太い点線のように幅をもつことになる．

イオン結晶のイオン分極の場合，こうした簡単な扱いがほとんどそのまま適用できる．イオン分極は正負イオンが互いに反対方向にずれるため生ずるが（4-3図），このような相対的な変位に対して復元力が働く．それによっ

§4.3 誘電分散

て起こる振動が§2.2（の2-9図）で述べた光学モードの格子振動（特にイオン分極に関係するのは波数0の横波）にほかならない．そしてこのような格子振動に振動電場が加わると，上と全く同じ振舞をする．

NaClのような簡単なイオン結晶の場合，(3.14)を少し書き変えた

$$\epsilon(\omega) = \epsilon_{op} + N\left(\frac{1}{M_+} + \frac{1}{M_-}\right)\frac{q^2}{\omega_{TO}^2 - \omega^2} \quad (3.16)$$

のような式が成り立つ．いまの場合電子分極もあるので，右辺に ϵ_0 でなく ϵ_{op} が現れる．また，N はここでは単位体積当りの<u>イオン対</u>の数，M_+，M_- は正イオンと負イオンの質量，$\pm q$ が正負イオンの電荷，そして ω_{TO} は上記の波数0の横波光学（TO）モード振動数である．さらに $\gamma \neq 0$ なら，(3.15)にならって適当に書き変えればよい．こうしてイオン分極の誘電分散は4-11図の形になり，ω_{TO} で電磁波の吸収が起こる．これは大体波長100μmくらいの赤外線領域にあって非常に顕著であり，イオン結晶の重要な特徴の一つとなっている．なおこの振動数領域では ϵ_{op} を定数とみなしてよい．

4-5表

	$\epsilon(0)/\epsilon_0$	ϵ_{op}/ϵ_0	$\omega_{TO}(10^{13}\,\mathrm{s}^{-1})$	q/e
NaCl	5.62	2.25	3.08	1.06
NaBr	5.99	2.62	2.52	1.08
KCl	4.68	2.13	2.66	1.09
KBr	4.78	2.33	2.13	1.10
KI	4.94	2.69	1.85	1.08
RbCl	5.0	2.19	2.22	1.17
RbBr	5.0	2.33	1.65	1.17

ところで電荷 q について．4-5表の左側3つの実験値（と N，M_+，M_-）から(3.16)を使って計算すると，最後の列のような値になる．この q を使えば(3.16)は（γ による効果は別として）各結晶について正しい誘電分散を与える．しかし q の値はイオンが結晶内でもっている電荷よりも一般に大きい．これはイオンがずれると，ずれに比例した電子分極が（やや複雑

な原因により）生じてイオン分極に加わるためで，その結果見かけ上イオン電荷が増えたのと同じ効果が現れる．

次に電子分極の誘電分散．もし電子の運動が上と同じ単振動なら，そのような電子 n 個をもつ原子や分子の分極率 $\alpha_e(\omega)$ は

$$\alpha_e(\omega) = \frac{ne^2}{m(\omega_0^2 - \omega^2)} \qquad (3.17)$$

で与えられる．ここで ω_0 は電子の振動数である．しかし実際の電子の運動は単振動ではない．電磁波吸収の起こる振動数も非常にたくさんあって，しばしば連続的に分布する．したがって (3.17) は成り立たないが，次のように書き直すことにより，一般的な誘電分散の式が得られる．

$$\alpha_e(\omega) = \frac{ne^2}{m} \sum_i \frac{f_i}{\omega_i^2 - \omega^2} \qquad (3.18)$$

ここで ω_i は原子や分子の光吸収の振動数，吸収が連続スペクトルのときには和は積分になる．f_i は**振動子強度**（oscillator strength）とよばれ，その振動数での吸収強度に比例する大きさをもつ．そして**総和則**（sum rule）といわれる関係

$$\sum_i f_i = 1 \qquad (3.19)$$

を満たしている．すなわち電子の運動は，多くの振動数成分から合成されていて，振動子強度がその成分比を表わす，という感じである．

結晶の電子分極についても同様な式を書くことができる．すなわち

$$\epsilon(\omega) = \epsilon_0 + \frac{N_e e^2}{m} \sum_i \frac{f_i}{\omega_i^2 - \omega^2} \qquad (3.20)$$

ただし N_e は結晶の単位体積当りの電子数，ω_i はその結晶の光吸収の振動数．f_i に対してはやはり総和則 (3.19) が成り立つ．

最後に，低い振動数（すなわち $\omega \cong 0$）での分極率や誘電率について，上の式をもとにして考えてみよう．この場合 和の中では，特に ω_i の小さい項が重要となる．ところで n や N_e は分子あるいは単位体積の結晶に含まれる

全電子数を表わすが，その中で内殻の深い準位にいる電子は大きな ω_i をもちその寄与は小さい．すなわち低振動数での分極の大部分は，最外殻にあってゆるく捕えられている電子に起因する．さらに誘電率の大小は，ω_i の中の最小のものの値によって，だいたい決まってしまう．たとえばアルカリ・ハライド結晶などは可視光線に対しては透明で，$\hbar\omega$ にして数 eV（波長にして 0.2μm ほど）以上から吸収が始まるが，その比誘電率 κ_{op} は 2～3 程度である．AgCl 結晶ではそれが 4 eV に減って κ_{op} は 4．さらに 2.2 eV の GaP で 8.46，また 1.17 eV および 0.7 eV の Si, Ge となると 11.7, 15.8 に増える．

§4.4 金属の光学的性質

前節の扱いを金属中の伝導電子に適用すると，金属のもつ重要な光学的性質を導くことができる．伝導電子の場合，これを捕えている復元力は存在しない．そこでこの場合の (3.10) に相当する式は

$$m\frac{d^2x}{dt^2} = -eE(t) \tag{4.1}$$

である．前節と同じく $E(t)$ が $\cos\omega t$ の形なら，$x(t)$ の一般解は

$$x(t) = eE(t)/m\omega^2 + v_0 t + x_0 \tag{4.2}$$

のようになる．後の 2 項は電場のないときの解と同じで，v_0 と x_0 は定数である．最初の項が電場の影響を表わし，電子は電場にゆさぶられ振動運動をする．それによって電場と<u>逆向き</u>の双極子モーメント

$$m_d = -e^2 E/m\omega^2 \tag{4.3}$$

が生ずる．したがって，伝導電子の密度を n_c とすると，誘電率 $\epsilon(\omega)$ は

$$\epsilon(\omega) = \epsilon_0 - \frac{n_c e^2}{m\omega^2} = \epsilon_0\left(1 - \frac{\omega_p^2}{\omega^2}\right) \tag{4.4}$$

となる．ここで ω_p は前章の (6.1) で現れたプラズマ振動数である．

そこで金属の誘電率を ω の関数として描くと 4-12 図のようになる．特

に ω_p を境にして符号が変る。なお電子散乱の影響が現れるのは $\tau^{-1}(\cong 10^{13}\,\mathrm{s}^{-1}$,$\tau$ は散乱時間) 程度の低振動数領域で，$\omega_p(\cong 10^{16}\,\mathrm{s}^{-1})$ の近くにはほとんど影響しない。ところで§4.2でも述べたように，$\sqrt{\epsilon(\omega)/\epsilon_0}$ はその振動数での屈折率 n に等しい。すると ω_p 以下で n は虚数になる。

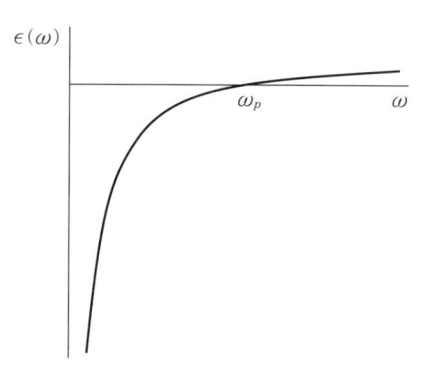

4-12図　金属の誘電率（概念的な図）

電磁波はこのような媒質中を伝播できない。そこで金属に投射された電磁波は中に入れず，全部表面で追い返される。すなわち全反射される。

このことをもう少し理論的に表現すると次のようになる。一般に屈折率 n の媒質内を x 方向に伝わる電磁波は複素数表示で

$$A \exp[i(2\pi nx/\lambda - \omega t)] \tag{4.5}$$

のような形に書ける。λ は真空中での波長である。n が実数なら，媒質中での波長は λ/n になる。一方，n が虚数のとき，これを iK と書くと，上式は

$$A \exp[-2\pi Kx/\lambda - i\omega t] \tag{4.6}$$

となる。この式は電磁波が $\lambda/2\pi K$ ($\cong 0.1\,\mu\mathrm{m}$) だけ進むごとに $1/e$ に減衰することを表わす。光が媒質に吸収されるときも減衰するが，いまの場合 吸収は $\omega \leq \tau^{-1}$ 程度の低振動数領域でだけ起こるので，これは吸収による減衰ではない。

同じ種類の現象として，たとえば第3章3-1図のように電子がそのエネルギー ε よりも高いポテンシャル領域（高さ U_0）にぶつかった場合がある。そのときこの領域内では電子の運動エネルギー $\varepsilon - U_0$ は負で，相当する波数 k は虚数になる。そこでこの電子も領域内を伝播できず反射される。

一方，$\omega > \omega_p$ だと n は実数となり，金属は光を通すようになる。一般に屈折率1の媒質（空気や真空）から n の媒質に垂直入射した光の反射率は

$$R = \left(\frac{n-1}{n+1}\right)^2 \tag{4.7}$$

§4.4 金属の光学的性質

で与えられる．反射率は ω_p で 1，ω が大きくなるにつれ減少し 4-13 図のように変化する．そこで R の振動数変化から ω_p がわかる．こうして得られた ω_p の値は，§3.6 で述べたような実験（電子線のエネルギー損失の測定）による値と，一般によく一致する．4-6 表は ω_p に相当する光の波長 $\lambda_p(=2\pi c/\omega_p)$ を示すが，R の変化からの測定値と第 3 章 (6.1) による計算値とを比べている．一応の一致である．これから分かるが，λ_p は紫外線の波長領域にある．したがって可視光線は全反射される．一般に金属のよく磨いた

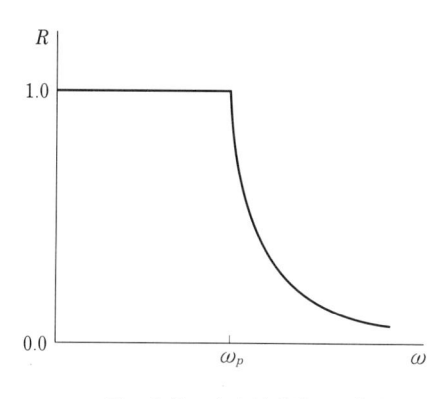

4-13 図　金属による電磁波の反射率

4-6 表　λ_p の計算値と実測値 (nm)

	計算値	実測値
Li	150	205
Na	210	210
K	290	315
Rb	320	360
Cs	360	440

（すなわち酸化膜や汚れのない）表面は光をよく反射するが，その理由はまさにこのためである．なお 4-11 図に見られるように，強い吸収の短波長側では ϵ が負となる場合が多く，そのときにも同様の現象が起こる．

電子の集団が長波長の電磁波を全反射する他の例として，大気上層（地上 100 km 程度）の電離層が有名である．電離層にはイオンもあるが重くてほとんど動けないので，結局電子だけを考えればよい．電離層内での電子密度は低く，$10^{13}\,\mathrm{m^{-3}}$ 程度．そこで λ_p も 15 m くらいと長くなる．

電子集団中の電磁波の伝わり方は，ちょうどプラズマ振動数のところで大きく変る．これは決して偶然の一致ではない．プラズマ振動の波は分極をともなう縦波（それも長波長の）である．一般にこのような縦波分極波の振動数は，その振動数での誘電率が 0，という条件で決まる．その理由は大してむずかしくはないが，やや長い説明が必要だ．しかし §3.6 での ω_p の導出は，暗黙のうちに $\epsilon(\omega_p)$

= 0 という条件を設けているのと同じであった．*

このことはイオン結晶の格子振動の場合についても同様である．すなわち，波数 0 の縦波光学モード (LO) の振動数 ω_{LO} を (3.16) の ω に入れると，ϵ は 0 となる．これをもう一歩進めると有用な関係式が得られる．すなわち (3.16) の右辺は，分母に $\omega_{TO}^2 - \omega^2$ をもつ分数式だが，ϵ_{op} の定数項もまとめて共通分母の上にのせてやると，次のように書けるはずだ．

$$\epsilon(\omega) = \epsilon_{op} \cdot \frac{\omega_{LO}^2 - \omega^2}{\omega_{TO}^2 - \omega^2} \tag{4.8}$$

すなわち，$\epsilon(\omega)$ は $\omega = \omega_{LO}$ で 0 になること，また (3.16) からわかるように十分大きい ω で ϵ_{op} に近づくこと，この 2 つの条件から上のような形になる．ここでさらに $\omega = 0$ とおくと

$$\frac{\epsilon(0)}{\epsilon_{op}} = \frac{\omega_{LO}^2}{\omega_{TO}^2} \tag{4.9}$$

が得られる．これは **LST** (Lyddane-Sachs-Teller) **関係式**とよばれる．試みに KBr を例にとろう．4-5 表の値を使うと $\sqrt{\epsilon(0)/\epsilon_{op}}$ は 1.43 である．一方 ω_{LO}/ω_{TO} は，第 2 章 2-8 図ではあまり正確にわからないが，1.44 ほどになり，よく一致する．他の物質の場合にも大体実験誤差の範囲内での一致が得られる．

---

* 余白があるので，これを簡単に説明する．§3.6 の (6.4) (p.73) は空間電荷 ρ による電場 E_x の発生を表わしている．ところで縦波分極波の場合，ρ は分極 P_x を用いて

$$\rho = - \partial P_x/\partial x \tag{4.10}$$

と書くこともできる．これは分極電荷とよばれる．すなわち，電荷のずれが縦波的に場所に依存していると，電荷の濃淡（疎密）が生ずる．ふつうの縦波弾性波で媒質密度の疎密ができるのと同じである．上の ρ を (6.4) に入れて積分すると

$$E_x = - P_x/\epsilon_0 \tag{4.11}$$

が得られる．積分定数は分極波の振動の問題とは関係ないので 0 としてよい．このように縦波分極波があると電場を生じ，電場は逆に分極を誘起する．すなわち

$$P_x = (\epsilon(\omega) - \epsilon_0) E_x \tag{4.12}$$

これは (1.2) と同じだが，分極波は振動しているので誘電率は $\epsilon(\omega)$ になる．(4.11) と (4.12) から 0 でない E_x と P_x が得られるための条件は $\epsilon(\omega) = 0$ であり，これが縦波分極波の振動数 ω_{LO} を決める．この決め方は p.32 (2.17) で光学モードの振動数を出したのと同じである．

なお $\partial P_x/\partial t$ が電流密度 j_x を与えるので，(4.10) を時間微分すると電荷保存の式 (p.73 (6.6) に電子電荷をかけたもの) が出る．

5 常磁性と反磁性

磁性体に磁場を加えると磁化する．これは誘電体が電場の中で分極するのと似ている．しかし分極と違って，磁化は磁場と逆向きに生じることもある．同じ向きに起こる磁性を**常磁性**（paramagnetism），逆向きのものを**反磁性**（diamagnetism）とよぶ．本章ではまず常磁性について，その起源，磁化率，常磁性共鳴などを解説する．次に反磁性については，主としてその成因を説明する．なお重要な磁性体である強磁性体の話は次章にゆずる．

§5.1 磁気モーメントの起源

誘電体に電場を加えると，正負の電荷をもつ粒子が互いに逆方向にずれて分極を生じた．これに対して正とか負の磁荷をもつ粒子は存在しない．正負の磁気は必ず対になっており，磁気モーメントとしてだけ存在する．したがって誘電体での変位分極に相当する磁化は起こらない．反磁性を別にすれば，配向分極に相当する磁化だけが起こる．そしてこの場合も単位体積当りの磁気モーメントのベクトル和が磁化となる．磁気モーメントはある種の原子，イオン，分子などに存在するが，まずその起源について説明する．

（1） ボーア磁子

原子核の周りを回っている1個の電子を考える．その運動を古典力学的に

扱い，原子核から距離 r のところを速度 v で円運動しているとする．軌道上の 1 点で見ると，電子は毎秒 $v/2\pi r$ 回ここを通過する．すなわち，$-ev/2\pi r$ という電気量がここを通る．これは，この円に沿ったリング電流

$$I = -ev/2\pi r \tag{1.1}$$

を意味する．ところで電磁気学によれば，このようなリング電流は電流面に垂直な磁気双極子モーメントと同じように振舞う．磁場の中に置けば電流と磁場との相互作用のため，磁気モーメントが受けるのと同じ偶力を受ける．また周囲に作り出

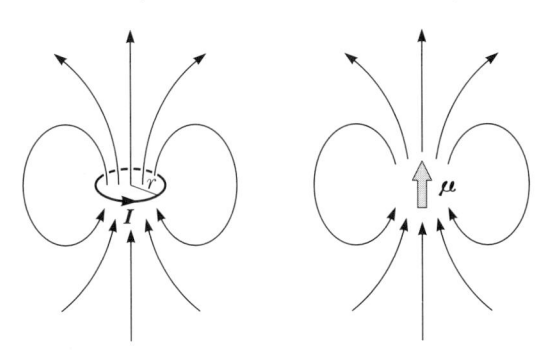

5-1図　リング電流(左)と磁気モーメント(右)，それらが作る磁場

す磁場も 5-1 図のように同じ形になる．磁気モーメントの大きさ μ は，μ_0 を真空の透磁率として，$\mu_0 I \times$（リングの面積）で与えられ*

$$\mu = \mu_0 I \pi r^2 = -\mu_0 evr/2 \tag{1.2}$$

となる（以下，さらにいろいろな μ の字が出てくるが，混同しないで欲しい）．あるいは少し書き直して

$$\mu = -\frac{\mu_0 e}{2m} mvr \tag{1.3}$$

ともなる．ここで mvr は角運動量だが，量子力学では角運動量は $\hbar$ 程度の大きさをもつ．従って μ の大きさも一般に $\mu_0 e\hbar/2m$ くらいになるので，こ

---

* 教科書によっては μ_0 をつけない（ここでのテーマの場合，その方がやや簡潔になる）．すると磁場中でのエネルギーは $-\boldsymbol{\mu} \cdot \boldsymbol{B}$ で与えられ，M の式からも μ_0 が落ちる．無次元の磁化率は $\mu_0 M/B = M/H$ で定義される．また $\boldsymbol{B}, \boldsymbol{H}, \boldsymbol{M}$ の間の関係は $\boldsymbol{B} = \mu_0(\boldsymbol{H} + \boldsymbol{M})$ に変る．

§5.1 磁気モーメントの起源

れを磁気モーメントの単位にとる．ただし，普通は μ_0 を除いて

$$\mu_B = \frac{e\hbar}{2m} = \frac{1.602 \times 10^{-19} \times 1.055 \times 10^{-34}}{2 \times 9.11 \times 10^{-31}} = 9.274 \times 10^{-24} \text{ J·T}^{-1} \tag{1.4}$$

と書き（Tはテスラ），μ_B を**ボーア磁子**（Bohr magneton）とよぶ．電子の角運動量が $\hbar \boldsymbol{L}$ なら，磁気モーメントは

$$\boldsymbol{\mu} = -\frac{\mu_0 e}{2m} \hbar \boldsymbol{L} = -\mu_0 \mu_B \boldsymbol{L} \tag{1.5}$$

ところで電子は軌道角運動量のほかにスピン角運動量 $\hbar \boldsymbol{S}$ ももち，これによる磁気モーメントがある．むしろこちらの方が，物質の磁性にとって重要となることが多い．スピン運動は特殊な性質をもつため

$$\boldsymbol{\mu} = -2\mu_0 \mu_B \boldsymbol{S} \tag{1.6}$$

のように $\boldsymbol{\mu}$ と角運動量の比が上の2倍（正確には2.0023倍）になる．

原子核も磁気モーメントをもつ．これは，陽子や中性子のスピン角運動量によるもの，および原子核内での特に陽子の軌道運動によるもの，などからなる．しかしこの場合のボーア磁子に相当するものは，(1.4)で電子質量 m の代りに陽子質量 M_p を入れた

$$\mu_N = e\hbar/2M_p = 5.05 \times 10^{-27} \text{ J·T}^{-1} \tag{1.7}$$

であり，非常に小さい．このため一般に原子核による磁化そのものへの寄与は無視してよい．なお μ_N を**核磁子**（nuclear magneton）とよぶ．

原子や分子などのもつ磁気モーメントは，それに属する全電子の軌道運動およびスピンによる磁気モーメントのベクトル和になる．しかし磁気モーメントと角運動量との比が，軌道運動の場合とスピンの場合とで違うため，全磁気モーメント $\boldsymbol{\mu}$ と全角運動量 $\hbar \boldsymbol{J}$ との比はやや複雑になる．ふつう

$$\boldsymbol{\mu} = -g\mu_0 \mu_B \boldsymbol{J} \tag{1.8}$$

と書いて g を **g 因子**（g-factor）とよぶ．その磁気モーメントが，スピンだけに由来するときには g は2であり，軌道運動だけのときは $g = 1$ とな

る．しかし一般には両方の寄与が混じるため，g は半端な数になる．

　しかし安定なイオンや分子では，多くの場合このようなベクトル和は 0 となっている．まず閉じた内殻の電子は磁気モーメントに寄与しない．この場合 電子は 2 つずつ対をなして軌道を満たしており，スピン磁気モーメントは消えている．また軌道運動も，互いに逆回りの軌道が打ち消し合うため，磁気モーメントを作らない．同様に閉殻電子構造をもつイオンや原子（Na^+，Mg^{2+}，Cl^-，A など）も $\mu = 0$ である．一方 外殻の原子価電子は，孤立原子の状態では磁気モーメントをもち得る．しかし分子の中に入ると，逆向きスピンが対となる電子対結合を作る上，軌道運動についても多くの場合 磁気モーメントが打ち消し合うような電子配置をとる．

（2） 常磁性物質

　常磁性を示すのは，上の傾向にしたがわない，むしろ例外的な物質である．次のようなものがこれに属する．

　（i） 遷移元素（Cr，Mn，Fe，Mo，Tc など）や希土類元素（Eu，Gd，Dy，U，Np など）などの原子やイオンがいろいろの形で固体とか溶液の中に入ったもの．これらの元素は 3 d，4 d，4 f，5 f など内殻軌道が一部分だけ満たされているため，磁気モーメントが生き残っている．常磁性物質としてはこの仲間が一番重要である．

　（ii） 電子を奇数個もつ分子，たとえば NO 分子など．電子数が奇数だと，少なくとも 1 個の電子のスピン磁気モーメントが残る．ただしこの種の分子は一般に不安定である．

　（iii） 金属．パウリ常磁性とよばれる常磁性を示す．

　（iv） 例外的なものとして O_2 分子など．この場合，ふつうの電子対結合と違って，2 個の電子スピンが互いに平行な状態で結合を作る．

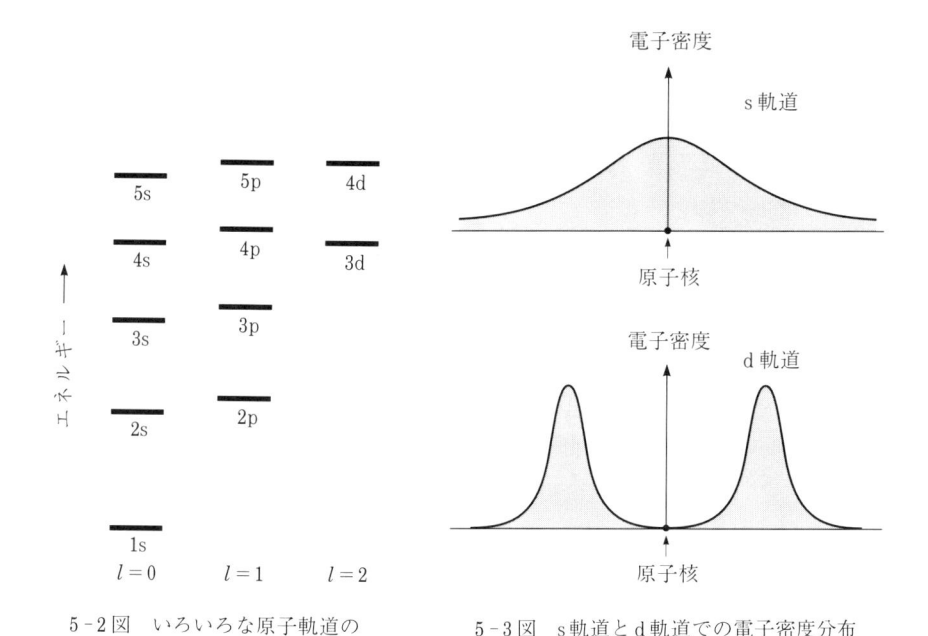

§5.1 磁気モーメントの起源

5-2図 いろいろな原子軌道の
エネルギー関係（概念図）

5-3図 s軌道とd軌道での電子密度分布
の比較（概念図）

上記の（i）に属する物質が磁気モーメントをもつ理由を説明する．まず5-2図は，いろいろな原子軌道のエネルギーの相互関係を描いたものである．一般に主量子数の大きい軌道ほどエネルギーが高い．また主量子数が同じなら軌道角運動量の量子数 l の大きい方が上になる．その結果4sと3dとはほぼ同じ高さになり，その上下関係は微妙な条件によってきめられる．しかし軌道の広がりは4sの方が大きく，3d軌道は内側にある．5-3図はこのことの説明である．3d軌道は角運動量 $r \times p$ が大きいため，電子は原子核近傍にほとんど現れない．一方，4s軌道(本当はもっと波打っているが)は3dより外側にも広がっているが，原子核近くにもかなりの密度をもっている．結果として原子核による静電エネルギーは，平均的にはどちらも同じ位になる．こうしてd軌道やf軌道（$l = 3$）は，価電子のいるs軌道と同じくらいの高さにあっても，軌道の広がりは小さくあまり周囲の影響を受けない．d軌道とf軌道とは，それぞれ10，14個という多数の電子を収容できる．遷移元素や希土類元素では，これらの軌道が一部分だけ満たされているため磁気モーメントが存在し，かつその軌道が内側にあるため化合物や結晶になっても磁気モーメントが生き残る．

§5.2 常磁性磁化率
(1) キュリーの法則

磁気モーメントをもつ粒子（原子，イオン，分子など）に磁場が働くと，誘電体の配向分極と同じようにして磁化が起こる．これが常磁性である．磁気モーメント $\boldsymbol{\mu}$ が磁場 $\boldsymbol{H}$（z 方向）の中にあるとき，相互作用エネルギーは $-\mu_z H$ である．すなわち磁場の方向を向くとエネルギーが低い．これを $-\mu H \cos\theta$ と書いて第4章 (1.6) 以下と同じ計算をするなら，配向分極のときと同じ結果が得られる．しかしいまの場合 多少違いがある．というのは，磁気モーメントは角運動量と結びついており，角運動量は方向量子化を受ける．このため θ を連続変数とすることは適当でない．

量子力学によれば，粒子の全角運動量 $\hbar\boldsymbol{J}$ は，その量子数を J とすると

$$(\hbar\boldsymbol{J})^2 = \hbar^2 J(J+1) \quad (J = 0, 1/2, 1, 3/2, 2, \cdots) \quad (2.1)$$

となる．またその z 成分 $\hbar J_z$ については J_z が

$$J_z = -J, \; -J+1, \; \cdots, \; J-1, \; J \quad (2.2)$$

の $2J+1$ 通りの値をとる．したがって磁場の下でのエネルギーも

$$-\mu_z H = g\mu_0 \mu_B J_z H = g\mu_B J_z B \quad (2.3)$$

と $2J+1$ 通りの値をとる（5-4図）．なおこの章で扱う磁性体では，磁束密度 $\boldsymbol{B}$ と $\mu_0 \boldsymbol{H}$ が事実上等しいので最後の表式になる．この形は多くの物性物理の教科書に出ているのと同じであり，以下主にこれを使う．

一番簡単な場合について少しくわしく調べてみる．ただ1個の電子が軌道角運動量0の状態にいる

5-4図 磁場によるエネルギー準位の分裂（$J=3/2$ の場合）

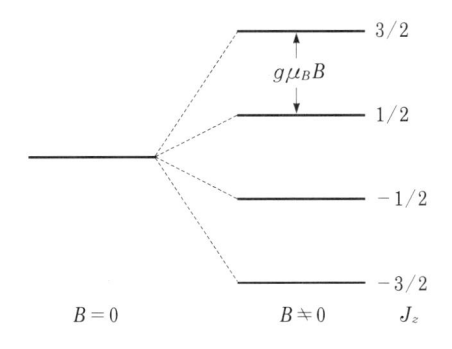

§5.2 常磁性磁化率

とする．J は $1/2$ で g は 2 である．J_z の値は $-1/2$ と $1/2$ の 2 つだけで，そのエネルギーは $-\mu_B B$ と $\mu_B B$，やはり $\boldsymbol{\mu}$ が磁場と同じ向きのときエネルギーが低い．温度 T でのそれぞれの状態の出現確率は $\exp(\mu_B B/k_b T)$ および $\exp(-\mu_B B/k_b T)$ に比例する．そこで，$\mu_B B/k_b T$ を a と書くと，μ_z が正または負となる確率は，それぞれ

$$e^a/(e^a + e^{-a}) \quad \text{および} \quad e^{-a}/(e^a + e^{-a})$$

で与えられる．したがって平均磁気モーメントは

$$\langle \mu_z \rangle = \mu_0 \mu_B \frac{e^a - e^{-a}}{e^a + e^{-a}} = \mu_0 \mu_B \tanh a \tag{2.4}$$

となる．tanh は双曲線関数の一種．磁化 M は単位体積内の磁気モーメントの和なので，N を単位体積中の粒子数として

$$M = N\langle \mu_z \rangle = N\mu_0 \mu_B \tanh\left(\frac{\mu_B B}{k_b T}\right) \tag{2.5}$$

である．小さい a に対しては $\tanh a \cong a$ となり，普通の条件では $\mu_B B \ll k_b T$ が成り立つので，その場合

$$M = N\mu_0 \mu_B{}^2 B/k_b T \tag{2.6}$$

と書けて，**常磁性磁化率**（paramagnetic susceptibility）が

$$\chi = \frac{M}{\mu_0 H} = \frac{M}{B} = \frac{\mu_0 N \mu_B{}^2}{k_b T} \tag{2.7}$$

と与えられる．なお，このように定義された χ は無次元量になる．配向分極と同じく，この磁化も T に反比例する．この性質は**キュリーの法則**（Curie's law）として知られている．

磁化率の値は一般に非常に小さい．例えば $N = 3 \times 10^{28}\,\mathrm{m^{-3}}$，$300\,\mathrm{K}$ で

$$\chi = \frac{4\pi \times 10^{-7} \times 3 \times 10^{28} \times (9.27 \times 10^{-24})^2}{300 \times 1.38 \times 10^{-23}} = 7.8 \times 10^{-4}$$

そこで，関係式 $\boldsymbol{B} = \mu_0 \boldsymbol{H} + \boldsymbol{M}$ において $\boldsymbol{M}$ はほとんど無視できる．またこの数値は，誘電体での $P/\epsilon_0 E$ すなわち $\kappa - 1$ に相当するが，ずっと小さい．このため静電気はほこりを引きつけるが，磁石が普通の常磁性体を引

き寄せることはない．なお磁化率は無次元量なので単位系によらないわけだが，ある種の（たとえば cgs）単位系では上の値の $1/4\pi$ で定義する．

大きい J に対する計算はやや複雑だが，結果は似ている．磁化率は

$$\chi = \frac{\mu_0 N g^2 J(J+1)\mu_B{}^2}{3k_b T} = \frac{N\boldsymbol{\mu}^2}{3\mu_0 k_b T} \tag{2.8}$$

となる．$g = 2$，$J = 1/2$ と置けば (2.7) と一致する．また式の2番目と3番目が等しいことは，(1.8) の2乗に (2.1) を入れた結果から確かめられる．なお3番目の形は第4章 (1.12) の配向分極による比誘電率への寄与と本質的に同じ形である．

ボーア磁子の値から，$\mu_B B/k_b T (= a)$ を計算すると，$0.67B/T$ ほどになる．そこで例えば $B > 1\,\mathrm{T}$ かつ $T < 1\,\mathrm{K}$ では，磁化の式 (2.5) などでの高次の項を無視できなくなる．その場合の磁化の変化を，異なる J に対し，5-5図に示す．$J \to \infty$ のときの振舞は古典的双極子に相当し，配向分極と同じになる．磁化（縦軸）の単位は $NgJ\mu_0\mu_B$，すなわち全ての磁気モーメントが磁場方向に最大成分をもったときの値である．磁場が十分強くなると，磁化はこの値に近づき飽和する．

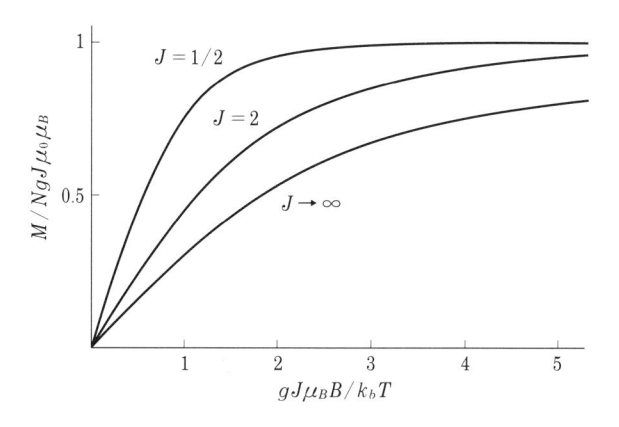

5-5図 低温強磁場での磁化曲線

§5.2 常磁性磁化率

ところで,磁気モーメントの磁場方向成分の最大値が $gJ\mu_0\mu_B$ で,これを2乗しても $\boldsymbol{\mu}^2$ の値 $g^2J(J+1)\mu_0^2\mu_B^2$ にならないのは何故か? 角運動量の場合にも同様のことが起こるが,これは不確定性関係のためである.せいぜい頑張って磁気モーメントを磁場方向に向けても,垂直成分(の不確定)を完全に0にすることは不可能で,若干の横ぶれが必ず残る.それが J^2 と $J(J+1)$ との差になる.

(2) パウリ常磁性

金属中には多数の伝導電子があり,それぞれがスピンによる磁気モーメントをもっている.しかし (2.7) の N に伝導電子の密度を入れても金属の常磁性磁化率にはならない.なぜなら,(2.7) では各電子のスピンが他と無関係に自由に向きを変えられると考えているが,金属ではそうはいかない.電子は,低エネルギーの状態から,互いにスピンを逆向きにして2個ずつぎっしりと詰め込まれている.磁場の方向に向きを変えようとしても,その状態はすでに他の電子によって占められている.

金属伝導電子の常磁性は 5-6 図のような考え方で議論される.まず図の(a)は磁場のないときである.縦軸がエネルギーで,このワイングラスのような形は単位エネルギー領域当りに収容できる電子数(すなわち状態密度)を概念的に示している.左側が $\mu_z = -\mu_0\mu_B$,右側が $\mu_0\mu_B$ の状態に相当する.電子はフェルミ・エネルギー ε_F^0 まで満たしている.$B=0$ のときには,左右の電子数は等しく,$M=0$ である.さてこれに磁場が加わると,

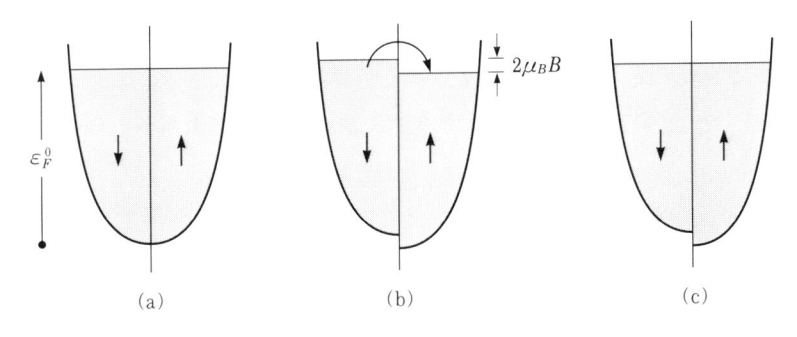

5-6図 パウリ常磁性の説明

それぞれのスピン状態のエネルギーが $\mu_B B$ および $-\mu_B B$ だけずれる（図の(b)，ただし $\mu_B B$ の大きさを非常に誇張して描いてある）．すると左右の上端の高さに差ができるので，電子が矢印のように移って高さをそろえる（図(c)）．これが磁場の下での平衡状態で，右側の $\mu_z = \mu_0 \mu_B$ の電子の方が多いため，磁場方向に磁化する．

この磁化の大きさは次のようにして見積られる．図の(b)で左の上端から $\mu_B B$ の範囲にある電子が右に移る．移る電子の割合は，グラスの上方が広がっていることを無視すれば，深さ ε_F^0 に対して $\mu_B B$ 程度である．単位体積中の電子数を n_c と書くなら左側の電子数は $n_c/2$，したがって移る電子は $\cong n_c \mu_B B / 2\varepsilon_F^0$．$\mu_z = -\mu_0 \mu_B$ の電子がこれだけ減り，$\mu_0 \mu_B$ の電子が同数増えるので，磁化として

$$M \cong \mu_0 \mu_B \left[\frac{n_c \mu_B B}{2\varepsilon_F^0} - \left(-\frac{n_c \mu_B B}{2\varepsilon_F^0} \right) \right] = \frac{n_c \mu_0 \mu_B{}^2 B}{\varepsilon_F^0}$$

を得る．ε_F^0 を $k_b T_F$ と書いて，磁化率は

$$\chi_P \cong \mu_0 n_c \mu_B{}^2 / k_b T_F \tag{2.9}$$

となる．しかしグラスが上の方で広がっている（状態密度は $\sqrt{\varepsilon}$ に比例）ことを考慮すると

$$\chi_P = \frac{3}{2} \frac{\mu_0 n_c \mu_B{}^2}{k_b T_F} \tag{2.10}$$

これがより正確な結果である．

このような常磁性を**パウリ常磁性**（Pauli paramagnetism）とよぶ．$T_F \gg T$ なので，磁化率は (2.7) よりもずっと小さくなる．また温度変化がない．なお遷移金属などでは，ε_F^0 での状態密度が自由電子近似によるものに比べずっと大きく，磁化率もそれに比例して大きい．

§5.3 常磁性共鳴

角運動量 0 の軌道に不対電子 1 個をもつイオンや分子に磁場が加わると，

§5.3 常磁性共鳴

エネルギー準位は $-\mu_B B$ と $\mu_B B$ の2つに分かれる．この状態で準位間のエネルギー差 $2\mu_B B$ に対して，ちょうど

$$h\nu = 2\mu_B B \tag{3.1}$$

を満たす振動数 ν の電磁波が入射すると，下の準位にいる電子は $h\nu$ を吸収して上の準位に上がり，逆に上の準位の電子は $h\nu$ を放出して下に落ちる．しかし普通は下にいる電子（をもつイオンや分子）の方が多いため，差引き吸収が起こる．このような現象を**電子常磁性共鳴**（electron paramagnetic resonance, 略して EPR）または**電子スピン共鳴**（electron spin ―, ESR）とよんでいる．この振動数はたとえば $B = 1\,\mathrm{T}$ のとき

$$\nu = 2 \times 9.27 \times 10^{-24}/6.63 \times 10^{-34} \cong 2.8 \times 10^{10}\,\mathrm{s}^{-1} = 28\,\mathrm{GHz}$$

すなわち，波長 1 cm 程度のマイクロ波に相当する．

もっと一般的に全角運動量の量子数が J というイオンや分子の場合，磁場の下でのエネルギー状態は，(2.3) または 5-4 図のように等間隔 $g\mu_B B$ ずつ離れた $2J+1$ 個の準位に分裂する．電磁波による遷移に際しては選択則があり，J_z の値が1だけ変化するもの，すなわち

$$\Delta J_z = \pm 1$$

を満たす遷移だけが許される．したがってこの場合の共鳴条件は

$$h\nu = g\mu_B B \tag{3.2}$$

で与えられ，(3.1) と似ている．

原子核も磁気モーメントをもつ．例えば陽子は (1.7) の μ_N に対して

$$\mu_p = 2.793\mu_N = 1.411 \times 10^{-26}\,\mathrm{J \cdot T^{-1}}$$

の μ_0 倍の磁気モーメントをもっている．陽子のスピンも電子と同じ 1/2 なので，磁場の中では $\pm \mu_p B$ の2つのエネルギー準位に分かれる．共鳴条件は

$$h\nu = 2\mu_p B \tag{3.3}$$

となり，たとえば 1 T で 42.6 MHz，電子の場合より3桁ほど低い．ほかの原子核でも磁気モーメントがあれば同じような共鳴吸収を起こす．これを

核磁気共鳴（nuclear magnetic resonance, NMR）とよぶ．

常磁性共鳴は以下のように半古典力学的な見方で扱うこともでき，それにより動的な問題へのアプローチが容易となる．磁気モーメント $\boldsymbol{\mu}$ は磁場 $\boldsymbol{H}$ の下で偶力 $\boldsymbol{\mu} \times \boldsymbol{H}$ を受ける．すると力学の教科書にあるように，角運動量 $\hbar \boldsymbol{J}$ が変化する．すなわち運動方程式

$$d(\hbar \boldsymbol{J}/dt) = \boldsymbol{\mu} \times \boldsymbol{H} \tag{3.4}$$

が成り立つ．§5.1 で述べたように，$\boldsymbol{\mu}$ と $\hbar \boldsymbol{J}$ とは平行でかつ比例する．比例定数は場合により異なるが，その比を

$$\mu_0 \gamma = \boldsymbol{\mu}/\hbar \boldsymbol{J} \tag{3.5}$$

と書くと（たとえば (1.8) の場合 γ は $-g\mu_B/\hbar$），(3.4) は

$$d\boldsymbol{\mu}/dt = \gamma(\boldsymbol{\mu} \times \boldsymbol{B})$$

となる．不確定性関係のため，個々の磁気モーメントが正確にこの式に従うわけではない．しかしその期待値（平均値）に対しては正しい．したがって磁化 $\boldsymbol{M}$（ただし同じ γ をもつ磁気モーメントの磁化）に対して同様の式

$$\frac{d\boldsymbol{M}}{dt} = \gamma(\boldsymbol{M} \times \boldsymbol{B}) \tag{3.6}$$

が成り立つ．磁場は z 方向だとして成分に分けると

$$\left. \begin{array}{l} dM_x/dt = \gamma B M_y \\ dM_y/dt = -\gamma B M_x \\ dM_z/dt = 0 \end{array} \right\} \tag{3.7}$$

これは簡単に解けて，まず $M_z =$ 一定．また M_0, ϕ を任意定数として

$$M_x = M_0 \cos(-\gamma B t + \phi) \tag{3.8a}$$

$$M_y = M_0 \sin(-\gamma B t + \phi) \tag{3.8b}$$

が得られる．すなわち，$\boldsymbol{M}$ ベクトルは $\boldsymbol{B}$ と一定の角度を保ちながら，xy 面では半径 M_0，角速度 $-\gamma B$ の等速円運動を行なう（5-7図）．そこで，xy 面内で振動する振動数 $\gamma B/2\pi$ の振動磁場でゆさぶると，共鳴してエネルギーの吸収が起こる．これが常磁性共鳴である．$\gamma B/2\pi$ がそれぞれの場

§5.3 常磁性共鳴

合について，(3.1)〜(3.3) の ν と一致することは容易に確かめられよう（例えば (3.3) の場合，J は $1/2$，μ は $\mu_0\mu_p$，γ は $2\mu_p/\hbar$）．

5-7図のような運動は**歳差運動**（precession）とよばれ*，身近な類似例としては傾いて回転するコマがある．このときコマには，重心と支点のところで，これを倒そうとする偶力が働く．この偶力のためコマの軸（角運動量の方向）は傾きを一定に保ったまま，いわゆる首振り運動を行なう．

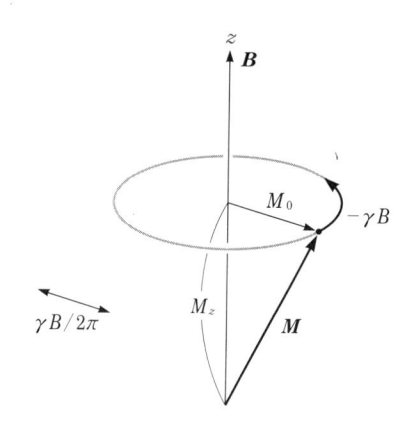

5-7図　磁気モーメントの歳差運動
　　　　（$\gamma<0$ の場合）と常磁性共鳴

さらにもう一歩進めると，(3.7) には緩和過程を表わす項がつけ加わる．それは第3章 (4.5) の $-\langle v \rangle/\tau$ に似たものだが，もう少し複雑であり，本書ではこれ以上立ち入らない．

常磁性共鳴は，着目する磁気モーメントの周囲の構造，電子状態，運動状態などによりさまざまな影響を受けるので，逆に周りの様子を探る手段として広く使われている．周囲の影響は，外部磁場 B に周囲の磁気モーメントが作る内部磁場

---

* 歳差という言葉は地球の自転軸の同様な運動に由来する．地球の自転軸は軌道面と約 $66.5°(=90°-23.5°)$ の角度を作っているが，これを軌道面と垂直な方向に引き起こそうとする偶力が働く．このため自転軸は軌道面との角度を一定に保った歳差運動を行なう．その結果，たとえば冬至から冬至までの1年と軌道を1周する1年との間に20分ほどの差を生ずる（前者が普通にいう1年で，後者の方が長い）．歳差運動の周期は $365\times24\times60\div20\cong26000$ 年ほどで，その間には琴座のヴェガが北極星になったりする．なお偶力のもとは，地球が偏平な回転楕円体であり，そのふくれた所に働く太陽（や月）の引力である．すなわち，地球全体はその重心に働く太陽引力の下で公転運動を行ない，平均として無重力状態になっている．その分を差し引くと，太陽に近い側のふくらみには引力，遠い側には斥力，そして合わせて偶力（夏と冬に強い）が働く．なおこのような引力と斥力が海水に働くと，潮汐が起こる．

B_i がつけ加わって共鳴振動数がずれる,という形で起こることが多い.

電子の磁気共鳴での例としては,常磁性物質以外に,半導体中のドナー (§8.1) に捕えられた電子などが知られている.この場合 ESR は電子軌道(波動関数)上の核磁気モーメントの影響を受けるので,それから波動関数の広がりなどについての情報が得られる.

しかし NMR の方が応用の広がりははるかに大きい.その理由としては,核磁気が物質内にあって弱い相互作用しか受けず非常に精密な測定が可能であること,ほとんど全ての元素(少なくとも同位元素を含めれば)の原子核が磁気モーメントをもつこと,などがある.以下応用例の一部を舌足らずだが列挙する.

まずナイト・シフト (Knight shift).金属に磁場がかかると伝導電子の磁化を生じ,それによる $B_i (\propto B)$ のため共鳴振動数が大体1%以下程度ずれる現象をいう.次に化学シフト (chemical shift).常磁性的でない分子や固体などに磁場がかかると電子の運動状態が変化し(たとえば次節参照),磁気モーメントが誘起される.その結果 B_i(これも $\propto B$)が生じ,振動数がずれる.どちらのシフトからも原子核の周りの電子状態についての情報が得られる.特に後者は有機化学などでの応用が広い.

共鳴線の幅および運動による線幅の減少.1つの核磁気モーメントが多くのランダムな方向の核磁気モーメントに囲まれているとき,周囲による磁場 B_i は(したがって共鳴振動数は)いろいろな値をとる.それらが分離されない場合(特に液体などで),共鳴振動数は連続的で幅をもって分布する.ところで原子核が互いに速やかに動いているとき,B_i も速やかに変化する.共鳴線に幅を生ずるのは歳差運動の角速度が原子核ごとに違うためだが,ろくに回転しないうちにどんどん B_i が変ってしまうと,結局その平均値($\langle B_i \rangle = 0$)で回ることになる.線幅は狭くなる.これは motional narrowing(簡潔な訳語はない)とよばれ,物質内での原子運動の速さを知るのに使われる.

病院などで広く使われる核磁気共鳴断層撮影装置(NMR-CT または MRI)* は主として陽子の核磁気共鳴を利用する.線形勾配をもった磁場中ではちょうど共鳴条件を満たす面上の陽子だけが共鳴する.これをうまく使うと,各断面上での陽子の密度分布が画像として得られる.また悪性腫瘍の中では緩和時間(磁場中で核スピンがフォノンを吸収放出して反転するのに必要な平均時間)が通常の2〜3倍にも長くなるので,それを画像にすることもできる.読者の周りにもこの装置のご厄介になった方がおられるだろう.

---

* MRI は magnetic resonance imaging の略,なお CT は computer tomography.

§5.4 反磁性

反磁性の場合，磁化は磁場と逆向きに生ずる．ところで磁場 H の中に磁化 M があるとき，単位体積当りの相互作用エネルギーは $-M\cdot H$ である．常磁性体では，なるべくエネルギーを下げるように磁化するので，このエネルギーは負になる．反磁性体は逆で，このため磁石とは反発し合う．

（1） ラーモア歳差運動

反磁性は本質的には電磁誘導と関係している．5-8図のように，導体を上向きの磁場をもつ磁石に近づけていくと，電磁誘導によって矢印の向きの渦電流が生ずる．この渦電流は下向きの磁気モーメントを作り出す．つまり磁場と逆向きの磁化が発生する．ただ普通の導体での電磁誘導の場合，誘導電流は電気抵抗のため短時間のうちに消えてしまう．したがってこのような反磁性的な磁化も導体が動いている間しか持続しない．

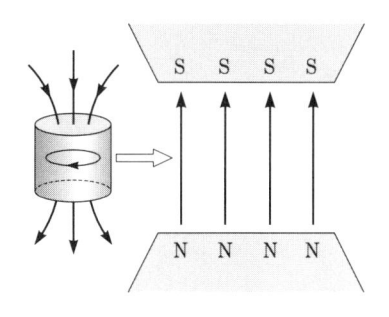

5-8図　誘導渦電流とそれによる反磁性的磁化

これに対して1個の原子（やイオン）を磁石に近づけた場合には事情が異なる．この場合にも原子内に渦電流（反磁性電流とよぶ）が流れるが，それには電気抵抗が働かない（1個の原子の中では，§3.4で述べたような散乱は起こらない）．そこで渦電流は原子が磁場の中にいる間，変化せず流れ続ける．電流の大きさは磁場に比例し，原子には磁場に比例した逆向き磁気モーメントが生ずる．このような原子やイオンの集まりは反磁性を示す．

そこで磁場を加えたことによる原子内電子運動の変化を，最も簡単な場合について考える．1個の電子が xy 面上で原子核を中心とする半径 r の円軌

道を回っているとする．軌道面に垂直な z 方向に徐々に磁場を加えていくと，マクスウェルの方程式により，軌道にそって

$$E = -\frac{r}{2} \cdot \frac{dB}{dt} \qquad (4.1)$$

という電場が働く（電磁誘導と同じである）．この電場による軌道にそった加速は $-eE/m$．磁場を 0 から B まで増やしたときの速度変化は

$$\Delta v = -\frac{e}{m}\int E(t)\,dt = \frac{er}{2m}\int \frac{dB}{dt}\,dt = \frac{erB}{2m} \qquad (4.2)$$

つまり磁場のなかったときに比べて，これだけ余分の速度が加わる．そしてこれを中心から見ると，回転運動の角速度が

$$\omega_L = \frac{\Delta v}{r} = \frac{eB}{2m} \qquad (4.3)$$

だけ変化する．この変化は軌道半径や最初の回転方向には無関係である．すなわち，ある中心の周りを円運動している電子に軌道に垂直な磁場を徐々に加えると，$B = 0$ のときに比べこのような余分の回転がつけ加わる．ただし磁場は十分弱く，それによる軌道の変化は無視でき，また Δv も軌道運動の速度に比べ十分小さいとする．

このことはもっと一般的に成り立つ．すなわち（1個の原子のように）中心力場の中にある電子系に磁場を加えて行ったとき，その運動は磁場のないときに比べ，全体として磁場方向を軸とする角速度 ω_L の回転がつけ加わったものと同じになる．言いかえると，ω_L で回転しながら電子系の運動を眺めると，磁場のないときと同じに見える．たとえば，5-9図のように軌道面が磁場に対して傾いているときには，軌道面そのものが磁場との角度を一定に保ったまま z 軸の周りを ω_L で回転する．磁場の中でのこのような余分な回転運

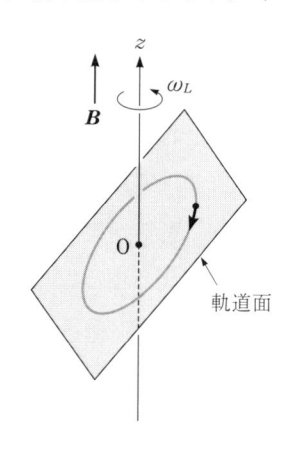

5-9図　ラーモア歳差運動

§5.4 反 磁 性

動をラーモア歳差運動（Larmor precession）とよび*，ω_Lをラーモア振動数とよぶ．なお反磁性体で磁場との相互作用エネルギーが正となるのは，このような余分な回転による運動エネルギーの増加のためである．**

（2） 原子とイオンの反磁性

電子のラーモア歳差運動によって原子内に渦電流が流れ，磁気モーメントが発生する．まず，角速度 ω_L の回転によって生ずる電流は電子1個当り $-e\omega_L/2\pi$ である．この電流が z 軸から距離 $\rho(=\sqrt{x^2+y^2})$ を流れているとすると，磁気モーメントは電流と面積との積から

$$\mu = -\frac{\mu_0 e \omega_L}{2\pi} \cdot \pi \rho^2 = -\frac{\mu_0 e^2 \rho^2 B}{4m} \tag{4.4}$$

になる．しかし原子内の電流は分布しているので，ρ^2 をその分布についての平均値 $\langle \rho^2 \rangle$ で置きかえる．原子全体では各電子からの寄与を加えあげて

$$\mu = -\frac{\mu_0 e^2 B}{4m} \sum_i \langle \rho_i^2 \rangle \tag{4.5}$$

となる．原子やイオンの波動関数が知れていれば，$\langle \rho_i^2 \rangle$ の計算は容易である．もちろん外側の軌道にいる電子からの寄与が大きい．

反磁性磁化率は1モル当りの磁化率で表わされることが多い．すなわち

$$\chi_d = \frac{N_A \mu}{B} = -\frac{N_A \mu_0 e^2}{4m} \sum_i \langle \rho_i^2 \rangle \tag{4.6}$$

これをその物質1モルが占める体積で割れば，§5.2での χ と同じ単位体積

---

* 5-9図で（軌道運動による）磁気モーメントが軌道面と垂直にあることを考えると，ラーモア歳差運動は5-7図の歳差運動と同じだということが分かる．今の場合 $g=1$ なので $\gamma = -\mu_B/\hbar$，従って $-\gamma B$ は (1.4) から ω_L に等しくなる．

** 量子力学によれば，軌道角運動量の（たとえば z）成分は量子化され，$\hbar \times$ 整数という値しかとれない．上のような余分な回転が磁場とともに連続的に加わると，角運動量も連続的に変り，矛盾しそうに思われる．この場合 量子化されるのは運動量 $\boldsymbol{p}$ から作られる本当の角運動量 $\boldsymbol{r} \times \boldsymbol{p}$ であり，$\boldsymbol{p}$ は磁場中では $m\boldsymbol{v} - e\boldsymbol{A}$（$\boldsymbol{A}$ はベクトル・ポテンシャル）となる．一方，磁気モーメントを作るのは $\boldsymbol{r} \times m\boldsymbol{v}$ という量で，これは量子化されることなく $\boldsymbol{A}$ の変化とともに連続的に変る．

5-1表 反磁性磁化率 $\chi_d/4\pi$ (10^{-12} m³·mol⁻¹ 単位)

	実測値	計算値		実測値	計算値
He	−1.9	−1.9	Cl⁻	−24.2	−30.4
Ne	−7.2	−8.6	Br⁻	−34.5	
A	−19.4	−20.6	Li⁺	−0.7	−0.7
Kr	−28		Na⁺	−6.1	−5.6
F⁻	−9.4	−17.0	K⁺	−14.6	−15.3

当りの磁化率（無次元量）になる．したがってこの χ_d は体積/モル の次元をもつ．χ_d の測定値と計算値の例を5-1表にのせる．どれも閉殻構造をもつ原子またはイオンである．ただし χ_d そのものでなく $\chi_d/4\pi$ を示してある．その結果 cgs 単位で書かれた多くの教科書の数値と同じになっている．原子や分子1個当りの磁化率はこれを N_A で割った 10^{-35} m³ 程度．これは誘電体での相当する値，4-1表や4-3表の $\alpha_e/4\pi\epsilon_0$, に比べはるかに小さい．物質の反磁性は常磁性と同じく，普通は非常に弱い．

なお，ラーモア歳差運動の考え方は中心が2つ以上ある分子に対しては一般に成り立たない．もっと面倒な計算が必要となる．しかし磁化率の大きさは，特別な場合を除けば，5-1表と同程度である．

(3) 金属伝導電子の反磁性

金属に磁場を加えて行くと電磁誘導による電流が流れるが，瞬間的で反磁性の原因にはならない．実際，電子の運動が古典力学にしたがう限り，伝導電子による反磁性は生じないことが証明される．しかし量子力学的効果のため，伝導電子は**ランダウ反磁性**（Landau diamagnetism）とよばれる弱い反磁性を示す．これを分かりやすく説明することはむずかしいので，結果だけ述べる．

伝導電子を自由な電子と全く同じに扱ってよい場合，ランダウ反磁性による磁化率は，(2.10) のパウリ常磁性の磁化率 χ_P のちょうど −1/3 倍になる．しかし一般的にはそれほど簡単でない．例えば伝導電子のエネルギーが

§5.4 反磁性

運動量に対して $p^2/2m^*$ のような形に変化するとき，χ_P は m^* に比例し，反磁性磁化率は逆に m^* に反比例する．

なお現実の金属では，伝導電子による磁性以外に，イオン殻による反磁性が加わる．

伝導電子の磁性と m^* との関係について説明しておく．

伝導電子は結晶内にあることの影響をうけて，そのエネルギーが近似的に上のように書ける場合がある（それについては7章，特にp.134，p.144〜145など）．この m^* を有効質量とよんでいる．

さてパウリ常磁性の磁化率の式（2.10）の中には，電子質量がボーア磁子 μ_B とフェルミ・エネルギー k_bT_F の両方に入っている．このうち μ_B の方は，電子固有の性質で，結晶中でもその値は変らない．一方 k_bT_F の場合（p.53の（1.9）参照），分母の m が m^* に変る．こうして，$\chi_P \propto m^*$ となる．簡単にいって，m^* が大きくなると量子効果は弱くなる．このため量子効果により小さく抑えられていた磁化率は大きくなる．

これに反しランダウ反磁性の場合，古典論では消えるはずの反磁性が，量子効果によって現われる．従って m^* が小さければ顕著になる．磁場中の伝導電子は，磁場と垂直な面内で一定周期の回転運動（サイクロトロン運動）を行なう．反磁性は，この回転運動が単振動と同じように量子化され，そのエネルギーが

$$\varepsilon_n = (n+1/2)\hbar\omega_c \quad (n=0,1,2,\cdots)$$

のような不連続値になること，によって起こる．こうして生じたエネルギー準位をランダウ準位とよぶが，ω_c は今の場合 eB/m^* で与えられる．このようなランダウ準位についてやや複雑な理論計算を施すと，ランダウ反磁性がでてくる．準位の間隔が m^* に反比例することから，磁化率も m^* に反比例する結果となる．

6 強磁性体と強誘電体

　　　　　　　　　　　　前章で述べた磁性体の場合，磁化は磁場を
　　　　　　　　　　　加えたときだけ生じた．しかし外部磁場を加
　　　　　　　　　えない状態でも強く磁化している一群の磁性
体があり，**強磁性体**とよばれる．その磁気的性質は，一般の磁性体に
比べ，著しい特徴を示す．同じように，電場がなくても強く分極して
いる**強誘電体**がある．両者はいろいろな点でよく似た振舞をする．こ
のような磁化や分極を**自発磁化**および**自発分極**とよぶが，本章ではそ
れらの発現機構を中心に強磁性体と強誘電体について概述する．

§6.1 強磁性と強誘電性

　ふつうの磁性体に磁場を加えたときの磁化はごく弱く，磁化率 χ は 10^{-3}
程度に過ぎない．これに対して強磁性体の $\chi(=M/\mu_0 H)$ は非常に大きく，
ときに 10^5 以上にも達する．さらに磁化と磁場との関係も，通常の磁性体が
（非常な低温とか強磁場は別として）直線的であるのに対して，強磁性体で
は6-1図のように曲がっている*上に履歴現象を示す．

　このような顕著な性質 ─ **強磁性**（ferromagnetism）─ の原因は**自発磁
化**（spontaneous magnetization）である．すなわち強磁性体では，磁場を
加えなくても，その内部には非常に強い磁化が自発的に生じている．ただ，

---

　* 大きな χ は原点近傍の直線領域で現れる．このとき前章の場合とは逆に $M \gg \mu_0 H$
　　となる．

§6.1 強磁性と強誘電性

図のO点などで磁化が0であるのは，結晶全体が互いに反対方向の自発磁化をもつ多くの領域（**磁区**）に分かれており，磁化が平均として打ち消し合っているためである（6-2図(a)）．磁場が加わると磁区の境界が移動し，磁場と同じ向きに磁化した磁区が広がる．その結果平均して磁化を生ずる（図(b)）．この境界は条件にもよるが弱い磁場でも容易に移動し，大きな磁化を引き起こす．結晶全体が磁場方向を向いた単一磁区になってしまうと，磁化はそれ以上ほとんど増えなくなり飽和する．このときの磁化は自発磁化 M_s と一致する（図(c)）．

強磁性に対して**強誘電性**（ferroelectricity）もある．強誘電体は，電場が0でも，内部に強い**自発分極**をもっている．また磁区構造に似た分域構造をもち，その境界の移動によって平均分極が変化する．この場合も外部電場と分極の関係は履歴を示す．

自発磁化も自発分極も温度の上昇とともに減少し，ある温度で0となる．そしてそれ以上ではただの磁性体と誘電体になる．このような温度を**キュリー温度**（Curie temperature）とよび，T_c で表わす．自発磁化の温度変化を6-3図に（実線は Ni での実測値，点線は次節のワイス理論による計算値），また自発分極の温度変化の実測値を6-4図に例示す

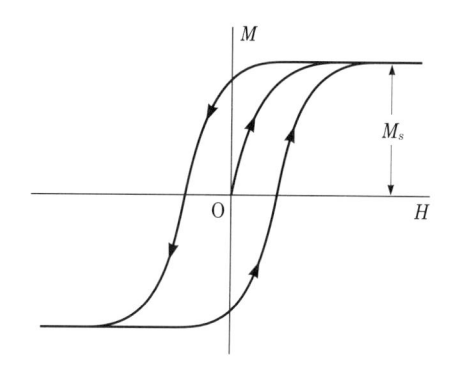

6-1図　強磁性体の磁化曲線（M-H 関係）

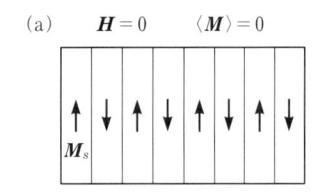

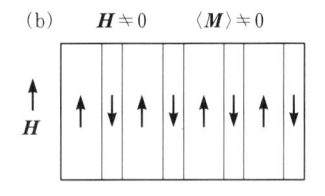

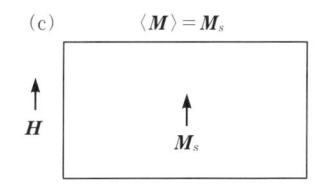

6-2図　強磁性体の磁区構造と磁化

6-3図　自発磁化の温度変化

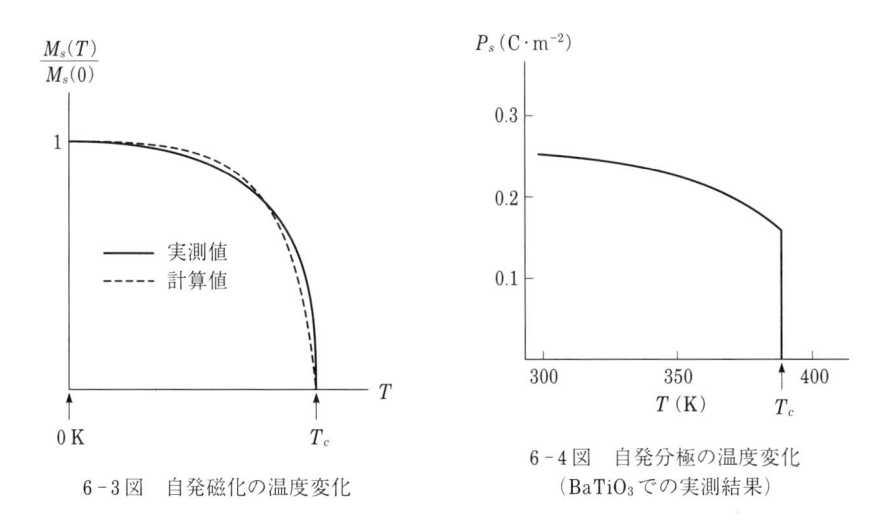

6-4図　自発分極の温度変化
（BaTiO₃での実測結果）

る．さらに若干の物質のキュリー温度を6-1表と6-2表に載せる．なお，右上図より6-2表の T_c の方が高いのは，結晶がより高純度なためである．

ここで磁区について簡単に説明しておく．強誘電体の分域についてもほぼ同様に考えてよい．外部磁場のないとき強磁性体が磁区構造をとるのは，その方がエネルギーが低くなるからである．たとえば6-5図(a)のように全体が一様に磁化していると，表面に生じた磁荷のため点線のような磁場 H が発生する．磁性体内部の磁場（反磁場とよばれる）は磁化と逆向きで相互作用エネルギー $-\boldsymbol{H}\cdot\boldsymbol{M}_s/2$ は正である．* これは鉄の場合で 10^5 J·m⁻³ 程度とかなり大きい．これに対して(b)のような磁区構造をとると，表面磁荷の影響が

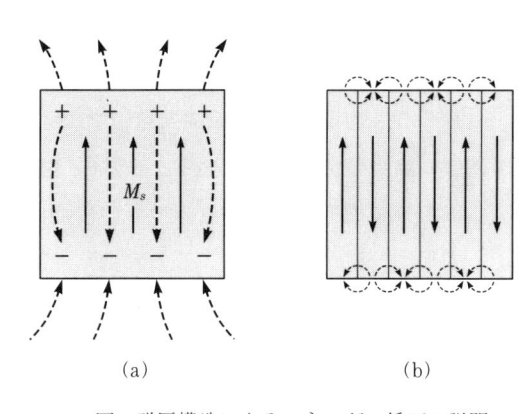

6-5図　磁区構造によるエネルギー低下の説明

---

* いまのように M 自身が作った磁場との相互作用エネルギーの場合，1/2 がかかる．

かなり打ち消し合い，内部の磁場はずっと弱くなる．磁区構造が細かくなるほどこのエネルギーは小さくなるが，一方 磁区の境界面（磁壁という）を作るためのエネルギーが増加し，ある厚さで落ち着く（薄い磁区で厚さ $10\,\mu\mathrm{m}$ 程度）．しかし磁区の大きさや構造をきめる因子は他にもいろいろあって簡単でない．

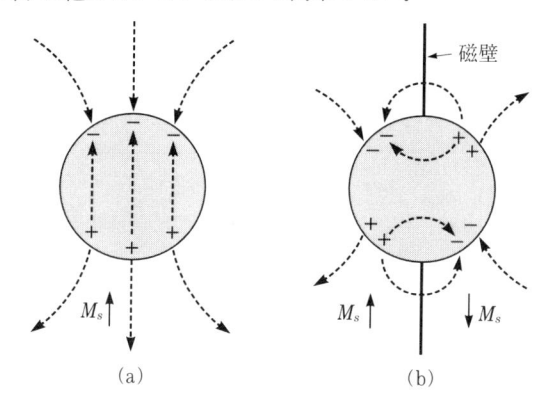

強磁性体の磁化の様子は，主として磁壁が磁場の下でどのように動くかによって決められる．磁壁は磁場方向に向いた磁区を広げるように動こうとする（6-2図(b)）．しかしそれを妨げるものがある．結晶内の不純物や歪みあるいは析出物などである．例えば強磁性体の中に常（または反）磁性析出物（鉄の中の炭素微粒子のような）があるとする（6-6図）．常（反）磁性物質の中では M はほとんど0なので，図(a)のように磁荷が生じ，点線のような磁場ができる．そこで余分な相互作用エネルギー $-\int \boldsymbol{H}\cdot\boldsymbol{M}_s\,dr/2>0$ が発生する．一方，図(b)のように磁壁がちょうどここを通っている場合，磁荷の影響はいくぶん打ち消し合い，上のエネルギーは大体半分くらいに減る．このため磁壁はこうした析出物に引きとめられる．

6-6図　常（反）磁性析出物と磁壁

この他にもいろいろな原因があって磁壁の運動が妨げられ，その結果 履歴現象が起こる．例えば外部磁場が0になっても，磁壁が途中でひっかかって6-2図(a)のような状態にもどれなければ，$\langle M \rangle$ は0にならず**残留磁化**が残る．一般にこの種の邪魔物の少ない結晶（よく焼き鈍され，内部歪みや不純物の少ない結晶）では，ヒステリシスは少なく，また磁壁が動きやすいため磁化率が大きい．逆の場合，ヒステリシスは顕著で磁化率は小さい．なお，磁場を加えないでいったん T_c 以上に加熱した後 冷やすと，ほぼ6-1図の原点の状態にもどる．

§6.2　ワイス理論

強磁性体中の各原子の磁気モーメントの間には，互いに同じ方向に並ぼう

とする相互作用が働いている．その相互作用の説明はややむずかしいので次節に回し，ここではまず歴史的にもより古い**ワイス（Weiss）理論**（1907年）を紹介する．この理論は，相互作用として簡単な形を仮定することにより，自発磁化の発現とその温度変化などを大変よく説明する．

ワイス理論では，強磁性体で磁気モーメントの方向がそろう原因として，各磁気モーメントに働いてこの方向に向けようとする力を考える．これを**分子（磁）場**（molecular field）とよび，B_E で表わす．そして

$$B_E = \lambda M \tag{2.1}$$

のように磁化に比例すると仮定する．λ は分子場係数とよばれる．この式の意味を少し説明する．強磁性体の中で1つの磁気モーメントがある方向を向いていると，その近くの他の磁気モーメントにも同じ方向に向かせるような力が働く．そこで，強磁性体が全体としてある方向に磁化している（すなわちその方向を向いた磁気モーメントが多い）ときには，個々の磁気モーメントにもその方向にそろえようとする力が働く．この力は次節で説明するように磁場ではない．しかし作用としては磁場と同じなので，形式的に磁場 B_E で表現する．M が大きいときには，この方向の磁気モーメントも多いので，そろえる力（すなわち B_E）は強くなる．このような傾向を簡単に表わす関係式として (2.1) のような形を仮定する．

さて分子磁場 B_E があるとこれにより磁化を生ずるが，簡単のため原子の磁気モーメントが1個の不対電子のスピンによる場合を考える．すると前章の (2.5) から

$$M = N\mu_0\mu_B \tanh\left(\frac{\mu_B B_E}{k_b T}\right) \tag{2.2}$$

が磁化となる．ここで N は単位体積当りの原子数．こうして (2.1) と (2.2) は，磁化 M があれば分子場 B_E が発生しそれによりまた M が生じる，という循環的関係を示している．この連立方程式から 0 でない M が得られれば自発磁化があることになる．これは以下のようにグラフ的に解か

§6.2 ワイス理論

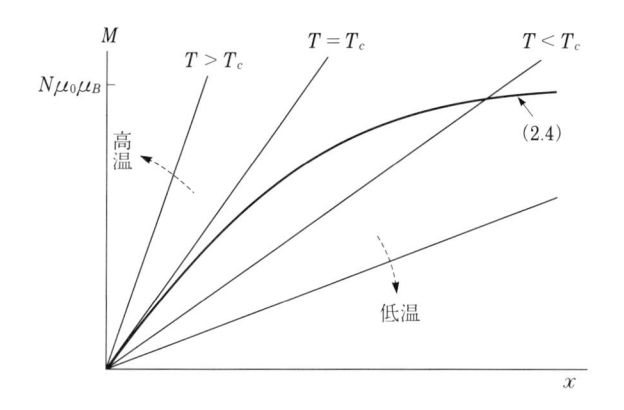

6-7図 自発磁化を求める図

れ，M_sの温度変化の形がわかる．

まず補助的な変数として $\mu_B B_E / k_b T$ を x と書く．すると (2.1) から
$$M = B_E/\lambda = k_b T x / \lambda \mu_B \tag{2.3}$$
また (2.2) は
$$M = N\mu_0 \mu_B \tanh x \tag{2.4}$$
となる．この2式を M 対 x のグラフにすると6-7図のようになる．(2.3) の方は直線で温度によって傾きが違う．そして (2.4) との交点がその温度での M_s を与える．低温での交点は x の大きい所にあって，$M_s \cong N\mu_0 \mu_B$，すなわち全ての磁気モーメントが一方向にそろった状態に近い．温度の上昇とともに交点は x の小さい側に移り M_s は減る．遂には原点でしか交点がなくなり M_s は 0 となる．キュリー温度では図のように (2.3) と (2.4) が原点で接する．(2.4) の $x \to 0$ での傾きは，$\tanh x \to x$ なので，$N\mu_0 \mu_B$．これと (2.3) の傾き $k_b T / \lambda \mu_B$ とが等しいという条件から，キュリー温度が
$$T_c = \frac{N\mu_0 \lambda \mu_B{}^2}{k_b} \tag{2.5}$$
のように決まる．またこうして得られた M_s の温度変化の形が6-3図の点線で，実測値（実線）とよく合っている．

この温度変化の重要な特徴は，温度を上げて行ったときの M_s の減少が最初はごくゆるやかで，T_c に近づくにつれ非常に急になることである．$T \cong 0.8T_c$ くらいになっても，M_s はなお 0 K のときの値の 80％程度を維持している．これは次のように解釈される．すなわち温度の低い間は熱的な乱れも少なく，ほとんどの磁気モーメントが一方向にそろっている．個々の磁気モーメントにもこの方向への強い力が働いている．しかし温度が上がるにつれ，逆方向を向くものが増え M_s は減少する．それとともに磁気モーメントに働く力も弱くなり，さらに乱れが助長される．こうして M_s の減少と B_E の減少とが互いに助け合い，磁気モーメントのそろった構造はある温度で急速に崩れてしまう．これがキュリー温度になるが，何か独裁政権の崩壊を思わせる．

この種の現象は**協同現象**（cooperative phenomenon）とよばれ，ある温度（とか圧力，密度など）を境にして物質の状態が移り変るとき，しばしば見られる．この場合の特徴は，個々の原子がそれぞれ独立に振舞うのではなく，いわば群集心理的に行動する点にある．

強磁性体も，T_c 以上では自発磁化が消え，常磁性体になる．しかし磁気モーメントを同じ方向にそろえようとする相互作用は依然として残っている．そこで外部磁場 $\boldsymbol{B}$ により磁化 $\boldsymbol{M}$ が生ずると，$\boldsymbol{M}$ も磁気モーメントを同じ方向に向けるように働く．すなわち磁気モーメントは $\boldsymbol{B}$ だけでなく

$$\boldsymbol{B}' = \boldsymbol{B} + \boldsymbol{B}_E = \boldsymbol{B} + \lambda \boldsymbol{M} \tag{2.6}$$

というより強い磁場の下にあるように振舞う．これによる磁化は前章（2.6）で B の代りに B' を入れた

$$M = \frac{N\mu_0\mu_B{}^2}{k_bT}B' = \frac{N\mu_0\mu_B{}^2}{k_bT}(B + \lambda M)$$

となる．これから M を解いて

$$M = \frac{N\mu_0\mu_B{}^2/k_bT}{1 - N\mu_0\lambda\mu_B{}^2/k_bT}B$$

となるが，この式の分母分子に T を掛け，さらに (2.5) に注意して書き直すと，常磁性磁化率として

$$\chi = \frac{M}{B} = \frac{\mu_0 N \mu_B{}^2}{k_b(T - T_c)} \qquad (2.7)$$

が得られる．強磁性体のキュリー温度以上での磁化率が $T - T_c$ に反比例することは実験とも一致しており，**キュリー-ワイスの法則**とよばれ

6-1表 キュリー温度

	$T_c(\mathrm{K})$
Fe	1043
Co	1393
Ni	631
Gd	300
Dy	154
Er	41
MnBi	630

る．T_c を0にすれば普通の常磁性体の磁化率（第5章 (2.7)）と同じになる．なお6-1表は若干の強磁性体での T_c を示す．

§6.3 交換エネルギー

ワイス理論は，分子場なるものを仮定することにより，強磁性体の性質をよく説明した．では分子場の起源は何か．式の形としては，(2.6) と第4章の (2.1) はよく似ている．後者は，電気双極子の間の静電的相互作用のため，分極があるとき各原子に働く電場が $F(>E)$ となること，を表わしている．ところで磁気モーメントの間の静磁気的相互作用は，電気双極子の間の静電的相互作用と全く同じ形をしている．したがって磁性体でも，第4章 (2.1) と同じような関係式が期待される．実際 適当な条件が成り立つなら，§4.2 と同じ考え方で，磁化した物体中の個々の原子に働く磁場は B でなく

$$B' = B + M/3 \qquad (3.1)$$

であることが示される．しかしこの相互作用では強磁性の原因として弱過ぎる．すなわちもしこの第2項が B_E に相当するなら，λ は 1/3 になる．するとこの場合，(2.5) のキュリー温度は，$N = 5 \times 10^{28}\,\mathrm{m}^{-3}$ として

$$T_c = \frac{N \mu_0 \mu_B{}^2}{3k_b} = \frac{5 \times 10^{28} \times 4\pi \times 10^{-7} \times (9.27 \times 10^{-24})^2}{3 \times 1.38 \times 10^{-23}} \cong 0.13\,\mathrm{K}$$

となり，6-1表の値に比べ4桁ほども低過ぎる．明らかにもっとずっと強

い相互作用でないと，強磁性を説明できない．

　強磁性の原因となるのは量子力学的な相互作用である．これを理解するには§1.1の水素分子の話を思い出すとよい．そこでは2つの電子スピンが平行なときと反平行なときとで大きなエネルギー差を生じた（1–3図）．スピンは磁気モーメントをともなうので，これは磁気モーメントの平行か反平行かに相当する．水素分子では反平行のときエネルギーが低い．しかし逆の場合もあり得て，これから強磁性が生ずる．

　逆の場合は次のような原因で現れる．§1.1で述べたように，パウリの排他律のため，スピンが互いに平行な2電子は遠ざかり合い，逆に反平行だと近づきやすい傾向をもつ．電子間には正の静電エネルギーが働いている．したがってこのエネルギーだけを考えれば，スピン平行で電子同士があまり近づかないときの方がエネルギーは低くなる．

　これに対して電子対結合を作るような場合，電子はスピンを反平行にして2つの原子核の中間領域に集まる．この場合 電子間静電エネルギーは大きくなるが，それより原子核との静電エネルギーの低下の方が強く働いて，結合ができる．しかし電子波動関数の形や原子間距離などの条件によっては，電子間エネルギーの方が重要で，スピン平行状態のエネルギーが低くなることも起こる．* ただこの場合 一般には結合を生じない．現実の強磁性物質では，結合をひき起こすのは外殻価電子で，磁性をになうのは不完全内殻のdやf軌道にいる電子である．このように役割を分担している．そして隣接する原子の磁性電子のスピンが互いに平行になろうとする場合**，強磁性が現れる．

---

　*　孤立した1原子（イオン）の場合，2つの原子核の中間領域などというものはない．したがって電子はできるだけスピンの向きをそろえようとする．これはフント（Hund）の規則とよばれるものの第1条である．

　**　普通の強磁性体（特に鉄族）結晶中の電子は周囲の原子の影響のため軌道運動が歪められ，軌道角運動量による磁気モーメントはほとんど消えている．したがって磁気モーメントのもとはほとんどスピンである．

§6.3 交換エネルギー

このように互いのスピンの向きに依存するエネルギーを，しばしば

$$-2J\boldsymbol{S}_1\cdot\boldsymbol{S}_2 \tag{3.2}$$

のように書く．2つの原子のスピン $\boldsymbol{S}_1$, $\boldsymbol{S}_2$ が平行のとき，もし J が正ならエネルギーは低くなり，負なら高くなる．この J を**交換エネルギー**とよぶ．* 結晶の場合，各原子のスピンの向きに関係するエネルギーは

$$E_s = -2J\sum_{i,j}\boldsymbol{S}_i\cdot\boldsymbol{S}_j \tag{3.3}$$

となる．i, j は結晶中の原子の番号で，和は互いに隣り合った全ての原子対についてとる．

交換エネルギーが正なら，全原子のスピンが同じ方向にそろったときエネルギーが最低となり，その物質は強磁性を示す．J が大きいほどそろえる力は強く，キュリー温度は高くなるが，近似的関係式として

$$T_c = \frac{2zS(S+1)}{3k_b}J \tag{3.4}$$

がある．ここで z は1つの原子に最隣接する原子数．実測された T_c を与えるための J の値は0.01 eV 程度になる．上で述べたように J はスピン状態による静電エネルギーの差である．静電エネルギーそのものはかなり大きく，数 eV くらいの大きさをもっている．2つのスピン状態の間での差が0.01 eV 程度になっても不思議ではない．

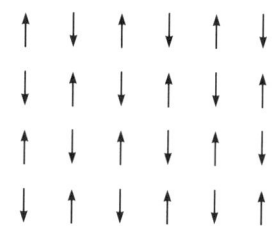

6-8図　反強磁性

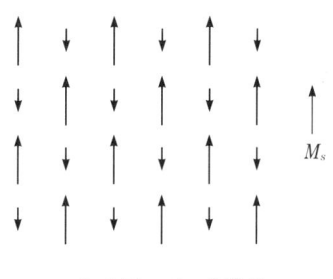

交換エネルギーは当然 負になることもある．その場合，隣り合ったスピンは1つおきに逆を向いた配列をとろうとする（6

6-9図　フェリ磁性

---

* 電子波動関数は，2つの電子の座標を（スピンも含めて）<u>交換</u>したとき，符号が変る．そのことに関係して J が出てくる．

- 8 図). このような磁性を**反強磁性**（antiferromagnetism）とよぶ. 例としては Mn, Cr, NiO などがある.

また 6 - 9 図は**フェリ磁性**（ferrimagnetism）とよばれるものである. 磁気モーメントの配列は反強磁性体と同じく互い違いだが, その大きさが違う. このため差引き一方向に磁化が残り, 一見 強磁性体に似て自発磁化がある. 代表的な例はフェライトである.

§6.4 強誘電体

強磁性体が自発磁化をもつように, 強誘電体は自発分極 P_s をもつ. また磁区に似た分域構造を作り, 電場対分極の関係に履歴特性も示す. さらに P_s や誘電率（T_c 以上の）の温度変化も, 強磁性体の M_s や磁化率の変化に似ている. ただ強磁性体の存在は磁石によってある意味で古くから知られていたが, 強誘電体の発見は 1920 年で新しい. これは残留分極によって表面に分極電荷が生じても, 空気中の微量の正負イオンの付着により中和されてしまうためである. しかし**ピロ電気**の発見はもう少し早かった（1756 年）. これは自発分極の温度変化の大きい物質を熱すると, 上記の中和が一時的に破れ表面に電荷が現れる現象である.

強誘電性を示す物質は沢山ある. その中で比較的よく知られているもの若

6 - 2 表 強誘電体の例

	$T_c(\mathrm{K})$	$P_s(\mathrm{C}\cdot\mathrm{m}^{-2})$
KH_2PO_4（燐酸カリウム）	123	0.048
KD_2PO_4	213	0.048
KH_2AsO_4	97	0.050
$NaNO_2$（亜硝酸ナトリウム）	436	0.11
SbSI	290	0.25
$BaTiO_3$（チタン酸バリウム）	403	0.26
$PbTiO_3$（チタン酸鉛）	765	0.6
$LiTaO_3$	938	0.50
$LiNbO_3$	1480	0.71

§6.4 強誘電体

干について，キュリー温度と自発分極の値を 6-2 表に示す．自発分極は温度変化するが，表にあるのは室温での値かあるいは最大値である．なおこの P_s の値はある意味で非常に大きい．たとえば，比誘電率 5 という普通の誘電体で $0.1 \mathrm{C \cdot m^{-2}}$ の分極を生じさせるためには $3 \times 10^9 \mathrm{V \cdot m^{-1}}$ 程度の強電場が必要である．

強誘電体は自発分極の成因によって 2 種類に大別される．第 1 のタイプは**秩序-無秩序**（order-disorder）**型**とよばれ，表の上部 4 つがこれに属する．第 2 は**変位**（displacive）**型**で，表の下側 5 つがそれである．§4.1 で分極を分類したが，それにしたがえば前者は配向分極のタイプであり，後者は変位分極（特にイオン分極）によって生ずる．

秩序-無秩序型では，結晶の個々の単位構造に電気双極子モーメントがある．そして T_c 以下ではそれらが一方向にそろって自発分極を生ずるが，T_c 以上では向きが無秩序となり分極は消える（6-10 図）．これは強磁性体での磁気モーメントの振舞と似ている．この場合の電気双極子モーメントの原因にはいろいろある．たとえば，$NaNO_2$ では NO_2^- が永久双極子モーメントをもっている．また 6-11 図でのBイオンの場合，双極子モーメントを生ずるような片寄った位置に，複数の等価な位置エネルギーの極小点がある．水素結合の上の H^+ イオンにも 2 つの極小点があった（§1.2（5））．KH_2PO_4 の強誘電性はこれに関係しているがやや複雑だ．すなわち，最寄りの H^+ によって PO_4 に誘起された

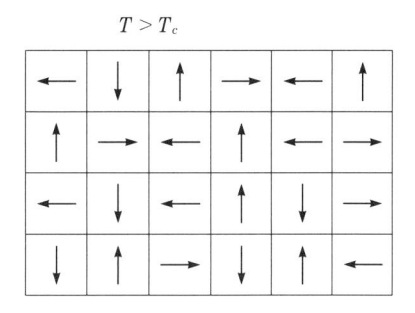

6-10 図　秩序-無秩序型強誘電体

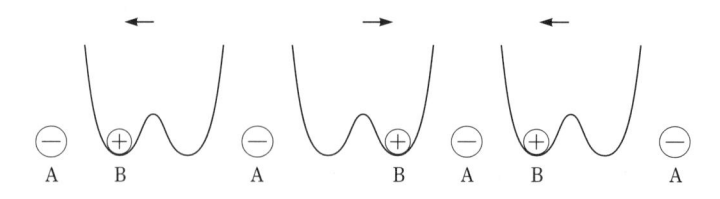

6-11図　Bイオンに働くポテンシャルが2つの片寄った極小点をもつため，単位構造に双極子モーメントが生じる．

双極子モーメントが分極の原因となるが，その際 H^+ の配列の秩序が双極子の向きの秩序を支配する．Hを重水素Dで置き換えると T_c が大きく変るが，これは水素の役割の重要性を示唆している．

変位型強誘電体に属するものはどれもイオン結晶である．自発分極は，イオンが対称的な位置から少し（0.1Å程度）一斉にずれることにより生ずる（6-12図）．キュリー温度以上では，このずれは消えてなくなり，自発分極も消滅する．

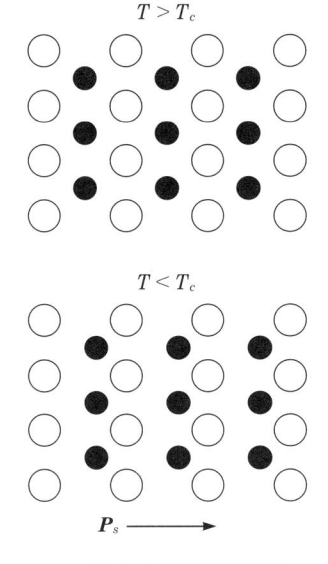

強誘電体の個々の単位構造での分極の成因は大体以上のようだが，それらをそろえて自発分極を作り出しているメカニズムは何か．一番簡単な説明は§4.2の局所電場

$$F = E + P/3\epsilon_0 \qquad (4.1)$$

の考えである．これは電気双極子の間の静電相互作用に由来する．磁性体の場合にも磁気モーメント間の磁気的相互作用を表わす同様な式（3.1）があったが，強磁性を説明するには弱過ぎた．しかし誘電体での上式の相互作用は十分強い．秩序-無秩序型の場合について，前節と同じようにして T_c の式を出すと

6-12図　変位型強誘電体（黒丸が正イオン）

§6.4 強誘電体

$$T_c = N\mu_p{}^2/9\epsilon_0 k_b \tag{4.2}$$

となる．μ_p は単位構造当りの双極子モーメント，N はその密度である．たとえば，$N = 3 \times 10^{28}\,\mathrm{m}^{-3}$，$\mu_p = 0.3 \times 10^{-29}\,\mathrm{C \cdot m}$ として

$$T_c = \frac{3 \times 10^{28} \times (0.3 \times 10^{-29})^2}{9 \times 8.854 \times 10^{-12} \times 1.38 \times 10^{-23}} \cong 245\,\mathrm{K}$$

6-2表にある実際の値と同程度になる．しかし氷の場合の N と μ_p を入れると，T_c がおよそ 1000 K になってしまう．普通の氷や水は強誘電体にはならない（低温で強誘電性らしいものを示すという報告はある）．永久双極子間の相互作用を (4.1) で表わすのはあまり良い近似でなく，概して過大評価になる．局所電場の効果を否定はできないが，秩序–無秩序型強誘電体の多くは単純でなく，物質ごとに異なる微妙な相互作用も考慮する必要がある．

一方 変位型の場合には，局所電場の考えは比較的よく成り立ち，自発分極の原因となる．たとえば 6-12 図で右向きに分極が生ずると，それによる局所電場が同方向に発生し，正イオンを右に負イオンを左に引っ張る．すなわち分極をさらに大きくしようとする．この傾向がある程度強くなるとイオン間斥力による復元力にうちかって，自然に変位が起こる．イオン間斥力はイオンが近づくにつれ急激に強まるので，ある程度ずれた所でつり合って止まる．温度が上がると格子振動の振幅が増える．するとイオン同士がいわばゴツゴツぶつかる感じになり，斥力による復元力が強まる．このためずれたイオンは押しもどされ，自発分極も次第に減る．そして最後に消える．

なお 6-2 表の下側 4 つの強誘電体はすべて**ペロヴスカイト**（perovskite）型とよばれる結晶構造をもつ．この構造では (4.1) は成り立たず複雑な形になるが，実効的には P の係数が数倍ほどに大きくなったのと同じになる．このためこの結晶型に属する強誘電体が沢山ある．またこれと同じか近い結晶構造をもつ高温超伝導体が近年数多く見出されている．

7　バンド理論

バンドの概念は結晶内での電子の運動を考える際の基礎となる．第3章の自由電子論は思い切った簡単化にもかかわらず良い結果を与えたが，その理由はバンド理論によって理解できる．さらに導体と絶縁体の違いなどもこれで説明される．このように固体物性論にとって重要な理論だが，残念なことに初めての人にとって，あまり分かりやすいとはいえない．

§7.1　結晶中の電子の運動

結晶の中の電子の運動はどのようなものだろうか．もし電子が古典力学的な粒子だったとすると，その道筋は結晶中のイオンからの力を受けて曲げられ，7-1図のような複雑なものになるだろう．しかしこのような非常に小さい領域（1 nm 程度）での電子の運動には，波動性が強く現れる．すなわち電子は，図のようなはっきりした軌道をもつ粒子としてではなく，（原子間距離のたとえば百倍以上に）広くひろがった波の形で伝わって行く．そして波はイオンの影響を受けて散乱される．するとイオンを中心とする球面散乱波が生じる．各イ

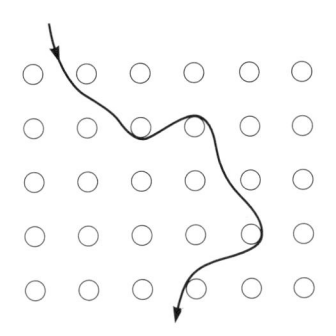

7-1図　古典力学的電子の結晶内での運動

§7.1 結晶中の電子の運動

オンからこのような球面散乱波がひろがり，それらがさらに他のイオンにぶつかって散乱され，2次，3次の球面波が発生する．それらの波を，最初の波も含めて，すべて重ね合わせたものが電子の波動関数になる．その様子は棒杭の沢山突き出た水面を波が伝わって行くのと似ている．波がやって来ると，それぞれの杭から新しい波がひろがり，それらがまた他の杭に当たってさらに別の波を作り出す．そしてそれら全てが互いに干渉しながら水面を伝わって行く．これは7-1図などよりもっと複雑な運動だと思うかも知れない．しかし実際には意外と簡単になる．

その事情を理解するには，結晶中を伝わる電磁波（光）を考えるとよい．電磁波も原子に当たると散乱される．これは電磁波が原子内の電子をゆさぶり，ゆさぶられた電子がアンテナのように働いて電磁波を放射するからである．こうして上と同じように，電磁波が結晶内を伝播するとき，各原子から球面波がひろがりさらに2次3次の散乱波が発生する．しかし原子が規則正しく配列している場合，このような多数の散乱波と最初の波とが重なり合った結果は，誠に簡単なことに，新しい平面波にまとまってしまう．ただ散乱の影響によって，真空中の電磁波のときとは波長が違ってくる．これが屈折という現象の原因である．*

電子の波の場合も同様である．原子配列が規則正しければ，無数の波を重ね合わせた結果は一定の波長λで伝わる平面波にまとまる．ところで真空中の電子の場合，このような平面波は一定の運動量

$$\boldsymbol{p} = \hbar\boldsymbol{k} \tag{1.1}$$

をもった状態に相当する．ここで$\boldsymbol{k}$は波数ベクトル（波の進行方向を向き，

---

* 液体や気体のように原子配列が乱れている媒質でも，光は一応平面波として伝わる．これは光と原子との相互作用が弱いためと，光の波長（0.5μm程度）が原子間距離に比べ長いためである．波長が長いといろいろな場所での乱れの影響がならされ平均化される．しかし完全な平面波にはなりきれず，横方向に散乱される波も出てくる．この横方向散乱は波長が短くなるほど激しく，波長の4乗に反比例する．空や深い水が青く見えるのはこのためである．なお水よりも氷の方が当然散乱は少ない．

大きさ $2\pi/\lambda$ のベクトル).これは結晶中でも同じである.すなわち結晶の中の電子は,イオンや原子の影響を受けるにもかかわらず,一定の運動量(正確には**結晶運動量**という)をもって運動する.

さて電磁波の場合,結晶原子による散乱の影響は屈折率によって表わされる.すなわち振動数 ν の電磁波の波長は真空中では

$$\lambda_0 = c/\nu \tag{1.2}$$

だが,結晶中では

$$\lambda = \lambda_0/n = c/n\nu \tag{1.3}$$

に変る.n は屈折率である.

電子の場合もある程度これに似ている.ただしこの場合,振動数に相当するのはそのエネルギー ε であり,また波長でなく波数 k を使って表わす.自由な電子の場合,ε と k の関係は

$$\varepsilon = \frac{(\hbar k)^2}{2m} \tag{1.4}$$

である.結晶内にあることの影響が一番簡単に表わされる場合,これが

$$\varepsilon = \varepsilon_0 + \frac{(\hbar k)^2}{2m^*} \tag{1.5}$$

のように変る.この式は,電子が見かけ上 m^* という質量をもっているかのように振舞うことを意味する.この m^* を**有効質量**とよぶ.また ε_0 は一定値で,電子の運動を問題にする限りあまり意味はない.

しかし,一般的には電磁波,電子ともにもっと複雑である.屈折率は定数でなく,誘電分散のため ν の関数となる.また電子のエネルギーも単に k でなく,波数ベクトル $\boldsymbol{k}$ の簡単でない(物質ごとに異なる)関数となり

$$\varepsilon = \varepsilon(\boldsymbol{k}) \tag{1.6}$$

のような一般的な形で表わされるものになる.

§7.2 1次元周期的ポテンシャル中の電子状態

一番簡単な1次元結晶の場合をとりあげ，その電子状態について説明する．前節で電子の波が平面波型になるための条件として，規則正しい原子配列，ということを述べた．これは結晶中での電子のポテンシャル・エネルギーが

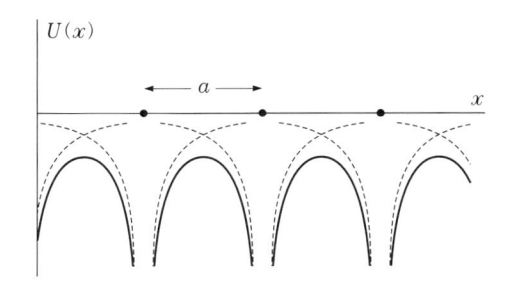

7-2図 1次元結晶でのポテンシャル・エネルギー（概念図）

周期的だということを意味する．たとえば7-2図はそれを概念的に描いたものである．各原子（黒丸）が点線のようなポテンシャルを作り，それらの和として実線のような結晶ポテンシャルが生じている．原子の配列が規則正しければ結晶ポテンシャル $U(x)$ は周期的になる．このとき

$$U(x+a) = U(x) \tag{2.1}$$

が成り立つ．a は結晶の周期（最寄りの原子間隔）である．

さて電子に対するシュレーディンガー方程式

$$-\frac{\hbar^2}{2m}\frac{d^2}{dx^2}\psi(x) + U(x)\psi(x) = \varepsilon\psi(x) \tag{2.2}$$

において，$U(x)$ が上のような周期的性質をもつとき，波動関数 $\psi(x)$ は前節で述べたような一定波数をもつ平面波型のものになる．ただポテンシャル $U(x)$ の影響を受けて波動関数は変形され

$$\psi_k(x) = e^{ikx} u_k(x) \tag{2.3}$$

のようになる．ここで u_k は U と同じように周期的関数であり

$$u_k(x+a) = u_k(x) \tag{2.4}$$

を満たす．これは**ブロッホ (Bloch) の定理**とよばれる．すなわち，$\psi_k(x)$ は平面波的に変動する因子 e^{ikx} と，結晶ポテンシャルのために周期 a で変動する因子 $u_k(x)$ の積になっている（7-3図）．なお u_k は k にも依存する

ので添字 k がついている．このような波動関数 ψ_k を**ブロッホ関数**とよぶ．

3次元結晶でのブロッホの定理も容易に想像できると思う．電子波動関数は，波数ベクトル $\boldsymbol{k}$ を用いて，(2.3)と同様な形

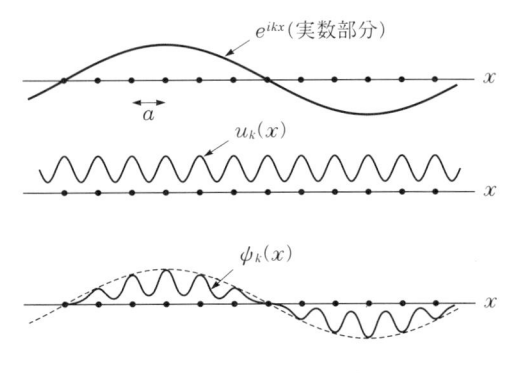

7-3図　ブロッホ関数

$$\psi_k(\boldsymbol{r}) = \exp(i\boldsymbol{k}\cdot\boldsymbol{r})u_k(\boldsymbol{r}) \tag{2.5}$$

と書ける．$u_k(\boldsymbol{r})$ は結晶と同じ周期の3次元的周期関数で

$$u_k(\boldsymbol{r} + \boldsymbol{R}) = u_k(\boldsymbol{r}) \tag{2.6}$$

を満たす．$\boldsymbol{R}$ は結晶の周期に相当するベクトルである．すなわち結晶を $\boldsymbol{R}$ だけ平行移動させた場合，移動前の結晶にぴたりと重なる．

ブロッホの定理がどのようにして成り立つか，およその理由を説明しよう．ポテンシャル $U(x)$ は (2.1) のような周期関数なので，これをフーリエ展開して書くことができる．すなわち

$$U(x) = \sum_{n=-\infty}^{\infty} a_n e^{i2\pi nx/a} \tag{2.7}$$

波動関数の形 (2.3) に合わせて三角関数でなく，指数関数を使って書いた．和は 0 を含めて正負の全整数についてとる．なお U は実数なので，a_n と a_{-n} とは複素共役になっている．さて，このような周期ポテンシャルによって波数 k の電子が散乱されると，$k + 2\pi n/a$ の波数をもつ波が発生する．それ以外の半端な波は，いわゆる行列要素が 0 のため，現れない．こうして生じた波がもう一度散乱されると，さらに $k + 2\pi n/a + 2\pi m/a$ が発生する（m も正負の整数）．同様に何度くり返し散乱されても，結局は $k + 2\pi/a \times$ 整数　という波だけが現れる．こうして最終的にまとまった波は

$$e^{ikx} \sum_{n=-\infty}^{\infty} b_n(k) e^{i2\pi nx/a} \tag{2.8}$$

のような形をもつ．$\sum$ より後の因子は周期 a の関数で，上の $u_k(x)$ に相当する．

§7.2　1次元周期的ポテンシャル中の電子状態　　　　　　　　137

3次元の場合についても全く同じように議論できる．

　次は ε と k の関係．これはもちろん $U(x)$ の形に依存する．しかし個々のポテンシャルの形とは無関係に現れる共通の特徴が重要である．

　1次元結晶での ε 対 k の関係を計算することは，パソコンと微分方程式を解くソフトがあれば，読者にもむずかしくない．一般に ε が与えられたとき，微分方程式 (2.2) は2つの独立な解をもつが，ここで $x=0$ での値および微分値が次のような条件を満たす解 $\phi_1(x)$，$\phi_2(x)$ を考える．すなわち

$$\phi_1 = 1, \qquad \phi_1' = 0 \qquad (2.9\,\mathrm{a})$$

$$\phi_2 = 0, \qquad \phi_2' = 1 \qquad (2.9\,\mathrm{b})$$

このような左端の条件から出発して，$x=a$ まで積分する．* その結果は ε の値に依存するが，本節の最後のところで示すように

$$f(\varepsilon) = \frac{\phi_1(a) + \phi_2'(a)}{2} = \cos ka \qquad (2.10)$$

という関係が成り立つ．これから k が ε の関数として得られる．

　例として7-4図のような幅 $a/2$，高さ U_0 の三角形ポテンシャルのくり返しを考える．** このような $U(x)$ に対して計算した $f(\varepsilon)$ を7-5図に示す．ただし U_0 は $1.5\varepsilon_u$ とした．ここで ε_u は

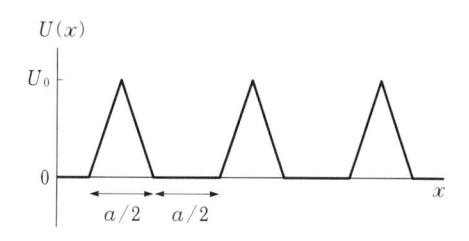

7-4図　バンド計算に使うポテンシャル

---

*　微分方程式 (2.2) を数値計算する場合，座標とエネルギーを適当な単位量で割って無次元化する．でないと ϕ と ϕ' の次元が異なり，条件 (2.9) の意味が分らなくなる．例えば x を $a/2\pi$ で割ったものを新しい座標にとり，ε と U を (2.11) の ε_u で割る．すると無次元化された (2.2) は $-\phi'' + (U/\varepsilon_u)\phi = (\varepsilon/\varepsilon_u)\phi$ となる．また積分範囲は，0 から a までが $0 \sim 2\pi$ となる．

**　$U(x)$ が7-2図のように原子核近傍で静電引力型の $-\infty$ になると，1次元では特異性が強過ぎて (2.2) は解けない．もっとおだやかな形でないと困る．なお3次元では，$-\infty$ 近傍の体積が相対的に小さいので解ける．

この計算でのエネルギーの単位で

$$\varepsilon_u = \frac{\hbar^2}{2m}\left(\frac{2\pi}{a}\right)^2 \quad (2.11)$$

すなわち波長 a の自由な電子の運動エネルギーに相当する．この図で重要なことは，$|f|$ が 1 を超えるエネルギー領域の存在である．その場合 k は虚数となり，ψ は x とともに指数関数的に増大または減少する形になる．このような ψ をもつ電子が結晶内を伝播することはできない．例えば次章で現れる不純物に捕えられた電子の場合，エネルギー準位はこの領域内にあって，波動関数は不純物からの距離とともにやはり指数関数的に減少する (p.158)．なお電磁波の場合にも，伝播のできない振動数領域が現れた(§4.4 の p.96)．

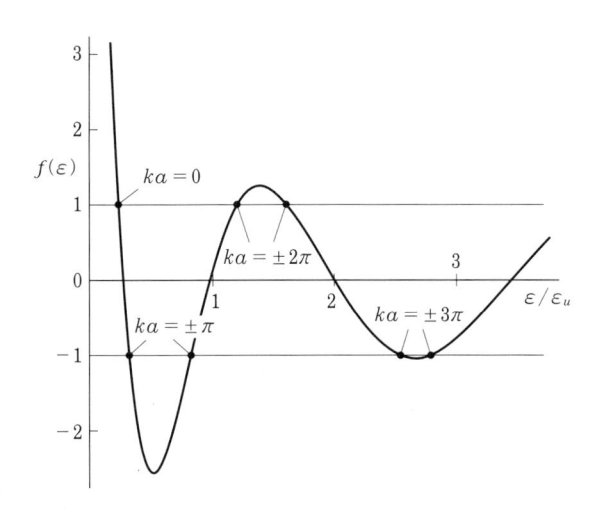

7-5図 $f(\varepsilon)$ の計算結果 ((2.10)参照)

さて 7-5 図から逆に ε を k の関数として描くと，7-6 図の実線のようになる．なお $\cos ka (= f(\varepsilon))$ から ka を出すとき任意性があるが，7-5 図中に示されているようにとってある．このようにとると，$U \equiv 0$ のとき自由電子の場合に一致する．点線が自由電子の $\varepsilon(k)$ だが，周期的ポテン

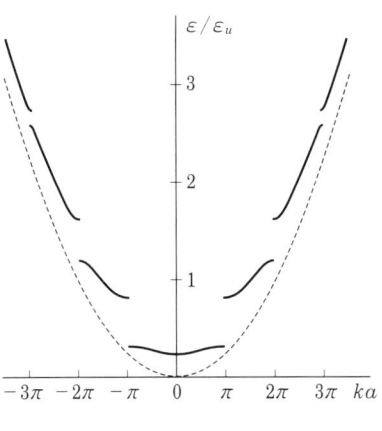

7-6図 $\varepsilon(k)$ の計算結果

シャルが ε 対 k の形にどのように影響するかがわかる．特に 7-5 図の $|f|>1$ となるエネルギー領域に対応して，ka が π の整数倍のところで<u>不連続的なとび</u>が生じている．このような<u>とび</u>はどんな $U(x)$ でも多かれ少なかれ必ず現れる．

こうして孤立原子と結晶内での電子のエネルギー準位の様子は，概念的に 7-7 図のように描かれる．左は孤立原子のエネルギー準位で離散的である．右が結晶内で，影をつけた範囲のエネルギーをもつ電子は平面波の形で伝わる．白く抜けた範囲は前述のとびの部分で，このようなエネルギー状態は完全結晶の中には存在しない．これは孤立原子での離散的エネルギー準位構造が，ある程度結晶にも残っているためと考えてよい．この図の横軸は電子の運動できる広がりを定性的に示している．もちろん孤立原子でのそれは非常に小さい．そして結晶でのこの帯状の図柄から**バンド**（band）という名前がつけられた．**エネルギー帯**とよぶこともある．また白地のすきまを**禁止帯**（forbidden band）あるいは**ギャップ**（gap）とよぶ．

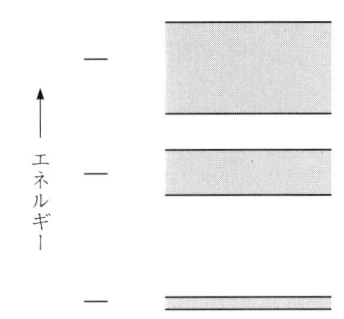

7-7図 孤立原子(左)および結晶中(右)での電子のエネルギー準位の分布

最後に関係式 (2.10) およびそれに関連することについて述べる．まずブロッホ関数 $\psi_k(x)$ は次のような性質をもっている．
$$\psi_k(x+a) = e^{ik(x+a)} u_k(x+a) = e^{ika}\psi_k(x) \qquad (2.12)$$
すなわち距離 a を進むごとに定数倍される．そこでもっと一般的に (2.2) の解で
$$\psi(x+a) = \lambda \psi(x) \qquad (2.13)$$
を満たすものを探そう．λ は定数である．ところで，$\psi(x)$ は (2.9) で定義した ϕ_1, ϕ_2 の 1 次結合で表わされるはずである．そこで
$$\psi(x) = A\phi_1(x) + B\phi_2(x)$$
と書く．すると $x=0$ で
$$\psi(0) = A, \qquad \psi'(0) = B \qquad (2.14)$$

となる．そして ψ と ψ' が $x = a$ で上の値の λ 倍，すなわち
$$\psi(a) = A\phi_1(a) + B\phi_2(a) = \lambda A \quad (2.15\,\text{a})$$
$$\psi'(a) = A\phi_1'(a) + B\phi_2'(a) = \lambda B \quad (2.15\,\text{b})$$
となっていれば，(2.13) を満たす ψ が得られたことになる．連立方程式 (2.15) から 0 でない A, B が得られるためには，係数の行列式が 0 となる必要がある．その条件から λ に対する方程式
$$\lambda^2 - [\phi_1(a) + \phi_2'(a)]\lambda + 1 = 0 \quad (2.16)$$
が得られる．* この根を λ_1, λ_2 とすると
$$\lambda_1 + \lambda_2 = \phi_1(a) + \phi_2'(a) = 2f(\varepsilon) \quad (2.17)$$
$$\lambda_1 \lambda_2 = 1 \quad (2.18)$$
が成り立つ．$f(\varepsilon)$ は実数である．$|f(\varepsilon)| \leq 1$ なら
$$\lambda_1 = e^{ika}, \quad \lambda_2 = e^{-ika} \quad (2.19)$$
がこの根で (2.10) を満たす．一方，$|f(\varepsilon)| > 1$ だと
$$\lambda_1 = \alpha, \quad \lambda_2 = \alpha^{-1} \quad (2.20)$$
ただし
$$\alpha = f + \sqrt{f^2 - 1} > 1, \quad f > 1 \text{ のとき}$$
$$\alpha = f - \sqrt{f^2 - 1} < -1, \quad f < -1 \text{ のとき}$$
すなわち x が a 進むごとに，振幅が $|\alpha|$ 倍に増える解と $|1/\alpha|$ に減少する解とが現れる．これは k が虚数であることに対応している．

§7.3 結晶中の電子の運動方程式

前節の (2.3) や (2.5) の波動関数は際限もなく広がった波を表わしている．しかしこれは一種の数学的理想化で，実際の電子の波の広がりがそんなに大きいわけではない．すなわち現実の電子は

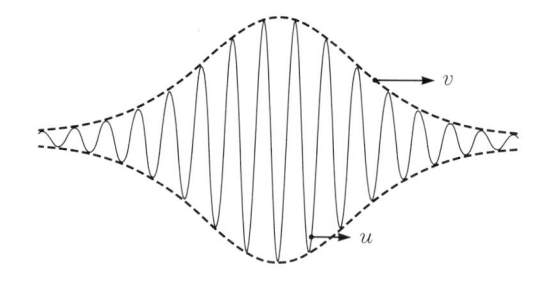

7-8図 波束とその運動

---

* ここで，$w(x) = \phi_1(x)\phi_2'(x) - \phi_1'(x)\phi_2(x) \equiv 1$ を使った．なぜなら，$w' = \phi_1'\phi_2' - \phi_1'\phi_2' + \phi_1\phi_2'' - \phi_1''\phi_2$ だが，後の 2 項も (2.2) により ϕ'' を $(U - \varepsilon)\phi$ で置きかえると打ち消し合って 0 になる．そして (2.9) から $w(0) = 1$．なお $w(x)$ のこの性質は数値的に (2.2) を解くときの検算に使える．

§7.3 結晶中の電子の運動方程式

7-8図のような波の塊り,いわゆる**波束**(wave packet)になっている.この場合 電子は主に振幅の大きい辺りにいて,その広がり程度の位置の不確定をもつ.また運動量も,およその大きさは波長λに応じたh/λだが,$\hbar/$(波の広がり) 程度の不確定をもつ.しかしどちらの不確定も普通のマクロな物質中ではきわめて小さい.

このような波束の運動が電子の運動に相当するので,波束の進む速度が電子の速度を与える.ところで波動論によれば,波束の速度は**群速度**(group velocity) とよばれ,1次元電子波の場合

$$v = \frac{1}{\hbar} \frac{d\varepsilon(k)}{dk} \tag{3.1}$$

で与えられる.たとえば (1.4) の自由電子の場合,v は $\hbar k/m$,すなわち p/m という普通の結果になる.

この群速度を使って運動方程式が導かれる.いま速度vで走っている電子に(たとえば電場による)力Fが働いているとする.力は単位時間当り$v \cdot F$という仕事をするが,それを電子が受け取る.そこで

$$d\varepsilon/dt = v \cdot F \tag{3.2}$$

が成り立つ.ところで,εが変化するのはkがFによって時間変化するためである.すなわち

$$\frac{d\varepsilon(k(t))}{dt} = \frac{d\varepsilon}{dk} \cdot \frac{dk}{dt} = \hbar v \cdot \frac{dk}{dt}$$

ここで (3.1) を使った.これを (3.2) と比べると

$$\frac{d(\hbar k)}{dt} = F \tag{3.3}$$

が出る.これは結晶内電子の基本的な運動方程式で,力の下での結晶運動量$\hbar k$の時間変化を与える.形は古典力学の運動量変化の式と同じである.

結晶運動量$\hbar k$が変るとvも変る.(3.1) をtで微分すると

$$\frac{dv}{dt} = \frac{1}{\hbar} \frac{d}{dt}\left(\frac{d\varepsilon}{dk}\right) = \frac{1}{\hbar} \frac{d^2\varepsilon}{dk^2} \frac{dk}{dt}$$

となるが，dk/dt に (3.3) を使うと

$$\frac{dv}{dt} = \frac{1}{\hbar^2}\frac{d^2\varepsilon}{dk^2}F \tag{3.4}$$

という式が得られる．自由電子の場合，(1.4) から右辺は F/m となり，ニュートンの運動方程式に一致する．結晶内電子の場合には，もし

$$\frac{1}{m^*} = \frac{1}{\hbar^2}\frac{d^2\varepsilon}{dk^2} \tag{3.5}$$

と書くならば，(3.4) は

$$\frac{dv}{dt} = \frac{F}{m^*} \tag{3.6}$$

のように普通の運動方程式と同じ形になり分かりやすい．すなわち電子は質量 m^* をもつかのように加速される．これを**有効質量** (effective mass) とよぶ．しかし一般には m^* は k の関数であり，負の値にもなって簡単でない．ただ $\varepsilon(k)$ が (1.5) のように書ける範囲では m^* は定数となる．

ここで群速度 (3.1) について説明しておく．量子力学によれば，エネルギー $\varepsilon(k)$ をもつ状態は $\exp(-i\varepsilon(k)t/\hbar)$ という形の時間変化を行なう．そこで $\varepsilon(k)/\hbar$ を $\omega(k)$ と書くと，時間変化も含めた波動関数は

$$\psi_k(x, t) = u_k(x)\exp[ikx - i\omega(k)t] \tag{3.7}$$

となる．これによると位相一定（たとえば位相 0）の場所は

$$u = \omega(k)/k = \varepsilon(k)/\hbar k \tag{3.8}$$

という速さで動いて行く．これは**位相速度** (phase velocity) とよばれるが，一般に群速度とは一致しない．すなわち 7-8 図において，v は波束全体を包む点線の動く速さであり，u は実線で描かれた波形の進む速さである．たとえば v が 0 で点線（波束）は動かないでいても，実線の波だけが（ちょうど理髪店の標識の三色縞のように）動いて行くことも起こりうる．電子の場合 u はあまり物理的意味をもたない．たとえば自由電子の u は $v/2$ である．

　群速度の式 (3.1) を出すには波束を作ってその運動を調べればよいが，かなり面倒なので簡単化した扱いで説明する．すなわち，ほぼ等しい波数（したがって振動数）をもつ 2 つの波動関数 ψ_1, ψ_2 の重ね合せを考える．

$$\psi_1 + \psi_2 = \exp[i(k_1 x - \omega_1 t)] + \exp[i(k_2 x - \omega_2 t)] \tag{3.9}$$

ただし $u_k(x)$ の因子は省略してある．ここで

§7.3 結晶中の電子の運動方程式

と置き、また
$$k_1 = k - \Delta k, \qquad k_2 = k + \Delta k$$

$$\omega_1 = \omega(k_1) = \omega(k) - \frac{d\omega}{dk}\Delta k, \qquad \omega_2 = \omega(k_2) = \omega(k) + \frac{d\omega}{dk}\Delta k$$

とすると、ψ_1 は
$$\psi_1 = \exp[ikx - i\omega(k)t]\exp[-i\Delta k\{x - (d\omega/dk)t\}]$$

となる。一方 ψ_2 は第2の因子の中の符号が逆になるので、結局

$$\psi_1 + \psi_2 = 2\cos\left[\Delta k\left(x - \frac{d\omega}{dk}t\right)\right]\exp[ikx - i\omega(k)t] \qquad (3.10)$$

を得る。これは音の"うなり"の場合に見られるのと同じ形だが、時間的・空間的にゆるやかに変化し振幅に相当する第1の因子と、細かく振動する第2の因子の積になっている

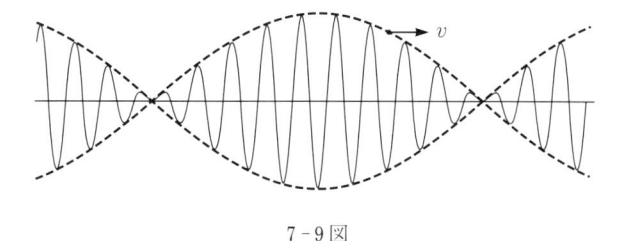

7-9図

(7-9図)。たった2つの波の和なので本当の波束にはなっていないが、それでも波の塊り（振幅の大きい部分）が $d\omega/dk$ の速さで動いて行く結果となっている。この速さは (3.1) と同じく

$$v = \frac{d\omega}{dk} = \frac{1}{\hbar}\frac{d\varepsilon(k)}{dk} \qquad (3.11)$$

である。もっと多くの波動関数を重ね合わせて本当の波束を作っても同じ結果が得られる。

電磁波の場合にも同様のことがある。この場合 ω は ck/n と書かれる。屈折率 n が一定なら v も u も c/n である。多くの場合 n の変化は小さい。しかし、たとえば 4-11 図のように強い誘電分散のあるときには、n の変化が顕著で $v \neq u$ となる。さらにこの図で見るように共鳴振動数より少し上では、$\kappa < 1$ すなわち $n < 1$ となる振動数領域がある。ここでは $u(= c/n) > c$ となるが、一方 v は常に c 以下にとどまる。電磁波のエネルギーは v で運ばれる。位相速度 u で何か意味のある実体が運ばれることはない。したがって、光速度以上の速度はありえないという相対論の原理に反する心配はない。

なお格子振動の場合でもフォノンの群速度は $d\omega/dq$ （第2章での記号による）であり、この速度が熱エネルギーの伝達などをきめる。

1次元での議論を3次元に拡張することもむずかしくない．電子の速度 $\boldsymbol{v}$ は

$$\boldsymbol{v} = \frac{1}{\hbar}\left(\frac{\partial\varepsilon}{\partial k_x},\ \frac{\partial\varepsilon}{\partial k_y},\ \frac{\partial\varepsilon}{\partial k_z}\right) \equiv \frac{1}{\hbar}\nabla_k\varepsilon(\boldsymbol{k}) \tag{3.12}$$

で与えられる．一般に $\boldsymbol{v}$ の方向と $\boldsymbol{k}$ の方向は一致しない．この $\boldsymbol{v}$ から1次元のときと同様にして加速の式が出てくる．まず (3.3) に相当するのは

$$\frac{d(\hbar\boldsymbol{k})}{dt} = \boldsymbol{F} \tag{3.13}$$

であり，全く同じ形になる．なおこの式は，磁場によるローレンツ力のように，仕事をしない力の場合でも成り立つ．一方 速度の変化はかなり複雑で

$$\frac{dv_\mu}{dt} = \frac{1}{\hbar^2}\sum_\nu \frac{\partial^2\varepsilon}{\partial k_\mu\,\partial k_\nu}F_\nu \quad (\mu = x,\ y,\ z) \tag{3.14}$$

のようなテンソル表式になる．ここで ν の和は $x,\ y,\ z$ についてとる．また

$$\left(\frac{1}{m^*}\right)_{\mu\nu} = \frac{1}{\hbar^2}\frac{\partial^2\varepsilon}{\partial k_\mu\,\partial k_\nu} \tag{3.15}$$

などと書いて，**有効質量テンソル**とよぶ．これを使うと (3.14) は

$$\frac{dv_\mu}{dt} = \sum_\nu \left(\frac{1}{m^*}\right)_{\mu\nu} F_\nu \tag{3.16}$$

の形に表わされる．しかし，このように複雑な加速の式が実際に使われることはほとんどなく，ふつうは次のような簡単な場合の議論に限られる．

最も簡単なのは $\varepsilon(\boldsymbol{k})$ が

$$\varepsilon(\boldsymbol{k}) = \frac{\hbar^2}{2m^*}(k_x{}^2 + k_y{}^2 + k_z{}^2) = \frac{(\hbar k)^2}{2m^*} \tag{3.17}$$

のような場合である．このときには有効質量テンソルはただのスカラーになり，(3.16) は

$$d\boldsymbol{v}/dt = \boldsymbol{F}/m^* \tag{3.18}$$

となる．式の意味は自明であろう．またもう少し複雑な場合として

$$\varepsilon(\boldsymbol{k}) = \frac{(\hbar k_x)^2}{2m_x^*} + \frac{(\hbar k_y)^2}{2m_y^*} + \frac{(\hbar k_z)^2}{2m_z^*} \tag{3.19}$$

のように書けることがある．すると (3.16) は

$$\frac{dv_x}{dt} = \frac{F_x}{m_x^*}, \qquad \frac{dv_y}{dt} = \frac{F_y}{m_y^*}, \qquad \frac{dv_z}{dt} = \frac{F_z}{m_z^*} \tag{3.20}$$

となり，方向によって電子質量が（すなわち加速のされ方が）異なる．

　1価金属，特にアルカリ金属（Na, K, Rb など）の場合，ε は近似的に (3.17) のタイプになる．また m^* の値も 7-1 表にあるように自由電子の質量 m に近い．金属の自由電子論が成功したのは一つにはこのためである．しかし一般の半導体などでは，その有効質量が m と著しく異なることが多い．たとえば InSb は (3.17) タイプだが，m^* は非常に小さい．また Si や Ge は，次章で見るように，(3.19) のタイプに属し方向による違いが大きい．

7-1表　有効質量の値

	m^*/m
Na	1.24
K	1.21
Rb	1.25
Cu	1.4
Ag	0.7
Au	1.2
Al	1.03
InSb	0.013

§7.4　ブリユアン域

　この言葉は第2章で出てきた．波数空間でのある領域を意味したが，バンド理論でも重要な概念である．まず 7-10 図を見よう．これは 7-6 図と結局同じ図だが，たとえば最初 A 点に電子がいて，それに右向きの力 F が加わったとする．電子の k は (3.3) にしたがって増して行き，やがて B 点（$k = \pi/a$）に到達する．次に電子は C にとび上がるのだろうか．それには電子が瞬間的に C と B との差のエネルギーを得る必

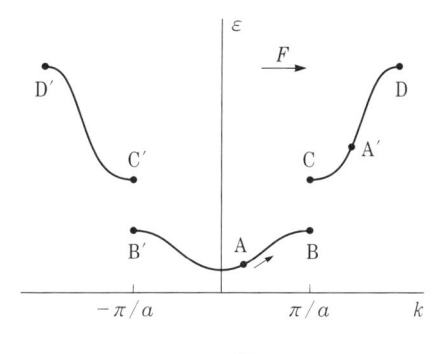

7-10 図

要がある．しかし振動数0の有限な強さの力の下では，それは不可能だ．この場合，電子は反対側のB′点（$k = -\pi/a$）にとぶ．一見，電子状態が大きく変るようだが，実はBとB′は全く同じ状態なのである．当然エネルギーも等しい（§2.2のp.26でも同様のことがあった）．そして次にB′から右に動いて行ってまたAにもどり，同じkの変化をくり返す．

このようなkの反転現象は，結晶内電子の加速を考える際きわめて重要であり，もう少し立ち入った説明を必要とする．まず波数π/aという状態は右方に進む波長$2a$の波を意味するが，これはブラッグ反射の条件に相当する．すなわちこの波が結晶内を伝わって行くとき，間隔aで並んでいる原子A，B，C，D，…にぶつかって散乱され，逆向きの波a，b，c，d，…を生ずる（7-11図）．これらの波は互いに$2a$の整数倍の行路差をもっており，干渉の結果強い反射波を作り上げる．しかしこの反射波もやはり波長が$2a$なので，同じように強く反射される．このため7-10図のB点とB′点のどちらでも右向きと左向きの進行波が1：1で混ざり，静止した同一の定常波を作っている．実際ここでは$d\varepsilon/dk$が0，すなわち速度0である．

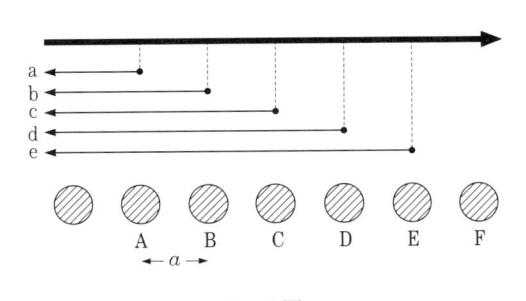

7-11図

一般に行路差$2a$が波長の整数倍のとき，強い干渉効果が起こって$\varepsilon(k)$は不連続になる．これは波数にして$n\pi/a$（nは正負の整数）に相当し，7-6図でもそこに不連続が現れている．また7-10図で最初A′にいた電子は，右向きの力の下で右方にDまで行って，上と同様にD′にとぶ．次にC′までくるとCにとび，A′にもどる．

2次元の場合，$\varepsilon(\boldsymbol{k})$の不連続は直線に沿って生ずる．たとえば7-12図のような結晶で，波長λの波が図のようにブラッグ反射される条件は

§7.4 ブリユアン域

$$\text{行路差} = 2a\cos\theta = n\lambda \quad (4.1)$$

であり，これを書き直すと

$$2\pi\cos\theta/\lambda = n\pi/a$$

となる．ところで $2\pi/\lambda$ は波数 k であり，左辺 ($k\cos\theta$) は波数ベクトルの x 方向の成分である．したがってこの式は

$$k_x = n\pi/a \quad (4.2)$$

と書かれ，k_y 軸に平行な直線群を与える．他の反射面についても同じように考えると，7-13図のような直線群（k_x, k_y 軸を除く）が得られる．こうして $k_x k_y$ 面が多数の直線によって沢山の多角形区画に分割され，1つの区割の中でだけ $\varepsilon(\mathbf{k})$ の変化も電子の加速も連続的に行なわれる．図の場合力 $\mathbf{F}$ による加速は，たとえば A→B→B′→A とか C→D→D′→E→E′→F→F′→C のように進む．

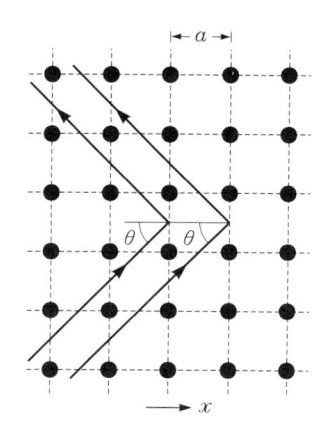

7-12図　2次元結晶でのブラッグ反射

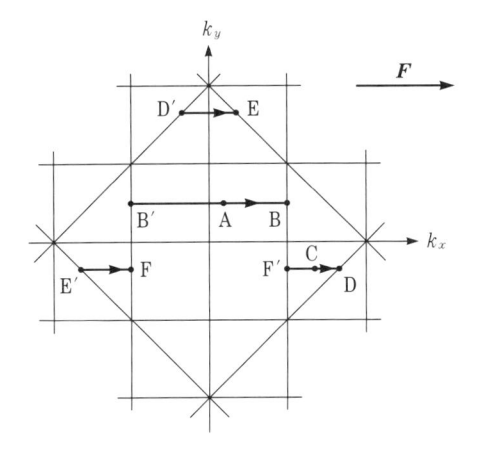

3次元結晶における $\varepsilon(\mathbf{k})$ の不連続は $\mathbf{k}$ 空間の平面に沿って現れる．すなわち，この平面を横切るときエネルギーにとびが起こる．3次元 $\mathbf{k}$ 空間は多くの平面

7-13図　2次元ブリユアン域の例
（7-12図の結晶構造の場合）

によって多数の多面体の区画に分割され，1つの区画内でだけエネルギー変化も加速も連続的になる．このような平面（2次元なら直線）によって分割された $\mathbf{k}$ 空間の区画を**ブリユアン域**（Brillouin zone）とよぶ．

こうして結晶内電子の加速はかなり複雑である．それでも $\mathbf{k}$ の原点を含

む一番内側のブリユアン域（これを**第1ブリユアン域**とよぶ）での加速は（7-13図のB′ABのように）比較的簡単になる．これに対して外側領域での加速は，いくつもの区画を渡り歩く形になり，非常に複雑だ．しかしこれは次のようにして，第1ブリユアン域内での加速の形にまとめることができる．

　まず1次元の場合から説明する．7-14図(a)のような ε 対 k 関係があるとき，曲線を矢印の方向に $2\pi/a$ ずつ水平に移動すると(b)のようになり，2つの曲線がそれぞれ1つにまとまる．7-10図での各点がどこに移ったかも記入してある．このようにすると，2番目のバンドでのA′→D→D′→C′→C→A′という加速が，最低のバンド（すなわち第1ブリユアン域）での加速と同じ形にまとまる．もっと上のバンドについても同様である．これは決して勝手な移動をしたわけではない．もともと(2.10)で与えられた $\cos ka$ から ka を出すときに任意性があった．そして自由電子の $\varepsilon(k)$ に対応するように ka を決めれば図(a)になり，ka が $-\pi$ と π との間に収まるように選べば(b)となる．したがって2つは等価な図である．そして(b)では k の範囲（と加速運動）が第1ブリユアン域内にまとまる．その代り ε

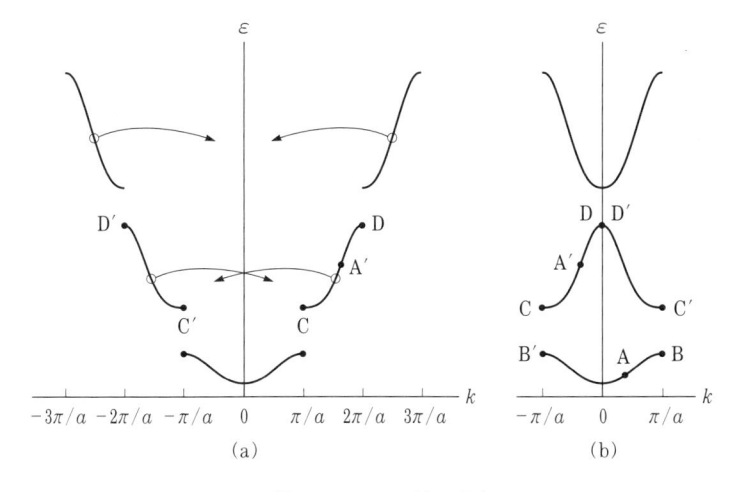

7-14図　第1ブリユアン域にまとめる．

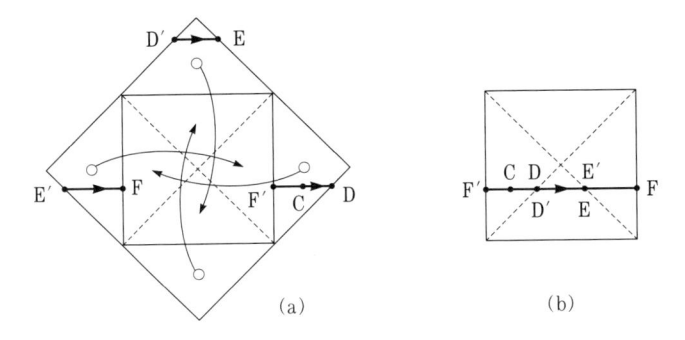

§7.4 ブリユアン域

7-15図 第1ブリユアン域にまとめる（2次元）．

は k の多価関数となり，$\varepsilon(k)$ 曲線が何本も現れる．その1本1本をバンドとよび，番号をつけて区別する．

2次元や3次元でも事情は同じである．たとえば7-15図(a)に見られる内側から2番目の三角形の領域は，矢印のような距離 $2\pi/a$ の移動によって，(b)のように一番内側の正方形の第1ブリユアン域にはめ込まれる．エネルギーもこの中で連続的につながり，また加速運動 $C \to D \to D' \to E \to E' \to F \to F' \to C$ は $C \to F \to F' \to C$ とまとまる．もっと外側の領域についても同様である．すなわち k の領域はこの正方形の第1ブリユアン域内に制

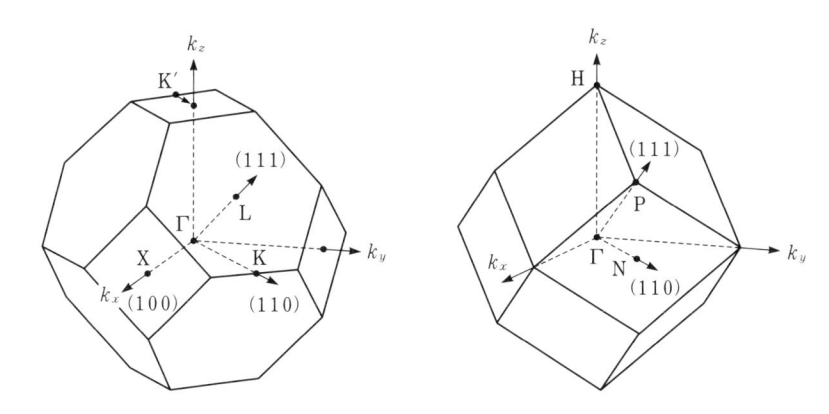

7-16図 面心立方格子（左）と体心立方格子（右）の第1ブリユアン域．代表的な対称点とその慣習的な記号を示す．

限され，その代り何枚もの $\varepsilon(\boldsymbol{k})$ 面が現れる．このようにまとめ上げられたブリュアン域を**還元ゾーン**（reduced zone）とよんでいる．

しかし現実の3次元結晶となると，第1ブリュアン域だけ考えても，その形はかなり複雑な多面体になる．7‑16図に面心および体心立方格子の第1ブリュアン域を示す．

上の議論によれば，外力を受けた電子は第1ブリュアン域の端まで加速されると反対側にとび，また加速されるという運動をくり返す（7‑10図）．その周期は第1ブリュアン域の幅 $2\pi/a$ を (3.3) の dk/dt で割った

$$T_b = \frac{2\pi/a}{F/\hbar} = \frac{h}{aF} \qquad (4.3)$$

となる．$a = 0.3\,\mathrm{nm}$ で $3 \times 10^6\,\mathrm{V/m}$ の電場がかかっているとして，T_b は $4.6 \times 10^{-12}\,\mathrm{s}$（振動数にして $2.2 \times 10^{11}\,\mathrm{Hz}$，すなわち $0.22\,\mathrm{THz}$）ほどになる．1周期の間に，速度が正の時間と負の時間が半分ずつあるので，電子は実空間で振動運動を行なう．それにともなって電磁波放射の可能性もある．このような振動を**ブロッホ振動**（Bloch oscillation）とよぶ．

しかし絶縁体でのブロッホ振動は，電子系全体として打ち消し合い（次節参照）現れない．また金属では物凄いジュール熱が発生し無理である．残るのは半導体だが，これも普通の半導体での実現は電子散乱のためきわめてむずかしい．すなわち電子の散乱時間は，特にバンドの上の方のエネルギーの高いところで，非常に短く $10^{-14}\,\mathrm{s}$ 以下になる．これは振動の1周期よりもはるかに短く，ブロッホ振動は事実上成り立たない．一方あまり強い電場を加えると，いわゆる絶縁破壊が起こる．

ただ近年半導体の加工技術が進み，組成の違う2種類の化合物を交互に（たとえば $10 \sim 15$ 原子層くらいずつ）重ねた周期的構造を作れるようになった（次章 §8.5(2)）．これによっても一種のバンド（ミニバンドとよぶ）が形成される．この場合 (4.3) での相当する周期 a は $20 \sim 30$ 倍くらいに大きくなる．さらにミニバンドの場合には，上の方でもエネルギーはあまり高くならないので，散乱時間も比較的長い．改めてブロッホ振動の実現性が期待されている．

§7.5　金属と絶縁体

バンド理論の重要な成果の一つは金属と絶縁体の違いを説明したことであ

§7.5 金属と絶縁体

る．それを議論するため，まず1つのバンドに収容できる電子数について考えよう．これまでの話では，k を連続的であるかのように扱ってきた．しかし体系の大きさが有限の場合，第2章や第3章で何度も見たように，k は離散的になる．簡単のため長さ $L(=Na)$ の1次元結晶を例にとる．この場合可能な k の値は第3章の (1.4) と同じく

$$k = 2\pi\ell/L \quad (\ell = 0, \pm 1, \pm 2, \cdots) \tag{5.1}$$

となる．そして1つのバンドでの k の範囲は還元ゾーンの範囲と同じで $-\pi/a$ から π/a である（7-14図(b)）．これは ℓ に換算すると $-N/2$ から $N/2$ までに相当する．前節で述べたように，$k=-\pi/a$ と π/a とは同じ状態なので，1つのバンドに含まれる k 状態の数はちょうど N，すなわち結晶中の原子数に等しい．同じことが2次元，3次元の場合にも成り立つことは容易に想像できるだろう．なおもう少し正確にいえば，たとえば化合物結晶などの場合 N は結晶中の<u>単位構造の数</u>となる．そしてスピンの上向き下向きがあるので，1つのバンドに収容できる電子数はその2倍の $2N$ 個となる．

さて構造が簡単で N を原子数としてよいような場合を考える．そうでない場合，以下の説明での'原子'を'単位構造'と読み替えればよい．7-17図のようなバンド構造をもつ結晶に，原子1個当り偶数個（$=2n$，したがって結晶全体では $2nN$ 個）の電子があったとする．それらを低エネルギーの状態から順につめて行くと，下から n 番目のバンドまでがちょうど満杯になる．$n+1$ 番目は空っぽである．これがこの結晶の 0K の状態に相当する．

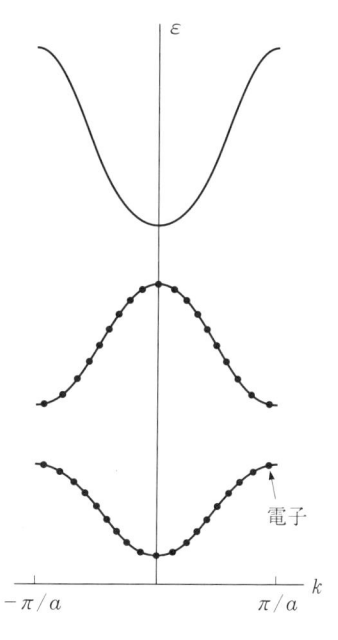

7-17図　絶縁体でのバンドと電子分布

ところでこのような結晶は，電場を加えても電流を流さず，下線{絶縁体}となる．電子のいない空っぽのバンドで電流を生じないのは当然だが，電子で満たされたバンドも電流を流さない．7-18図のような満杯のバンドに電場による力Fが加わったとする．個々の電子はk軸に沿って

$$dk/dt = F/\hbar \quad (5.2)$$

という一定の速さで移動する．この場合全電子が，バンドを満たしたまま，ぞろぞろとそろって動く．バンドの右端に到達した電子は左端にとぶ．こうして個々の電子の波数は変るが，バンド全体としては何も変化しない．バンドは電子で満たされたままで，電場のないときと同じ状態にある．もう少し説明を加えよう．電子の速度は図での曲線の傾き$d\varepsilon/dk$に比例する．図の右半分ではこれは正で，左半分では負である．さらにこの曲線は左右対称なので，バンドがいっぱいなら，正と負の速度の電子がちょうど同じように存在する．平均速度は打ち消し合って0となる．これは電場があってもなくても変りない．したがって前節の終りで述べたブロッホ振動も起らない．

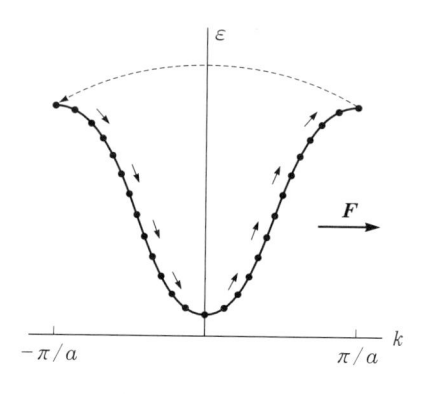

7-18図　満杯のバンドが電流を流さないことの説明

なお，これまで(5.2)のようなkの変化を加速といったのは誤解を与えるおそれがある．$d^2\varepsilon/dk^2 (\propto 1/m^*)$が負となる$k$の領域では，$k$が増えるとかえって速度は減る．バンドの下部では$m^*$が正で$v$は増えるが，上部では逆に減る．バンドが満杯の場合，両方の効果がちょうど打ち消し合い，全電子の平均速度は0のまま変化しない．

これに対して1原子当りの電子数が奇数($2n+1$)個の場合はどうか．下から順に電子をつめて行くと，n番目までは満杯になるが，$n+1$番目には下半分しか入らない（7-19図(a)）．このように下半分だけ満たされた

§7.5 金属と絶縁体

バンドの電子に力が加わると，電子の分布が(b)のようにずれる．すると正の速度をもつ電子の数が増えて，正の平均速度を生じ電流を流す．すなわちこの場合 結晶は導体(金属)である．そして図(a)のような状態が，第3章で述べたフェルミ・エネルギーまでつまった状態に相当する．

一般に空っぽでも満杯でもないバンドは電流を通すことができる．この様子は有効電子数 n_{eff} なるものによって表わされる．1つのバンドに，ある数 n の電子を入れたとき，実際に電流に寄与する有効な電子数である．n と n_{eff} との関係は大体7-20図のようになる．

以上の議論は2次元でも3次元でも同じように成り立つ．すなわちバンドは，空っぽでも満杯でも，電気伝導に寄与しない．そして原子(正確には単位構造)1個当り奇数個の電子をもつ結晶は一般に導体(金属)になる．Naのようなアルカリ金属や Cu，Ag など1価金属はこの仲間である．

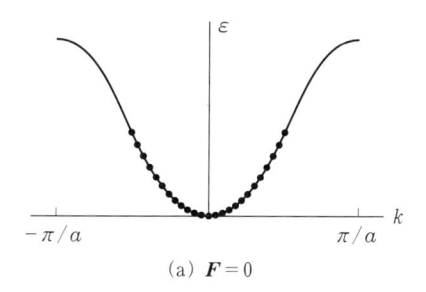

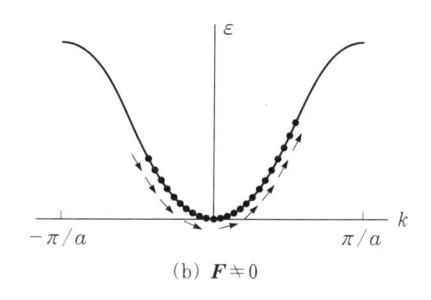

7-19図　下半分だけ満たされたバンド

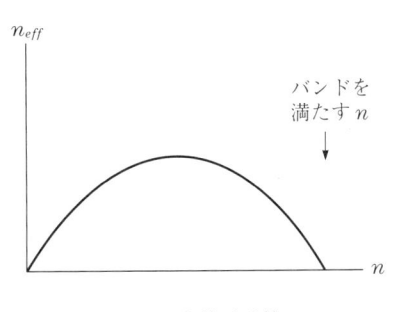

7-20図　有効電子数 n_{eff}

しかしこれまでの議論そのままだと，1原子当り偶数個の電子をもつ物質は絶縁体になる．それでは Ba のような2価金属を説明できない．実際にはバンド構造は(特に2，3次元では)もっと複雑で，2つのバンドの間でエネルギーの重なり合いが起こりうる．たとえば7-21図のようなブリュアン

域を考える.エネルギーはO点で最も低く,そこから遠ざかるにつれ高くなるとする.一方,ブリユアン域の境界には不連続なとびがあって,外側のエネルギーが高い.しかしこのとびが比較的小さいときには,Oに近いB点の方がA点より低いことも起こりうる.すると下のバンドの上端Aより上のバンドの下端Bの方が低くなり,2つのバンドのエネルギーが重なる.この場合,原子

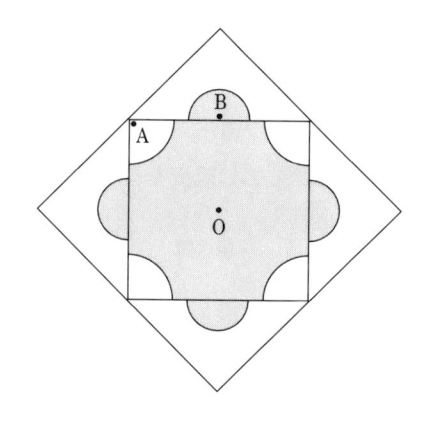

7-21図　2価金属の説明

1個当り2個の電子を下からつめて行くと,図の影の部分のように電子が入る.下のバンドもいっぱいでなく,上も空ではない.しかしこのように2つのバンドが伝導に寄与する場合,簡単な自由電子論的扱いはあまり良い近似ではなくなり,その伝導性も複雑になる.

最後に7-22図はCuのバンド構造を示す.kの範囲は2-7図のqの範

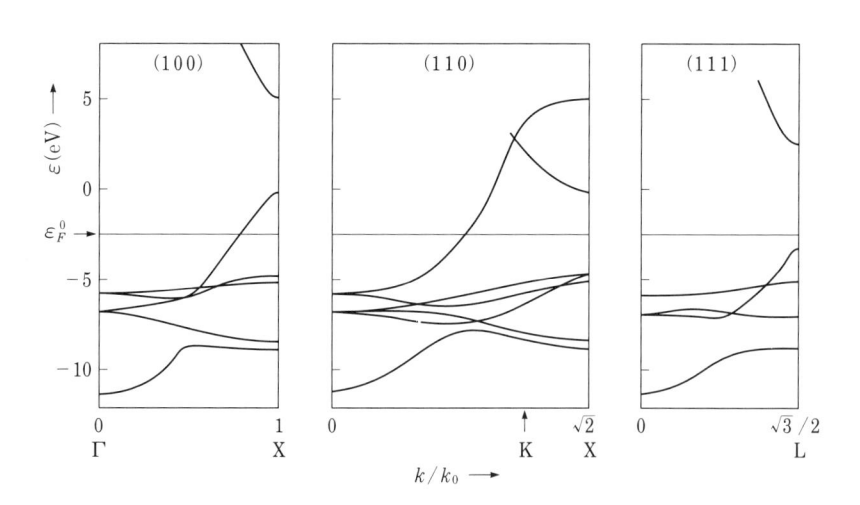

7-22図　Cuのバンド構造 ($k_0 = 1.74 \times 10^{10}\,\mathrm{m}^{-1}$),$\varepsilon_F^0$がフェルミ・エネルギー

囲と一致する．実験で決めたパラメーターを用いての計算結果だが，かなり複雑だ．しかしこれを理解しようと努める必要はあまりない．フェルミ・エネルギー ε_F^0 が示されているが，(111)方向では第1ブリユアン域の端まで行ってもまだこれより低く，電子で満たされている．これは Cu のバンド構造の顕著な特徴である．

8　半　導　体

　　　　　　　　　　　　　　　　普通の金属の抵抗率（$10^{-8} \sim 10^{-6}\,\Omega\cdot\mathrm{m}$）
　　　　　　　　　　　　　　と絶縁体のそれ（$10^{10} \sim 10^{18}\,\Omega\cdot\mathrm{m}$程度）と
　　　　　　　　　　　　　の間には大きな桁の開きがある．その中間を
占めているのが半導体（semiconductor）である．半導体は，本来な
ら絶縁体であるはずの物質が何かの原因によって伝導性を帯び，模範
的な絶縁体になり損ったものと考えてよい．そのため半導体の（特に
電気的）性質は，その伝導性を生じた原因や条件（たとえば温度や少
量不純物の存在とか光の照射など）に敏感に左右される．現在 半導
体が広く利用されるのも，こうした特性をうまく生かした結果にほか
ならない．

§8.1　固有半導体と不純物半導体

　前章で述べたように，絶縁体の場合 あるバンドまでは電子で完全に満た
されており，それより上のバンドは空っぽになっている（7‐17図）．この
ように満杯なバンドを**充満帯**（filled band）とよぶが，その中でも原子価電
子で満たされた一番上の充満帯を**価電子帯**（valence band）とよぶ．一方，
一番下の空っぽなバンドを（半導体では電流を流すので）**伝導帯**（conduction band）とよんでいる．

　さてこのままでは電流は流れない．しかしギャップ（禁止帯）の幅 ε_g，
すなわち価電子帯上端と伝導帯下端の間の隙間，が比較的小さく温度も適当
に高いという場合には，若干の電子が熱エネルギーを受け取って価電子帯か

§8.1 固有半導体と不純物半導体　　　　　　　　　　　　157

ら伝導帯に上がりこむ（8‑1図）.*
その結果いくらかの伝導性が現れ
る．また伝導帯に電子が上がると，
それと同数の孔が価電子帯にあく．
これを**正孔**（positive hole または
単に hole）とよぶ．完全にいっぱ
いなバンドでは電流は流れないが，
孔があれば流れる．実際§8.3で見
るように，正孔も伝導帯の電子と同
様に伝導に寄与する．ただ見かけ上正電荷をもつかのように振舞う．電子と
正孔 両者をまとめて**キャリア**（carrier）または担体とよぶ．電荷を運ぶも
の，という意味である．

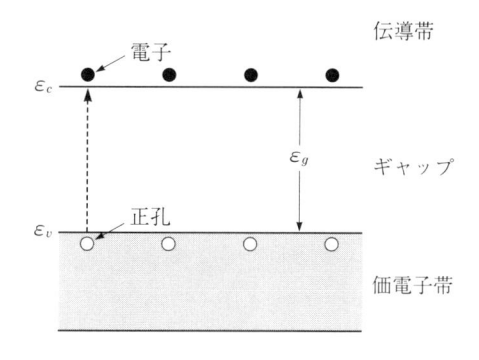

8‑1図　固有半導体

　このような原因による半導体を**固有半導体**（intrinsic semiconductor）と
よぶ．しかしギャップの幅がある程度以上大きいときには，発生するキャリ
アの数は非常に少なくなり，事実上絶縁体になってしまう．現実にはギャッ
プの十分小さい物質はあまり多くなく，固有半導体の例も乏しい．

　そこで重要となるのが**不純物半導体**（impurity semiconductor）である．
これは不純物（ときに格子欠陥）から生ずるキャリアによって伝導性を示
す．その仲間としては非常に多くのものがあるが，その中でも分かりやすく
またよく知られている場合，すなわち Si や Ge に 5 価または 3 価の元素を
不純物として加えた場合，を例にとって説明しよう．

　Si や Ge は 4 価元素で，結晶構造は第 1 章で述べたダイヤモンド構造．各
原子は，4 個の価電子を使って，周り 4 個の隣接原子と電子対結合を作って
いる．次に Ge 結晶に微量の 5 価元素（たとえば P）を混ぜたとする．P 原
子は Ge 原子の位置に置き換わって入りこむ．P の連れて来た 5 個の価電子

---
　* この後にも似た図がくり返し現れる．縦軸はもちろんエネルギーだが，横軸は定性
　　的に位置を表わすと考えてよい．

のうち，4個は周りのGeとの電子対結合に使われる．ここで価電子帯がちょうど満杯になる．最後の1個は伝導帯に入ってその中を自由に動き回ろうとするが，あとに残るP$^+$からの*静電引力を受けてその近くにゆるく捕えられる(8-2図)．これは伝導帯下端のすぐ下のギャップ内に束縛準位が生じたことに相当する．すなわち§7.2で述べたように，ギャップ領域のエネルギーでの波動関数は，伝播波形でなく指数関数的に減衰する形になる．しかしこの束縛準位は浅いので低温では電子を捕えているが，少し温度が上がると逃がして自由にしてしまう(8-3図)．

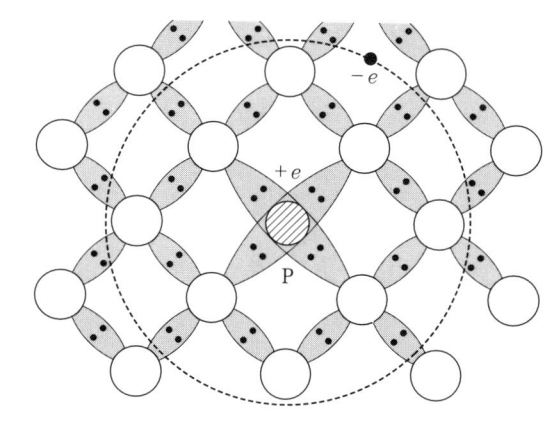

8-2図 5価不純物とそれに捕えられた電子
(実際の軌道半径はもっとずっと大きい)

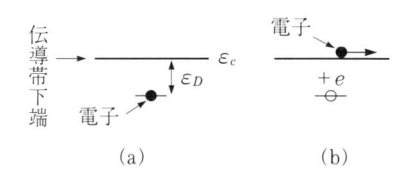

8-3図 5価不純物近くの束縛準位
(a) 低温，(b) やや高温，の状態

このように捕えられた電子の状態は，水素原子でのそれと似ている．どちらの場合も正電荷 $+e$ による静電引力のため電子が1個つかまっている．実際，水素原子の場合に対し次の2つの補正を行なえば，Pの周りの電子状態はかなりよく表わされる．一つはGeの中では分極のため静電引力が弱められていること．もう一つは結晶中の電子が有効質量で運動すること．

さて水素原子の場合，電子の陽子からの平均距離(軌道半径)は次のボーア半径によって与えられる．

$$a_H = 4\pi\epsilon_0\hbar^2/me^2 = 0.529 \text{ Å} \tag{1.1}$$

---

* 5価のPはこの最後の電子を加えて中性になる．それが離れれば $+e$ が残る．

§8.1 固有半導体と不純物半導体

いまの場合の相当する軌道半径 a_D は，この式の中の ϵ_0 を結晶の誘電率 ϵ で，また m を伝導帯下端の有効質量 $m_c{}^*$ で，置き換えたものになる．すなわち

$$a_D = \frac{4\pi\epsilon\hbar^2}{m_c{}^* e^2} = \frac{m}{m_c{}^*}\frac{\epsilon}{\epsilon_0} a_H \tag{1.2}$$

また基底状態からのイオン化エネルギーは，水素原子の場合

$$\varepsilon_H = \frac{1}{2}\cdot\frac{e^2}{4\pi\epsilon_0 a_H} = 13.6\,\text{eV} \tag{1.3}$$

だが，P^+ に捕えられた基底状態からのイオン化エネルギーは

$$\varepsilon_D = \frac{1}{2}\cdot\frac{e^2}{4\pi\epsilon a_D} = \frac{m_c{}^*}{m}\left(\frac{\epsilon_0}{\epsilon}\right)^2 \varepsilon_H \tag{1.4}$$

となる．なお P 以外の他の 5 価元素の場合，さらに Si 中の 5 価不純物の場合なども，同じように議論できる．

比誘電率 ϵ/ϵ_0 の値は Ge で 15.8，Si で 11.7 である．一方 $m_c{}^*/m$ は少し面倒で，§8.4 で述べるように，方向によって違う．しかしある種の平均値として，Ge で 1/5，Si で 1/3 ほどになる．したがって Ge の場合

$$a_D \cong 5\times 15.8\times 0.529\,\text{Å} \cong 42\,\text{Å}$$
$$\varepsilon_D \cong 13.6\,\text{eV}/(5\times 15.8^2) \cong 0.011\,\text{eV}$$

となる．また Si では，a_D が 18 Å，ε_D が 0.033 eV 程となる．8-1 表に ε_D の実験値を示す．特に Ge の場合，簡単な計算値とよく一致している（もっと正確な計算も，もちろんある）．重要なのはこの値が非常に小さいことである．ギャップ幅（Si で 1.08 eV，Ge で 0.66 eV）に比べてずっと小さいし，熱エネルギー（常温で 0.03 eV）に比べても大きくはない．そこでこれ

8-1 表 ε_D の値 (eV)

	Si	Ge
P	0.044	0.0120
As	0.049	0.0127
Sb	0.039	0.0096

8-2 表 ε_A の値 (eV)

	Si	Ge
B	0.045	0.0104
Al	0.057	0.0102
Ga	0.065	0.0108
In	0.16	0.0112

ら不純物に捕えられた電子は，常温はもちろん，かなり低温（Siで150〜200 K，Geで40〜50 K）でも大部分イオン化され，伝導電子となる．またこうした弱い束縛に対応して，a_D は原子間距離（2.5Åほど）より大分大きい．そのため母体結晶の影響を誘電率と有効質量だけで表わすことが，かなり良い近似になった．

3価元素が不純物となった場合も上と似ている．ただいくぶん考えにくくなる．たとえばGeにAlを微量入れたとする．やはりGeに置き換わって入りこむ．しかし原子価電子が3個しかないので，結合手に1つ孔があく．この孔は1個所に止まっていないで他の結合手に移動でき，また電子の抜けた場所なので正電荷をもつ．したがってこれは価電子帯に正孔が1個生じたことに相当する．ところでこの正孔も不純物の近くにつかまる．すなわち3価原子は，周りの結合手に電子が1個不足の状態で中性であり，正孔が離れて結合手が埋まると負に帯電する．それからのクーロン引力が正孔を捕える（8-4図）．しかしやはり弱い束縛で，少し温度が上がると正孔は逃げ出して自由となり，伝導性が現れる．

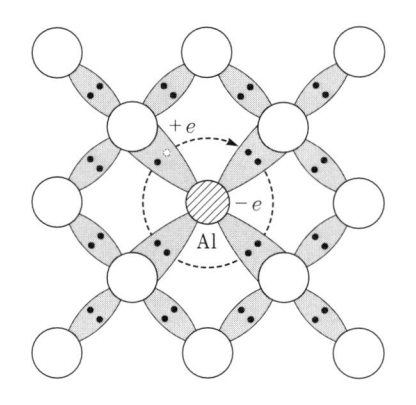

8-4図 3価不純物とそれに捕えられた正孔（実際の軌道はもっとずっと大きい）

別の言い方をすると，3価不純物は価電子帯の上端より少し上のギャップ内に束縛準位を作り出す（8-5図）．エネルギーが高くてもギャップ内なので伝播波形にはならない．低温ではこの準位は空である（正孔が捕まっていることに相当）．温度が高くなると価

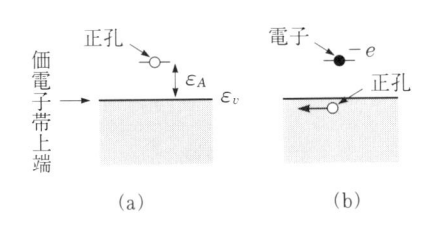

8-5図 3価不純物近くの正孔束縛準位 (a) 低温，(b) やや高温，の状態

電子帯の電子が1個ここに上がりこむ．代りに価電子帯には1個の自由な正孔が生ずる．

この様子は8-3図に似ているが，電子と正孔とでエネルギー的な動きは逆になる．これは当然で，正孔が下に移ることは実際には電子が上に行くことである．こうして正孔は，水の中の泡と同じように，なるべく上に行こうとする傾向をもつ．ただ温度が上がると，かき回されたときのように，下にも降りてくる．

3価不純物につかまった正孔の状態も，電子の場合と同様に扱うことができる．その軌道半径は

$$a_A = \frac{4\pi\epsilon\hbar^2}{m_v^* e^2} \tag{1.5}$$

によって与えられる．また正孔の束縛エネルギーは

$$\varepsilon_A = \frac{1}{2} \cdot \frac{e^2}{4\pi\epsilon a_A} = \frac{m_v^*}{m}\left(\frac{\epsilon_0}{\epsilon}\right)^2 \varepsilon_H \tag{1.6}$$

となる．ここで m_v^* は正孔の有効質量である．* 8-2表に ε_A の実験値を示す．大体 ε_D に近い数値になっている．したがって，かなり低温でも大部分の正孔は束縛を脱し自由になる．

こうして5価不純物原子は電子を1個余分にもち，温度が上がるとそれを伝導帯に放出する．他方3価不純物は電子が1個不足で，温度が上がると価電子帯から電子を受け取って正孔を作る．前者のように電子を出す不純物を**ドナー**（donor,（電子を）与えるものという意味），後者のように正孔を出すものを**アクセプター**（acceptor,（電子を）受け取るもの）とよぶ．ドナ

---

* 価電子帯の $\varepsilon(k)$ の形が8-8図の左下の曲線のようなとき，その上端近くでは
$$\varepsilon(k) = \varepsilon_v - (\hbar k)^2/2m_v^*$$
のように書ける．Si, Ge の価電子帯は実際これに近い．このとき，電子の有効質量は $-m_v^*$ で負だが，正孔の有効質量は m_v^* で正である．なぜなら正孔を原点から k に移すと，エネルギーは $(\hbar k)^2/2m_v^*$ だけ高くなる．こうして正孔は正電荷 e と正の有効質量 m_v^* をもつ粒子として振舞う．

ーを多く含む半導体では，電流はドナーからの伝導電子によって運ばれる．一方アクセプターの多いものでは，正孔が伝導の主役となる．前者を **n 型半導体**，後者を **p 型半導体** とよぶ（主役キャリアの電荷が negative か positive かによる）．ある半導体が n 型か p 型かは，電流の流れ方だけでは区別できないが，後述のホール効果の符号から決められる．

上に述べたのはドナーとアクセプターの最も簡単な例であり，ほかにもいろいろな物質でいろいろなドナー，アクセプターがある．ギャップが大きくてとても固有半導体になれない物質でも，何らかのドナーかアクセプターのおかげで，容易に半導体になりうる．むしろよく精製した結晶でない限り，大抵はいろいろと正体不明のドナーやアクセプターがあって伝導性を決めてしまう．そうしたものの正体を解明すると同時に，結晶を精製してそれらの量を自由に制御することが，半導体の基礎的研究にも技術的応用にも重要である．こうして意図的に不純物を加えることを**不純物ドーピング**（impurity doping）とよんでいる．

現在精製された結晶も得られ典型的な半導体といえるのは，上記の Si, Ge と GaAs, InSb などの III‐V 化合物（§1.2 (2)参照）である．このほかに ZnO, CdS, CdTe（II‐VI 化合物）や PbS, PbTe などもあるが，近ごろは有機半導体とよばれる複雑な有機化合物の結晶が注目されている．そのあるものは温度や圧力によって半導体から金属に変わるといった特異な伝導性を示す．

特にドナーやアクセプターを含まない絶縁体でも，光を当てると光子を吸った価電子帯電子が伝導帯に上がり，伝導性（光伝導）を示すことがある．高速荷電粒子の入射でも同様の現象が起こる．ともに応用的に重要である．

現実の半導体はドナーとアクセプターの両方を含む．その場合次のようになる．単位体積当りドナーが N_D 個，アクセプターが N_A 個あるとする．アクセプター準位は電子を1個収容でき，またドナー準位よりも低いので，ドナーにいる電子は

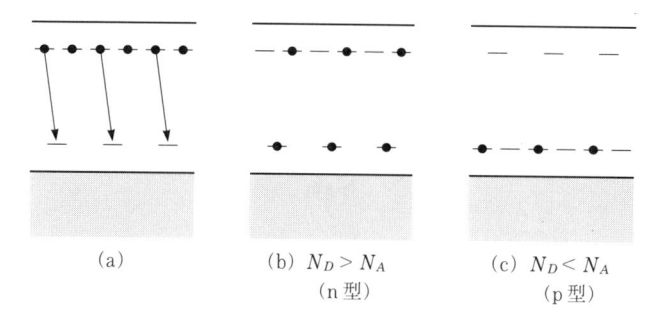

§8.2 半導体中の自由キャリアの密度

(a)　　　　(b) $N_D > N_A$　　　(c) $N_D < N_A$
　　　　　　　　(n 型)　　　　　　(p 型)

8-6図　ドナーとアクセプターが共存する場合

なるべくアクセプター準位に落ち込もうとする（8-6図(a)）．$N_D > N_A$ のときには，ドナー電子はアクセプターを埋めつくしてまだ $N_D - N_A$ 個が上に残る（図(b)）．そして温度が上がるとこれらは伝導電子となり，結晶をn型にする．逆に $N_D < N_A$ だと，空のアクセプターが $N_A - N_D$ 個下に残り，それによる正孔のためp型半導体となる（図(c)）．この現象は**不純物補償** (impurity compensation) とよばれる．損害賠償みたいな訳語だが，埋め合いというような意味である．

§8.2　半導体中の自由キャリアの密度

伝導帯の電子や価電子帯の正孔など自由に動き回れるキャリアを**自由キャリア**とよぶ．自由キャリアが沢山あれば電気伝導度は高くなる．前節で述べたように温度が高くなると，価電子帯の電子が伝導帯に上がったり，不純物につかまっていたキャリアが脱出したりして，自由キャリアが生ずる．この様子は，第3章で述べたフェルミ分布関数によって表わされる．

$$f(\varepsilon) = \frac{1}{\exp[(\varepsilon - \varepsilon_F)/k_b T] + 1} \qquad (2.1)$$

この分布は半導体でも金属の場合と同様に成り立ち，自由キャリアの密度を導くための基本式である．ただ金属の場合と違って，半導体での ε_F は温度その他の条件によって大きく変化する．この ε_F を**フェルミ準位**とよぶ．

（1） 固有半導体の場合

8-7図は固有半導体での分布関数（右側）とバンド（左側）の関係を示す．後で分かるようにフェルミ準位 ε_F は大体ギャップの中央あたりにある．分布 $f(\varepsilon)$ は ε_F を境にして k_bT の2〜3倍程度の範囲で，1から0に急速に減少する．しかしギャップ領域には電子状態がないので，f の値がどうあろうと電子はその領域にいない．意味があるのは，ε_c より上の伝導帯にのびている小さな裾野で，これが伝導電子を表わす．それと ε_v より下の価電子帯でのわずかな $1-f$ で，こちらは正孔に相当する．

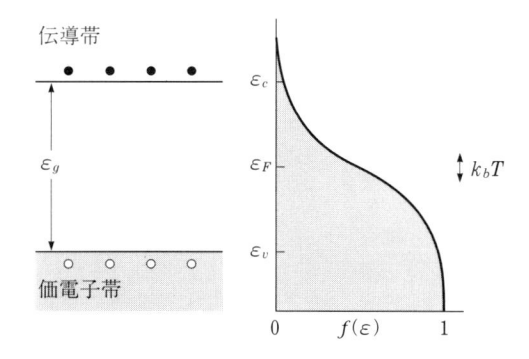

8-7図　固有半導体でのバンドとフェルミ分布関数

ふつうの条件ではギャップ幅は k_bT に比べずっと大きく，その場合 (2.1) はもっと簡単になる．まず伝導帯では $\varepsilon - \varepsilon_F \geq \varepsilon_c - \varepsilon_F \gg k_bT$ なので，この式の分母において 1 は exp に対して無視できる．すると f は $\exp[-(\varepsilon - \varepsilon_F)/k_bT]$ と近似されるが，これをさらに

$$f_c(\varepsilon) \cong \exp[-(\varepsilon_c - \varepsilon_F)/k_bT] \cdot \exp[-(\varepsilon - \varepsilon_c)/k_bT] \quad (2.2)$$

と書く．f の添字 c は伝導帯での分布を意味する．最初の因子は伝導帯下端での f_c の値であり，第2の因子はそこから測っての分布である．一方価電子帯の場合，$\varepsilon_F - \varepsilon_v \gg k_bT$ であり，分母の指数関数は非常に小さくなる．そのことを使って正孔の分布 $1-f$ を作ると

$$f_v(\varepsilon) = 1 - f(\varepsilon) \cong \exp[(\varepsilon_v - \varepsilon_F)/k_bT] \cdot \exp[-|\varepsilon - \varepsilon_v|/k_bT] \quad (2.3)$$

となる．やはり2つの因子の積の形に書いた．最初の因子は価電子帯上端での正孔の分布で，そこから下に向かって分布は減少する．

§8.2 半導体中の自由キャリアの密度

自由キャリアの密度は大体 (2.2) と (2.3) の最初の因子で決まるが，きちんとした計算はバンド構造が分からないとできない．そこで簡単な例として，伝導帯の ε 対 $\boldsymbol{k}$ の関係が下端近くで

$$\varepsilon(\boldsymbol{k}) = \varepsilon_c + (\hbar k)^2/2m_c^* \tag{2.4}$$

のように*，また価電子帯ではその上端近くで

$$\varepsilon(\boldsymbol{k}) = \varepsilon_v - (\hbar k)^2/2m_v^* \tag{2.5}$$

と展開できる場合を考える（8-8図左側）．するとこの項の終りにあるような計算により，単位体積当りの自由な電子の数 n_c と正孔の数 n_v は

$$n_c = N_c \exp[-(\varepsilon_c - \varepsilon_F)/k_b T] \tag{2.6}$$

$$n_v = N_v \exp[(\varepsilon_v - \varepsilon_F)/k_b T] \tag{2.7}$$

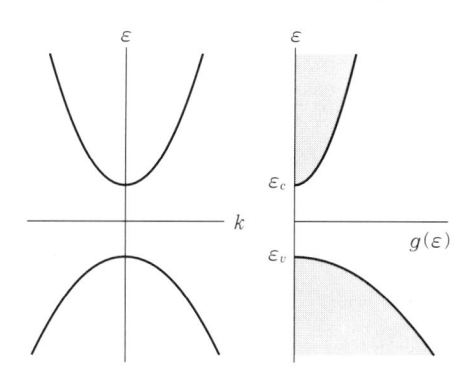

8-8図 $\varepsilon(k)$ 曲線と状態密度 $g(\varepsilon)$ の例（$m_c^* = m_v^*/2$ の場合）

によって与えられる．ここで

$$N_c = 2(m_c^* k_b T/2\pi\hbar^2)^{3/2} \tag{2.8}$$

$$N_v = 2(m_v^* k_b T/2\pi\hbar^2)^{3/2} \tag{2.9}$$

である．

ところで伝導帯に電子が上がると，それと同数の正孔が生ずる．すなわち n_c と n_v は等しい．この条件からフェルミ準位が決まる．結果は

$$\varepsilon_F = \frac{\varepsilon_c + \varepsilon_v}{2} + \frac{3}{4} k_b T \log\left(\frac{m_v^*}{m_c^*}\right) \tag{2.10}$$

である．$k_b T$ はギャップの幅に比べ小さいので，ε_F は大体ギャップの真ん

---

* ここで，電子の速度 v は前章の (3.1) により $\hbar k/m_c^*$．したがって $\varepsilon - \varepsilon_c = (\hbar k)^2/2m_c^*$ は $m_c^* v^2/2$ と書け，(2.2) の第2の因子は $\exp(-m_c^* v^2/2k_b T)$ と，気体分子と同じ速度分布になる．正孔の場合も同様に $\exp(-m_v^* v^2/2k_b T)$ となる．

中にあるといってよい。この ε_F を使って,自由キャリア密度は

$$n_c = n_v = 2\left(\frac{k_b T}{2\pi \hbar^2}\right)^{3/2} (m_c^* m_v^*)^{3/4} \exp\left[-\frac{\varepsilon_g}{2 k_b T}\right] \quad (2.11)$$

となる。ただし ε_g は $\varepsilon_c - \varepsilon_v$,すなわちギャップの幅である。exp の前の係数はやや複雑な形をしているが,たとえば 300 K で $m_c^* = m_v^* = m$ のとき,$2.5 \times 10^{25} \mathrm{m}^{-3}$ となる。しかし自由キャリアの密度を決める上で重要なのは指数関数の因子である。前の係数は上の数値と違っても 2 桁くらいの範囲におさまるが,指数関数の因子は ε_g や T の値によって 10 桁以上も変化する。8-9 図は n_c が ε_g と T とに強く依存する様子を示す。なおこの図のように,自由キャリア密度を対数目盛で縦軸に,$1/T$ を横軸にとると,前の係数の温度変化($\propto T^{3/2}$)は弱いので,ほとんど直線的なグラフが得られる。

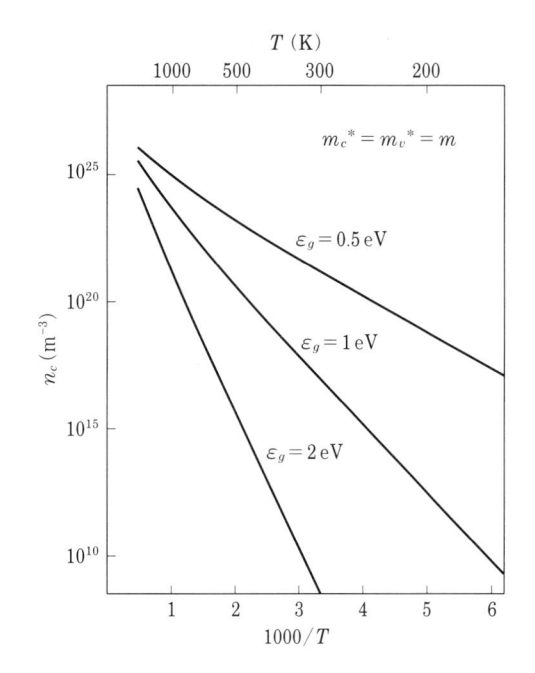

8-9図 固有半導体での自由キャリア密度の温度変化($n_c = n_v$)

ギャップの幅 ε_g の値は,ホール係数(後述)の温度変化や光の吸収スペクトルから,実験的に得られる。8-3 表に代表的な数値を例示する。

8-3表 ε_g の値(eV)

ダイヤモンド	6
Si	1.08
Ge	0.66
GaAs	1.43
GaSb	0.68
InAs	0.36
CdS	2.58
PbS	0.29

§8.2 半導体中の自由キャリアの密度

　第3章§3.1で状態密度なるものを説明した．すなわち結晶中の可能な k の値は連続的でなく，したがって電子状態も離散的になる．そこでエネルギー範囲 $\varepsilon \sim \varepsilon + d\varepsilon$ に含まれる状態の数を $g(\varepsilon)d\varepsilon$ と書いて，$g(\varepsilon)$ を状態密度と称した．(2.4)のような ε 対 k 関係の場合，伝導帯の状態密度 $g_c(\varepsilon)$ は，第3章の(1.11)を少し書き直して

$$g_c(\varepsilon) = \frac{\sqrt{2m_c^{*3}}}{\pi^2 \hbar^3}(\varepsilon - \varepsilon_c)^{1/2} \tag{2.12}$$

となる．ただし単位体積を考えている（すなわち $V=1$ と置いた）．同じように価電子帯の場合は

$$g_v(\varepsilon) = \frac{\sqrt{2m_v^{*3}}}{\pi^2 \hbar^3}(\varepsilon_v - \varepsilon)^{1/2} \tag{2.13}$$

である（8-8図の右側）．
　一方 分布関数は1つの状態にいる電子（または正孔）の平均数を表わす．そこで $fg\,d\varepsilon$ はエネルギー範囲 $d\varepsilon$ にいる単位体積当りの電子（正孔）の数となる．こうして伝導電子の密度は(2.2)の $f_c(\varepsilon)$ を使って

$$n_c = \int_{\varepsilon_c}^{\infty} f_c(\varepsilon)g_c(\varepsilon)\,d\varepsilon = N_c \exp[-(\varepsilon_c - \varepsilon_F)/k_bT] \tag{2.14}$$

ただし

$$N_c = \int_{\varepsilon_c}^{\infty} g_c(\varepsilon)\exp[-(\varepsilon - \varepsilon_c)/k_bT] \tag{2.15}$$

となる．f_c は ε とともに速やかに減少するので，実際に積分に寄与するのは ε_c の上 k_bT の数倍程度までである．そこで g_c に(2.12)を使い，積分範囲も便宜上 ∞ までとして計算すると，(2.8)の結果が得られる．正孔についても同様である．

（2）　不純物半導体の場合

　ふつうの半導体の場合，上述のような原因による自由キャリアの密度はあまり高くならず，不純物から出るキャリアの方が重要である．たとえばSi結晶中に，Si原子 10^6 個当りに1個の割合で5価不純物を入れると，常温での伝導電子密度は純粋な場合の100倍にもなる．
　不純物があってもフェルミ分布の形(2.1)は変わらない．ただし ε_F の値が変わり，全体として分布がずれる（8-10図）．しかしドナーやアクセプターの量がかなり多くない限り，f_c や f_v はやはり十分に小さい．そこでそれらに対する近似式(2.2)および(2.3)も成り立ち，したがって不純物

168　　　　　　　　　　8. 半　導　体

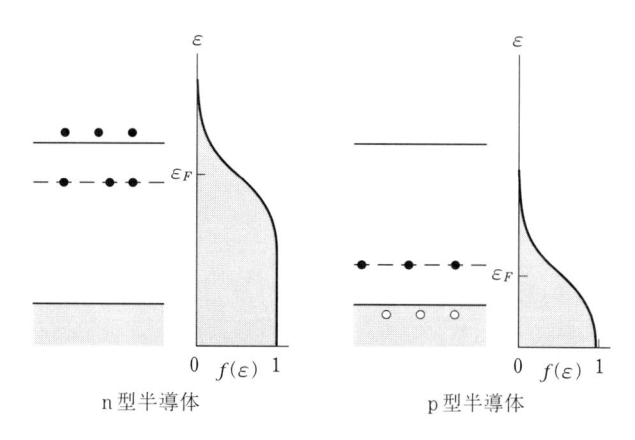

8-10図　不純物半導体でのフェルミ準位と分布関数

半導体でも自由キャリア密度 n_c, n_v は (2.6) と (2.7), それと場合に応じた ε_F, によって与えられる．このことから次のような関係式が出てくる．

$$n_c n_v = N_c N_v \exp(-\varepsilon_g/k_b T) \tag{2.16}$$

これは不純物の有無に関係しない．そこで例えばn型半導体の場合，n_c は固有半導体におけるよりもずっと大きいが，n_v はそれに反比例して小さくなり，$n_c \gg n_v$ となる．これは 8-10 図を見れば自明だろう．

さてフェルミ準位 ε_F はどのようにして決まるか．先の固有半導体では $n_c = n_v$ という条件から決めた．この条件は，電子数がちょうど価電子帯までを満たすだけある，というのと同じである．一般にフェルミ準位は，その ε_F をもつフェルミ分布で計算した電子数が与えられた電子数に一致する，という条件で決まる．分かりにくい？　例えばドナーをある量含むn型半導体を考えよう．8-11図(a)はその0Kでの状態だが，固有半導体と比べるとドナーにいる電子の分，電子数が多い．$T > 0$ で一部の電子は伝導帯に上がるが，もし ε_F が正しい値より高いと(b)のようになり，電子数が(a)より多過ぎてしまう．逆に低いと(c)のようで少な過ぎる．フェルミ準位を高くすると電子数は増える．そして(d)のように正しい ε_F で，(a)と同じ電子数になる．一般にn型半導体のフェルミ準位はドナー準位の近く

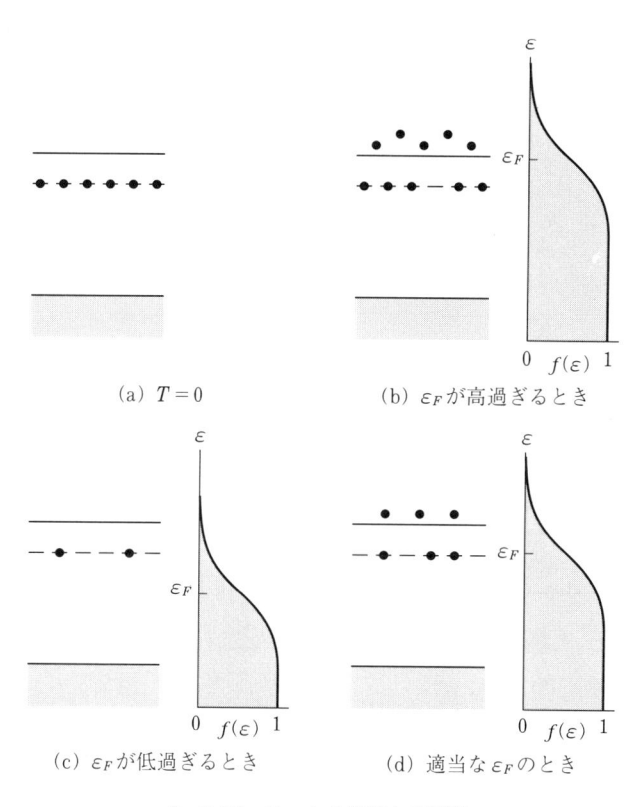

§8.2 半導体中の自由キャリアの密度   169

(a) $T=0$

(b) ε_F が高過ぎるとき

(c) ε_F が低過ぎるとき

(d) 適当な ε_F のとき

8-11図 フェルミ準位と電子数

に，p型半導体ではアクセプター準位近くにある．

こうして決めた ε_F を (2.6) または (2.7) に入れると，n_c と n_v を与える式が出る．ドナーの密度を N_D，アクセプターの密度を N_A と書くと，$N_D > N_A$ (n型) のとき，n_c を与える式として*

$$\frac{n_c(n_c + N_A)}{N_D - N_A - n_c} = \frac{N_c}{2} \exp\left[-\frac{\varepsilon_D}{k_b T}\right] \tag{2.17}$$

---

* この式を導く際，次のようなやや面倒な事情を考慮しなければならない．ドナー準位は，電子間のクーロン反発のため，電子を1個しか捕えない（すなわち1個しか収容しない）．しかしその中でスピンの向きは2通りとれる．このように一般のバンド内準位などとは違う性質がある．アクセプター準位についても同様．

が得られる．逆に $N_A > N_D$ でp型の場合，この式で，添字の c を v に変え，また A と D を交換すれば，n_v を与える式になる．

上の式は2次方程式ですぐ解けるがいく分複雑なので，次のようにして温度変化の大体の様子を調べる．まず十分低温では n_c は非常に小さく，これを N_A や $N_D - N_A$ に比べて無視すると

$$n_c \cong \frac{N_D - N_A}{N_A} \cdot \frac{N_c}{2} \exp\left[-\frac{\varepsilon_D}{k_b T}\right] \qquad (2.18)$$

のような形に解ける．次に $N_D \gg N_A$ の場合，もう少し温度の高い領域で，$N_D \gg n_c \gg N_A$ という条件が成り立ち，そのときには

$$n_c \cong (N_c N_D/2)^{1/2} \exp(-\varepsilon_D/2k_b T) \qquad (2.19)$$

となる．さらに温度が上がって (2.17) の右辺が大きくなると

$$n_c \cong N_D - N_A \qquad (2.20)$$

のように，左辺の分母が0に近づいて方程式が満たされる．これは物理的には，N_A あるアクセプターを埋めた残りのドナー電子が，ほとんど全部伝導帯に上がったことに相当する．さらに高温にしても n_c はこれ以上増えない．しかしもう一段温度を上げると，価電子帯からの電子が急に増え始め，(2.11)の領域に入る．このときフェルミ準位はギャップの真ん中あたりに移る．

8-12図は3通りの異なる

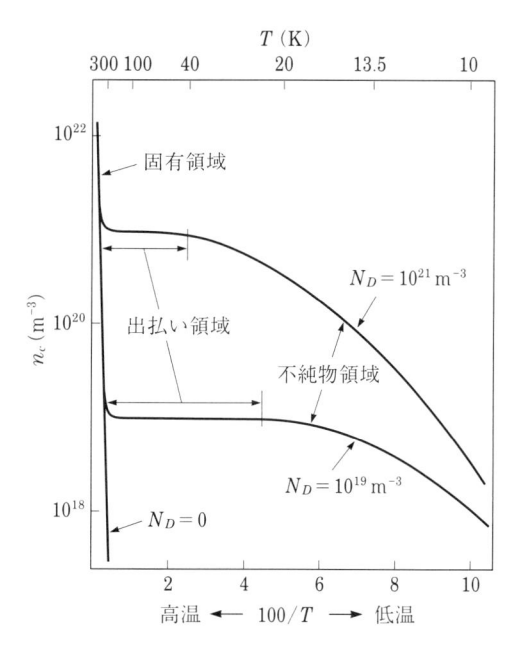

8-12図　n型Geでの伝導電子密度の温度変化．$N_A/N_D = 0.05$ としている．

N_D について，Ge での n_c の温度変化を示す．Ge の伝導帯下端は実際は §8.4 で見るように複雑だが，N_c を定数倍変えておけばよい．低温側の (2.18) と (2.19) に相当する温度領域を<u>不純物領域</u>，n_c がほぼ一定となる (2.20) の領域を<u>出払い領域</u> (exhaustion region)，傾きの急な高温側の (2.11) を<u>固有領域</u>とよぶ．p 型半導体での n_v の変化も同様である．

　以上は熱平衡状態での自由キャリアの密度である．しかし半導体では，電極などを通して外部からキャリアが流れこんだり，光によって光電子が生じたり，ということで比較的容易に熱平衡状態以上の余分な自由キャリアが現れる．これらはある種の現象で重要な役割を果たす．

§8.3　半導体の電気伝導

（1）　電気伝導度

　前述のようにして半導体中に自由キャリアが生じると，電場の下で電流が流れる．その様子は第3章の金属の場合と基本的に変りない．ただ金属に比べて普通の半導体での伝導電子密度は非常に低く，パウリの排他律の効果は無視できる．価電子帯も正孔に着目するなら同様である．たとえば，分布 (2.2), (2.3) や p. 165 の脚注を参照．

　電場のないときの電子や正孔の速度分布は $v = 0$ を中心とする対称分布で，その平均速度は 0 である．電場がかかると加速のため分布はずれようとする．一方いろいろな原因によるキャリアの散乱がこのずれを消すように働く．定常状態ではこの2つの作用がつり合い，ずれ（したがって平均速度）は一定に保たれる．こうした平均速度を**ドリフト速度** (drift velocity) とよぶ．

　ここで正孔が電子と同じように（ただし正電荷をもつが），電流に寄与することを少しくわしく説明しておく．左向きの電場の下で，電子と正孔の分布は 8-13 図の右側のようにずれる．伝導帯電子の平均速度は右向き ($d\varepsilon/dk > 0$) で，当然電場と同じ左向きの電流を流す．一方価電子帯で

は，正孔以外の部分は電子によって占められており，また電子は一様に加速されるので，正孔もそれにはさまれた状態で同じ方向にずれる．こうして左向きの速度（$d\varepsilon/dk < 0$）をもつ電子がより多く欠ける．ところでここに電子をつめこむとバンドは満杯で電流は0となる．したがって価電子帯による電流は，左向き速度をもつ<u>正電荷の粒子</u>によるものと同じになり，やはり電場方向に流れる．すなわち正孔は，電場の下で，<u>正の電荷と正の質量</u>をもつ粒子として振舞う．

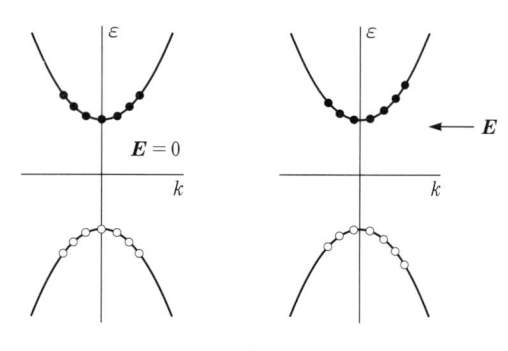

8-13図　電子および正孔の分布の電場による変化

このように電子と正孔の両方が電流を運ぶので，それぞれの平均速度 $\langle \boldsymbol{v}_c \rangle$, $\langle \boldsymbol{v}_v \rangle$ を使って第3章（4.9）を書き直すと，電流密度 $\boldsymbol{j}$ は

$$\boldsymbol{j} = -n_c e \langle \boldsymbol{v}_c \rangle + n_v e \langle \boldsymbol{v}_v \rangle \tag{3.1}$$

のようになる．また平均速度（ドリフト速度）は第3章（4.8）と同じく

$$\langle \boldsymbol{v}_c \rangle = -e\tau_c \boldsymbol{E}/m_c^* \quad \text{および} \quad \langle \boldsymbol{v}_v \rangle = e\tau_v \boldsymbol{E}/m_v^* \tag{3.2}$$

と書かれる．τ_c と τ_v は電子，正孔それぞれの散乱時間である．また特に半導体の場合，ドリフト速度を

$$\langle \boldsymbol{v}_c \rangle = -\mu_c \boldsymbol{E} \quad \text{および} \quad \langle \boldsymbol{v}_v \rangle = \mu_v \boldsymbol{E} \tag{3.3}$$

のように書き，μ を**移動度**（mobility）とよぶ．単位の強さの電場の下でのドリフト速度であり，キャリアがどの程度動きやすいかを表わす（単位は $\mathrm{m \cdot s^{-1}/V \cdot m^{-1}} = \mathrm{m^2 \cdot V^{-1} \cdot s^{-1}}$）．これと（3.2）から

$$\mu_c = \frac{e\tau_c}{m_c^*} \quad \text{および} \quad \mu_v = \frac{e\tau_v}{m_v^*} \tag{3.4}$$

有効質量が小さく散乱時間が長いとき，μ は大きい．電気伝導度は

$$\sigma = \boldsymbol{j}/\boldsymbol{E} = n_c e \mu_c + n_v e \mu_v \tag{3.5}$$

§8.3 半導体の電気伝導　　173

となる．不純物半導体では，2項のうちの一方が圧倒的に大きくなる．

8-14図はいろいろなドナー密度をもつn型Geでの伝導度の実測例である．N_D は1から4への順に高くなり，ほぼ 10^{19}, 10^{20}, 10^{21}, 10^{24} m^{-3} である．N_A は N_D に比べかなり少ない．4については別に説明するが，それ以外の試料の温度変化を8-12図と比べると，高温での急な傾きと低温での傾向はよく似ている．すなわち，これらの温度領域では n_c の温度変化

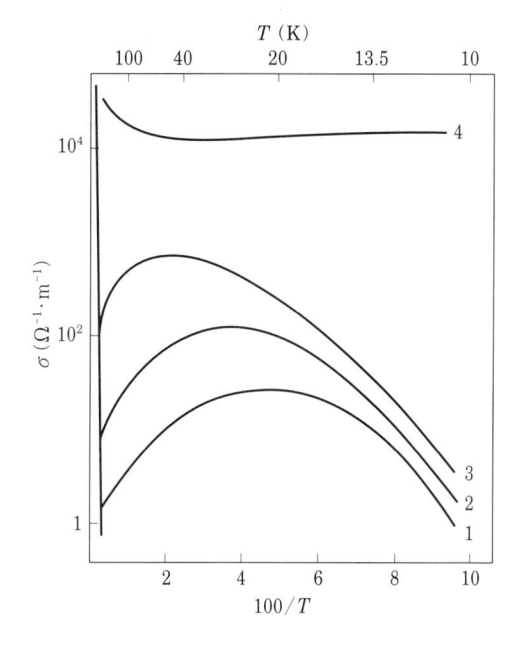

8-14図　いろいろなドナー密度（本文参照）をもつn型Geでの伝導度

が σ のそれの大勢を決めている．一方 中間の領域は出払い領域に相当し，n_c はほぼ一定，μ の変化が σ の変化を支配する．この場合 温度の上昇につれ格子振動による散乱が激しくなる結果，μ も σ も減少する．

最後に4の場合についてふれておく．N_D が 10^{24} m^{-3} にもなると，一番近いドナー間の距離は 10^{-8} m（100 Å）以下になる．ドナー軌道も重なり合い，電子は容易に1つのドナーから隣のドナーに，そしてさらに遠くのドナーへと移り歩く．簡単にいって金属中の電子と似た状態になる．フェルミ温度は低いが（10^{24} m^{-3} で 80 K ほど），フェルミ気体でもある．ただ金属と違ってイオンの配列がランダムで，それによる散乱が強い．そのため残留抵抗の大きい金属の場合のような温度変化の少ない伝導度を示す．

(2) キャリアの散乱機構と移動度

キャリアの散乱は，金属の場合と同じく，格子振動および不純物によって引き起こされる．これら散乱の性質は一般に金属よりくわしく調べられている．例として純度の高いGaAs結晶での伝導電子の移動度変化を8-15図に示す．実線が実測値である．点線は各種の散乱機構について，その散乱だけがあったとして計算した移動度である．それら全ての散乱を加え合わせると*，実測値と非常によく一致する結果が得られる．

まずLA, TAは音響モード格子振動の縦波と横波に起因す

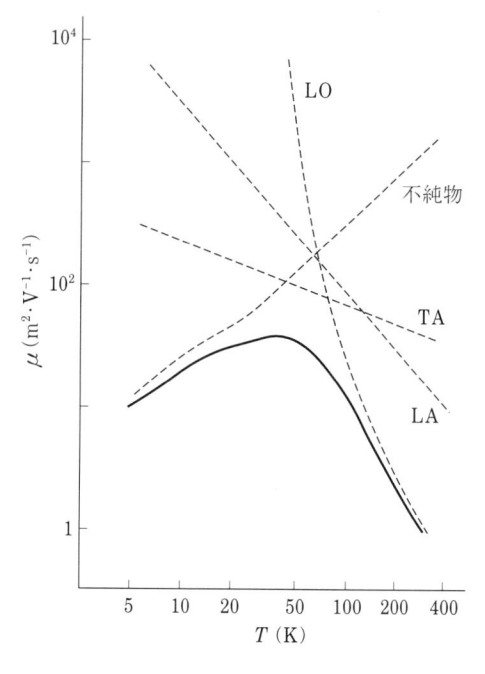

8-15図　GaAsでの伝導電子の移動度

る散乱を表わす．当然温度の上昇とともに散乱が激しくなり，移動度は減る．ただし，電子-格子波相互作用の q（格子波の波数）依存性がLとTとで違うため，温度変化が異なる．μはLAの場合 $T^{-3/2}$ に，TAで $T^{-1/2}$ に比例する．なおSiやGeではTAによる散乱はもっとずっと弱い．

LOは縦波の光学モード・フォノンによる散乱である．このフォノンのエネルギー $\hbar\omega_{LO}$ はかなり大きく，$\hbar\omega_{LO}/k_b$ は406Kになる．このため低温での散乱は非常に弱い．すなわち散乱は第3章3-9図のようにフォノンの吸収または放出という形で行なわれる．ところでフォノンの数は，第2章の(3.2)で与えられ低温では極めて少なくなる．吸収はめったに起こらない．

---

* 個々の機構による散乱頻度の和を，全散乱頻度とすればよい．

また大部分の電子の運動エネルギー（伝導帯の底からのエネルギー）は$k_bT(\ll \hbar\omega_{LO})$程度，フォノンの放出も起こせない，というわけである．しかしLOフォノンと電子との相互作用は強く，100 Kくらいから上ではこの散乱が支配的となる．一般にGaAsのような化合物半導体でのLOモードは分極をともなうので，キャリアと強く相互作用する．これに対してGeのような単体物質での相互作用はあまり強くない．それでも室温あたりでは正孔の散乱の主な原因になる（伝導電子との相互作用は非常に弱い）．光学フォノンによる散乱のもう一つの特徴は，散乱のときのキャリアのエネルギー変化が大きいことである．他方音響フォノンによる散乱は近似的に弾性散乱と見なせる．

　低温で効くのは，電子を失ったドナーや電子を受け取ったアクセプターなど，電荷をもつ不純物（<u>荷電不純物</u>とよぶ）による散乱である．それらが作る静電場によってキャリアの運動方向が曲げられ，散乱が起こる．金属の場合でも，原子価の違う不純物原子は電荷をもち，電子を散乱する．しかし金属中での余分な電荷は伝導電子によってスクリーンされ（すなわち不純物原子の近くの伝導電子密度が変化して電荷を中和する），その影響は1〜2 Åくらいの範囲までしか及ばない．これに対して半導体ではスクリーン作用が弱いため，電場は遠くまで働いて強い散乱を引き起こす．この散乱はキャリアの運動エネルギーεが増すと弱まる．つまり勢いよく走っているキャリアは，少しくらい力を受けても曲がらないで進む，ということである．散乱頻度はほぼ$\varepsilon^{-3/2}$に比例する．εの平均値はTに比例するので，μはほぼ$T^{3/2}$に比例し，また荷電不純物の密度に反比例する．図の場合，その密度は温度にもよるが$4\sim 7\times 10^{19}\,\mathrm{m}^{-3}$程度である．

8-4表　300 Kでの移動度の値（$\mathrm{m}^2\cdot\mathrm{V}^{-1}\cdot\mathrm{s}^{-1}$）

	電子	正孔		電子	正孔
InSb	7.8	0.075	GaAs	0.88	0.04
InAs	3.3	0.046	GaP	0.03	0.010
InP	0.46	0.015	Si	0.15	0.05
GaSb	0.40	0.14	Ge	0.38	0.21

　半導体の伝導度の大小を

きめるのは，移動度よりもむしろキャリアの密度である．しかし半導体デバイスに高速な動作を要求するときには，動きの速さが重要となる場合が多い．8-4表はいくつかの半導体での伝導電子と正孔の300Kでの移動度を示す．ものによってかなり大きな差がある．

（3） ホール効果

移動度そのものを直接測ることはあまり容易でない．ふつうはホール係数（Hall coefficient）からキャリアの密度を出し，移動度を決める．

試料に8-16図のように電流（x方向）を流しながら，これと垂直なz方向に磁場を加える．すると以下に述べるように，試料の上側と下側の表面に電荷が生じて，電場（ホール電場）E_yが誘起される．すなわち電流と磁場の両方に垂直な方向に電位差が発生する．これを**ホール効果**とよぶ．

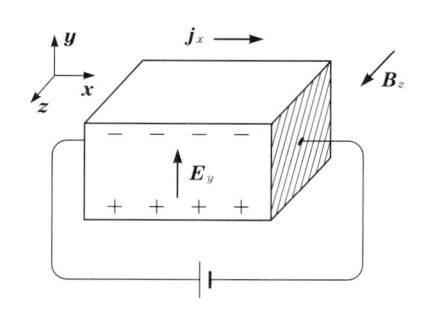

8-16図 ホール効果，左上はこの場合の座標軸正方向を示す．

電磁気学によれば，磁場中を動く荷電粒子は横方向の力（ローレンツ力）をうける．粒子の電荷をq，速度を$\boldsymbol{v}$とすると，ローレンツ力$\boldsymbol{F}_L$は

$$\boldsymbol{F}_L = q(\boldsymbol{v} \times \boldsymbol{B}) \tag{3.6}$$

である．試料内に電流がないときは$\boldsymbol{v}$の平均値は0であり，$\boldsymbol{F}_L$の平均値も0となる．しかし電流が流れていると，キャリアには平均してy方向に

$$\langle F_L \rangle = -q\langle v_x \rangle B_z \tag{3.7}$$

という力が働く．キャリアはこの力をうけy方向へ動く．しかし図のような実験条件では，この方向は表面で行き止まりになっており，そこに電荷がたまる．ある程度たまると，それによる電場の力がローレンツ力を打ち消して，キャリアのy方向への動きを止める（8-17図）．そのときの電場E_yは

§8.3 半導体の電気伝導

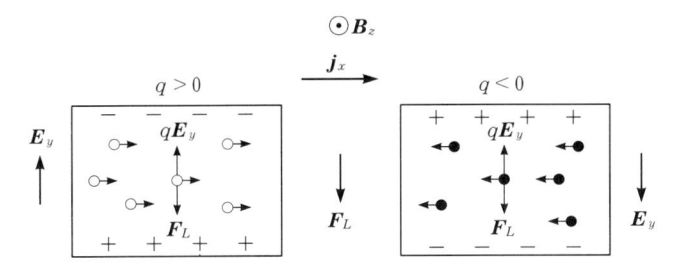

8-17図 ホール効果とその符号

$$\langle F_L \rangle + qE_y = -q\langle v_x \rangle B_z + qE_y = 0 \tag{3.8}$$

で決まる．この電場が**ホール電場**である．いまのところ1種類のキャリアだけを考えているが，その場合 x 方向の電流密度 j_x は

$$j_x = nq\langle v_x \rangle$$

と書ける．ここで n はキャリアの密度．すると (3.8) は

$$-j_x B_z/n + qE_y = 0$$

となるが，これを書き直すと

$$R_H = \frac{E_y}{j_x B_z} = \frac{1}{nq} \tag{3.9}$$

を得る．比 R_H が**ホール係数**である．キャリアが1種類だけと考えてよい場合，これから自由キャリアの密度が分かる．そしてキャリアが電子なら q は $-e$ で R_H は負，正孔なら正になる（8-17図参照）．電子と正孔が共存するときには，両者の寄与が打ち消し合いホール係数は小さくなる．すなわち電子も正孔も同じ向きのローレンツ力を受け同じ側にたまる．

　ホール効果は金属でも観測される．簡単な1価金属の場合，n を伝導電子の密度として，(3.9) の関係はかなりよく成り立つ．しかし一般に多価金属では，バンド構造の影響を強くうけてこの関係は大きく破れる．また金属の R_H は物質ごとの定数となるので，**ホール定数**とよばれる．

§8.4 有効質量，バンド構造

前章以来たびたび有効質量という言葉が出てきた．エネルギーを波数で2回微分した逆数などという抽象的でわかりにくい定義もあった．しかし特に半導体では，有効質量はきわめて現実的ではっきりした意味をもつ重要な物理量である．その値は次に述べる**サイクロトロン共鳴**（cyclotron resonance）の実験によってかなり正確に測定される．

読者はサイクロトロンによる荷電粒子の加速の原理についてはご存じであろう．すなわち質量 M，電荷 q の粒子を磁場 $\boldsymbol{B}$ の中に置くと，$\boldsymbol{B}$ に垂直な面内で角速度 qB/M の回転運動を行なう．これと等しい角振動数の振動電場をその面内に加えると，粒子は共鳴して加速される．

結晶の中のキャリアについても同じで，有効質量 m^*，電荷 q のキャリアは磁場の下で角速度

$$\omega_c = qB/m^* \tag{4.1}$$

で回転する．これと同じ角振動数の電磁波を加えると，電磁波を吸収して加速される．吸収の起こる振動数とそのときの B の値から逆に m^* がわかる．

ただサイクロトロンの場合 粒子は真空中にあって抵抗なく加速されるが，結晶内のキャリアは頻繁に散乱される．サイクロトロン共鳴が観測されるためには，散乱時間 τ の間に ある程度の回転が行なわれる必要がある．あまり回らないうちに散乱されるようでは駄目だ．大体の条件は，積 $\omega_c\tau$ が1以上ということである．これは (3.4) の移動度の式と (4.1) を使うと

$$\omega_c\tau = \mu B > 1 \tag{4.2}$$

とも書ける．したがって8-4表の GaSb 中の電子の場合なら，大体 $B > 2.5\mathrm{T}$ でこの条件が満たされる．この表によれば，あるものは非常に強い磁場が必要そうだが，一般に低温にすれば移動度が大きくなるのでもっと弱い磁場で足りる．なお ω_c はマイクロ波から赤外線領域の振動数に相当する．

前章で述べたように，有効質量は波数 $\boldsymbol{k}$ の関数として変化する．ただエネルギーが極大または極小となる近くでは，前章 (3.17) や (3.19) のよう

§8.4 有効質量,バンド構造

な $\varepsilon(\boldsymbol{k})$ の形となり,有効質量はほぼ一定値をとる.半導体の場合,伝導帯の下端とか価電子帯の上端などがこれに相当する.

立方対称性をもつ結晶では多くの場合,$\boldsymbol{k}=0$ 近くでの伝導帯が

$$\varepsilon(\boldsymbol{k}) = \varepsilon_o + (\hbar\boldsymbol{k})^2/2m_o^* \tag{4.3}$$

のような簡単な形になる.8-5表にいくつかの半導体での m_o^* の値を示す.一般にかなり小さいことが注目される.また傾向として,ギャップ幅 ε_g が小さいほど m_o^* が小さい.同じ系列の物質では両者はほぼ比例する.

8-5表 伝導帯の $\boldsymbol{k}=0$ での有効質量 m_o^*/m

InSb	0.014	GaP*	0.12
InAs	0.022	Ge*	0.038
InP	0.077	AgCl	0.40
GaSb	0.047	AgBr	0.28
GaAs	0.068	CdTe	0.096

ところでこの表で右肩に * のついている物質の場合,$\boldsymbol{k}=0$ は $\varepsilon(\boldsymbol{k})$ の極小点ではあるが最低点ではない.つまりもっと低い場所が別にある.Ge の場合,伝導帯の底は $\boldsymbol{k}$ 空間で (111) 方向の軸上にある.すると立方対称性のため,等価な対角線方向に8つ(実は4つだが*)の最低点が現れる(8-18図).そしてその近傍での等エネルギー面は,対角線方向を回転軸としてその方向に長い回転楕円体になる.そこで底近くの等エネルギー面全体は,原点から8方向に串が出て,それにソーセージを1本ずつ刺したような形となる.一つの最低点近くでの $\varepsilon(\boldsymbol{k})$

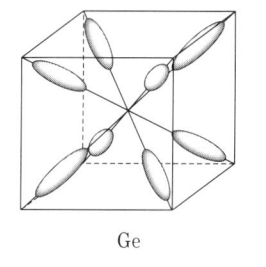

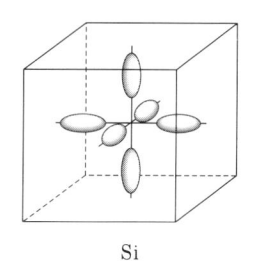

8-18図 Ge と Si の伝導帯の底近くの等エネルギー面

---

* 最低点は第1ブリュアン域の端にある(8-20図,前章7-16図左のL点に相当).そこで1本の串の両端の最低点は同一の点になり,数は半分.ソーセージは4本しかない.また Si の最低点は,端でなく中途にあるので,6つになる.なおこれらの場合 (2.8) の N_c は当然修正されるが,実際は係数を変えるだけでよい.

の形は

$$\varepsilon(\boldsymbol{k}) = \varepsilon_c + \frac{(\hbar k_l)^2}{2m_l^*} + \frac{(\hbar k_t)^2}{2m_t^*} \quad (4.4)$$

のように書ける．ここで，k_l と k_t は最低点から測った串およびそれと垂直方向の距離，m_l^* と m_t^* の値は 8-6 表のようである．串方向に長い等エネルギー面を反映して m_l^* の方が大きいが，m_t^* との差は非常に顕著だ．また Si の伝導帯の底は (100) 方向にある．この場合等価な最低点が 6 つあり，有効質量はやはり串の方向に重い．なおこのように異方的な場合，磁場の方向を変えた測定により，m_l^* と m_t^* を別に決めることができる．

8-6 表

	Ge	Si
$\dfrac{m_l^*}{m}$	1.588 ±0.005	0.9163 ±0.0004
$\dfrac{m_t^*}{m}$	0.08152 ±0.00008	0.1905 ±0.0001

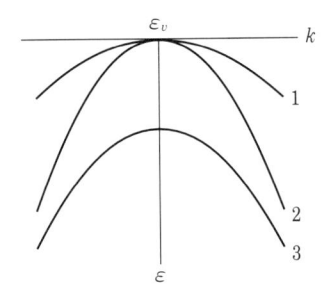

一方，Si, Ge や III-V 化合物の価電子帯上端は $\boldsymbol{k}=0$ にあって，そこで 2 つのバンドが重なっている．そして少し (Si で 0.044 eV，Ge で 0.28 eV) 下に第 3 のバンドの頂上がある (8-19 図)．原点近くでの $\varepsilon(\boldsymbol{k})$ は大体

8-19 図　Si, Ge の価電子帯上端付近の構造 (概念図)

$$\varepsilon_n(\boldsymbol{k}) = \varepsilon_n(0) - (\hbar \boldsymbol{k})^2/2m_n^* \quad (n=1,\ 2,\ 3) \quad (4.5)$$

の形に書けるが，くわしくいうと複雑な異方性がある．なお $\varepsilon_1(0)$ と $\varepsilon_2(0)$ は等しい．各バンドの有効質量の値の例を 8-7 表に示す．

価電子帯と伝導帯の全体的なバンド構造の例を 8-20，-21 図に示す．当面，さらりと眺めるだけでよいと思う．第 1 ブリユアン域

8-7 表　価電子帯上端の有効質量

	m_1^*/m	m_2^*/m	m_3^*/m
Si	0.50	0.15	0.23
Ge	0.35	0.043	0.075
InSb	～0.4	0.015	(0.12)
GaAs	0.68	0.12	0.20

§8.4 有効質量，バンド構造

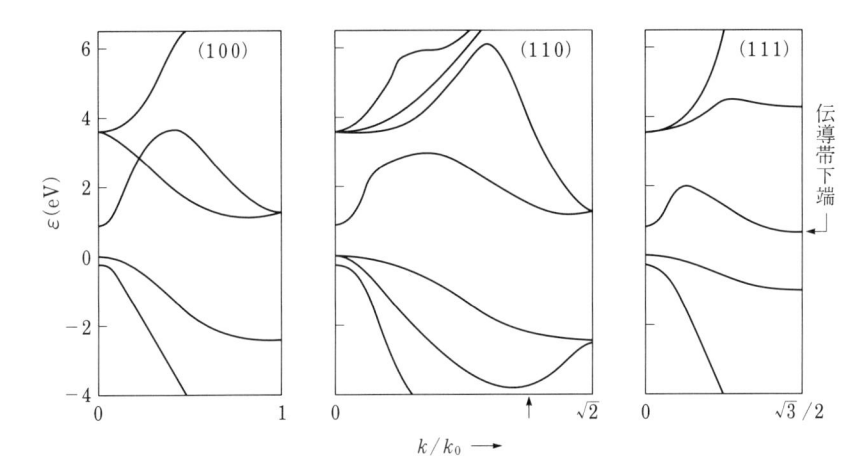

8-20図 Geのバンド構造（$k_0 = 1.111 \times 10^{10}\,\mathrm{m}^{-1}$）．$\varepsilon = 0$が価電子帯上端に相当．

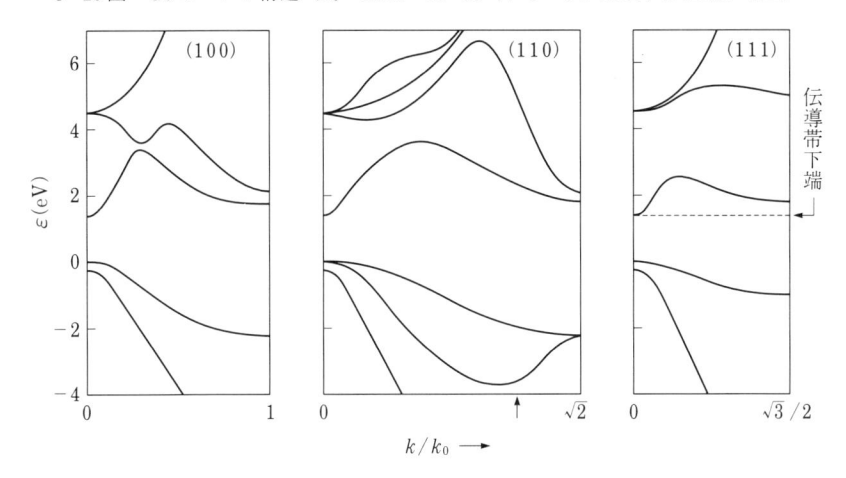

8-21図 GaAsのバンド構造（$k_0 = 1.114 \times 10^{10}\,\mathrm{m}^{-1}$）

はどちらも7-16図の左のような形である．$\varepsilon = 0$が価電子帯の上端に相当するが，上端近傍の（8-19図のような）細かい構造は一部省略して描いてある．またkの単位k_0は付-3図でのaと$k_0 = 2\pi/a$の関係にある．このようなバンド構造は理論的な計算と，光の吸収スペクトルの実験などをもとにして得られた．

光の吸収は，価電子帯の電子が光子を吸って伝導帯に上がることによって生ずるが，その際エネルギーと波数が保存する．しかし光子の波数は非常に小さく，波長 $0.1\mu m$ の紫外線でも $6\times 10^7 m^{-1}$ に過ぎず，上記 k_0 (10^{10} m^{-1} 程度) などに比べ無視できる．したがって光子を吸った電子は，この図において<u>ほとんど垂直上方</u>に遷移する．このような選択律のため，ε が $\boldsymbol{k}$ の関数として寝ているような場所からの（あるいは，への）遷移にともなう吸収スペクトルには，特徴的な構造が現れる．そのような結果から，やや間接的だが，バンド内の特定の場所の間のエネルギー差が得られる．

半導体の普通の伝導現象では，価電子帯上端か伝導帯下端だけが関係し，バンドの一般の部分はかかわりがなかった．しかし近ごろの半導体デバイスでは，しばしば非常に強い電場がキャリアに加わる（たとえば $10^7 \sim 10^9$ V・m^{-1}）．これは，構造の微細化のためそれほど大きくない電位差でも強い電場を生ずること，高速な動作を求めて強い力でキャリアを引っ張ること，などによる．このためキャリア（特に伝導電子）は激しく加速され，通常の熱エネルギーよりもはるかに大きな平均エネルギーをもつようになる．このようなキャリアを**熱いキャリア**（hot carrier）などとよぶが，その振舞の解明にはかなり上までのバンド構造についての情報が必要である．

§8.5　形成された半導体

変な表題だがその意味は次のようである．これまで述べてきたのは，全体が一様な半導体物質の性質についてであった．しかしこのような形で半導体が利用されることはあまりない．多くの場合，性質の違ういくつかの部分から形成された（さらに金属や絶縁体がついたりするが）半導体が使われる．このような加工が割と自由にできるのも半導体の特徴だが，その結果，応用的にも基礎的にも重要な物理現象がいくつか見出された．比較的わかりやすく重要なものをとり上げ説明する．

§8.5 形成された半導体

（1） pn 接合

一つの半導体の中でp型の領域とn型の領域が接していたとする（8-22図上）．電子はなるべく低いエネルギー状態に入ろうとするので，n型領域の電子がp型領域にあるあいた準位に落ちこむ．すると境界に接したn型領域は電子を失って正に帯電し，p領域は逆に負に帯電する．こうして生じた電気二重層が，平行板コンデンサーと同じように働いて，ここに電位差を作る．最終的には電子のポテンシャル・エネルギーが下図のようになって，つり合う．このときn領域のフェルミ準位とp領域のそれとが同じ高さになっている．このような構造を **pn 接合**（p-n junction）とよぶ．外部から電圧を加えたわけでもないのに，いわば作り付けの電位差を生じているのが特徴である．なお接合部分では，ある厚さにわたりほとんど自由キャリアが存在せず，**空乏層**（depletion layer）とよばれる．

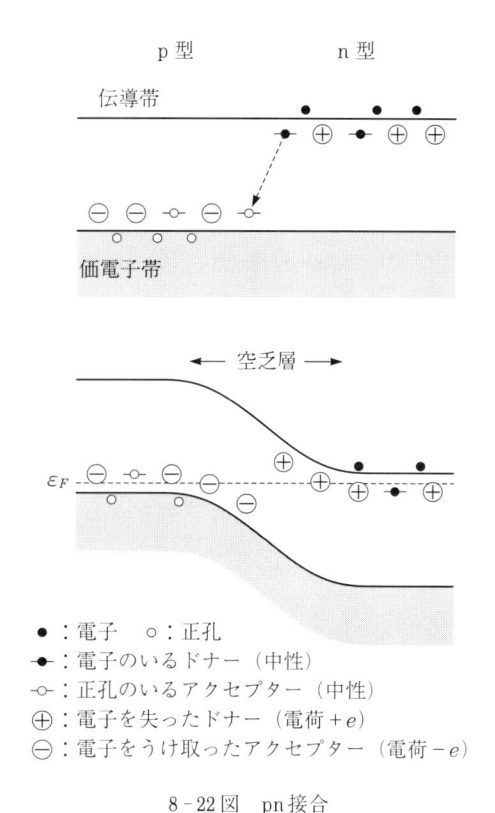

● : 電子　○ : 正孔
●-: 電子のいるドナー（中性）
-○: 正孔のいるアクセプター（中性）
⊕ : 電子を失ったドナー（電荷 $+e$）
⊖ : 電子をうけ取ったアクセプター（電荷 $-e$）

8-22図　pn接合

pn接合の働きで一番有名なのは<u>整流作用</u>である．8-22下図は熱平衡状態で（外部電圧0に相当），電流は流れていない．この状態を詳細に見ると，2つの流れがちょうど打ち消し合っている．すなわちp領域のごく少数の伝導電子が坂を滑り下りて右に向かう流れと，n領域の高濃度の電子が坂を登って左に拡散する流れ，である（8-23図(a)の矢印）．正孔の流れについ

(a) 熱平衡　　　　(b) 順方向　　　　(c) 逆方向

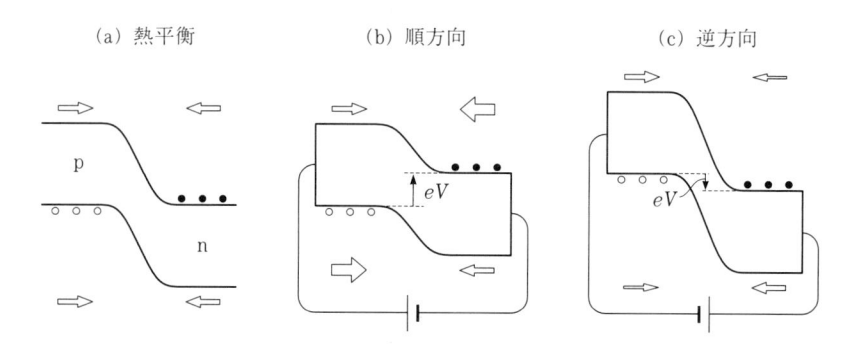

8-23図　pn接合の整流作用
矢印は電子（上）および正孔（下）の流れの大きさを示す．

ても同様である．さてこれにp側を正にする電圧 V を加えると，ポテンシャル・エネルギーの形は(b)のように変わる．* 逆に V が負の場合は(c)のようになる．どの場合でもp→nの電子の流れは，p領域の伝導電子密度（非常に低く一定）で大体きまり，小さくてほとんど変化しない．これに対してn→pの電子の流れは大きく変わる．特に(b)の場合，電子は熱平衡のときよりずっと容易にp領域に入る．電圧 V の下でポテンシャルの落差は $-eV$ 変化する．電子は熱エネルギーの助けをかりてp領域に拡散するので，流れはほぼボルツマン因子 $\exp\{-(-eV)/k_bT\}$ に比例して変化する．そこでほぼ一定のp→nの流れを引いて，接合を通る電子電流の V 依存性は大体次のような形になる．

$$I(V) = I_0[\exp(eV/k_bT) - 1] \qquad (5.1)$$

電圧も電流もp側が正の場合を正にとる．正孔による電流も比例係数以外は全く同じ形になるので，この式が全電流の V 依存性を与える．描くと8-24図のようになり，p→nの方向（$V > 0$）に電流を通しやすい．逆方向には電流は飽和する．接合型トランジスターはこの性質を使っている．

　pn接合は光の放射と吸収に関連して特徴的な働きをする．前者について

---

　* 電圧が V ボルトのときポテンシャル・エネルギーの変化は eV J，すなわち V eV となる．なお空乏層の抵抗が大きいので，外部電圧のほとんどがpn接合にかかる．

は発光ダイオードや半導体レーザー，後者の場合では太陽電池やフォトダイオードなどが知られている．どちらも原理は割と簡単である．

　まず**発光ダイオード** (LED, light emitting diode)．8‐25図は8‐23図(b)と同じだが，やや大きな電圧を加えた場合に相当する．このようにn領域からの伝導電子の流れとp領域からの正孔の流れが接合部でぶつかって再結合（電子が空の準位である正孔に落ちこむこと）し，その際光子を放出する．光子のエネルギー $h\nu$ はほぼギャップ幅 ε_g（これに k_bT 程度プラスされるが）に等しい．したがって放射の波長範囲はあまり広くなく，目的

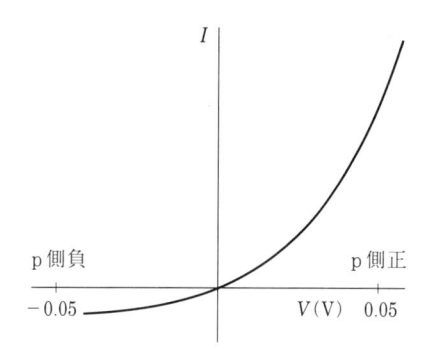

8‐24図　pn接合の整流特性（(5.1)による，$T=300\,\mathrm{K}$)

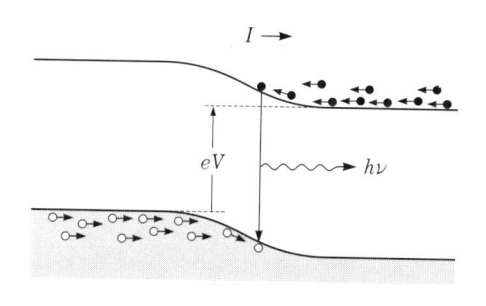

8‐25図　発光ダイオード

によって半導体物質を選ぶ必要がある．またバンド構造についても重要な注文があり，8‐21図の GaAs はよいが，8‐20図の Ge は不適格である．通常，伝導電子は伝導帯の最低点近く，正孔は価電子帯の頂上近傍にいる．GaAs では両方とも $k=0$ 近くにいるが，Ge では全く離れた場所になる．ところで光子を放出して遷移するとき，電子は波数保存則のためほとんど同じ k の所に落ちる．GaAs ではそれが可能だ．しかし Ge での遷移に際しては，たとえばフォノンを同時に吸収か放出して波数保存則を満足させる必要があり，発光の遷移確率は著しく低くなる．前者のタイプを**直接遷移** (direct transition) **型**，Ge のようなタイプを**間接** (indirect) **遷移型**とよぶ．なお LED の発光効率は従来の白熱電球のそれを大きく超えている．

伝導電子密度が十分に高いと伝導帯下端は電子で満たされる（p.173, 8-14 図の 4 の場合がこれに相当する）。正孔が高密度だと価電子帯上端が空になる．このような pn 接合に適当に高い電圧を加えると，8-26 図のようにこの 2 つのキャリア分布の重なる場所が現れる．そこではいわゆる分布反転* が生じ，レーザー作用が起こる．これが**半導体レーザー**だが，実際には接合部分の構造を工夫して電子と正孔を閉じこめ，密度をさらに高めるようにする．

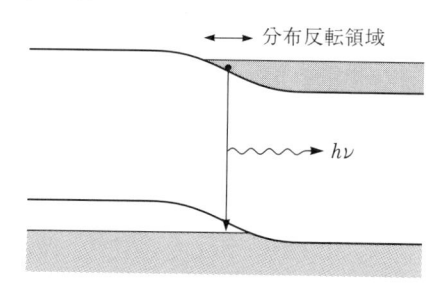

8-26 図　半導体レーザー

次に**太陽電池**（solar cell）．ε_g 以上のエネルギーをもつ光子は半導体中で吸収され電子正孔の対を作る．吸収の場所が pn 接合の領域だと，そこにある電場（$\geq 10^6 \mathrm{V\cdot m^{-1}}$）のため，電子は n 領域へ正孔は p 領域へと分離される（8-27 図の 1）．それ以外の場所でも接合に近ければ，生成されたキャリアはある確率で同じように分離される．たとえば図の 2 でできた電子はその辺をさまよっている間に n 側に落ちこむ．正孔は p 側にとどまる．このような電荷の分離の結果，図中に示されているような電位差が発生し，両端に負荷をつなげば電力が得られる．この原理を用いた太陽電池は太陽光エネルギー（晴天で約 $1\,\mathrm{kW\cdot m^{-2}}$）の十数％ぐらいまでを電力に変換でき

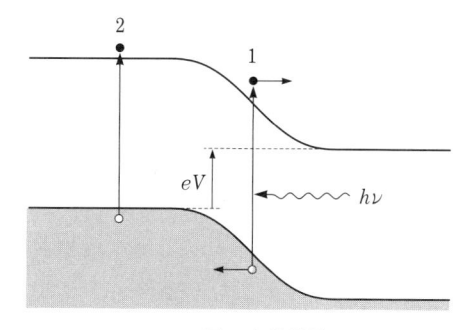

8-27 図　太陽電池
（pn 接合は受光側の表面近くに置く）

---

*　高いエネルギー状態での電子分布（準位が電子で占められている確率）が低エネルギー状態のそれを上回った状態．分布反転とレーザー作用との関係については §10.4 (3) を参照．

る．また優れた光検出器であるフォトダイオードもほぼ同じ原理に基づいている．

（2）ヘテロ構造

ヘテロ構造とは一様でない構造を意味する．多くの種類のものがあり，前項の pn 接合も広い意味ではこれに含まれる．ここでは MBE 法などによって作られる層状構造の半導体について述べる．

例として GaAs と $Ga_{0.7}Al_{0.3}As$ の組合せをとり上げよう．後者は GaAs において，Ga 原子の 30％ を同じ 3 価原子の Al で置き換えたものである．格子定数もほぼ同じなので，両者は無理なくつながって一体の結晶を作る．しかしギャップは GaAs の方が狭く，バンドのエネルギーは 8-28 図のようにつなぎ目で段差を生ずる．このような段差構造は他にもいろいろな半導体物質の間で作られる．なお組合せによっては，一方に対して他方の伝導帯と価電子帯が同じ方向にずれることもある．

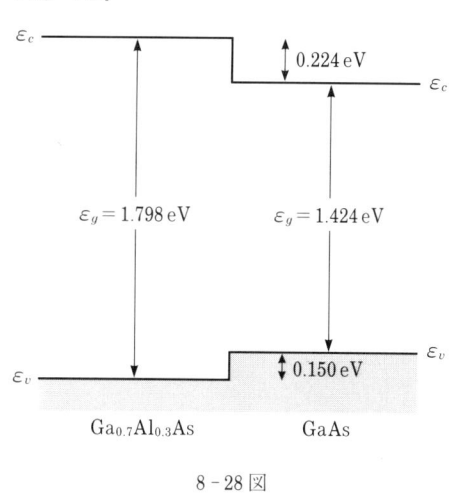

8-28 図

このような段差は，そのまま電子や正孔に働くポテンシャル・エネルギーと考えてよい．したがって，GaAs の伝導帯の底から $0.22\,eV$ 以下のエネルギーをもって左方に進む電子は，段差を越えることができず反射される．

これだけでもヘテロ構造といえるが，特徴的なのは 2 種類（あるいは数種類）の結晶の非常に薄い層を重ねたものである．このような構造は他の方法でも作れるが，MBE（分子線エピタクシー，molecular beam epitaxy）法によるものが分かりやすい．すなわち，分子線を表面に吹きつけて結晶を成

長させて行くわけだが，その組成を必要に応じて変えてやる．層の厚さは吹きつけの強さと時間で制御される．現在では層の厚さ，境界面の平滑さなどの点で十分よい構造が実現できる．

最も簡単なのは，非常に薄い（10 nm 程度の）GaAs の層が 1 枚だけはさまれた構造である．伝導電子について考えると，そのポテンシャル・エネルギー $U(x)$ は 8-29 図のようになる（y, z 方向には一様）．すると y, z 方向には自由に運動できるが，x 方向では GaAs の領域に捕えられた状態が現れる．層が薄いので x 方向の運動は量子化され，エネルギーは離散的になる．量子力学演習での量子井戸の問題だ．そこで全エネルギーは

$$\varepsilon_j + \hbar^2(k_y^2 + k_z^2)/2m^* \tag{5.2}$$

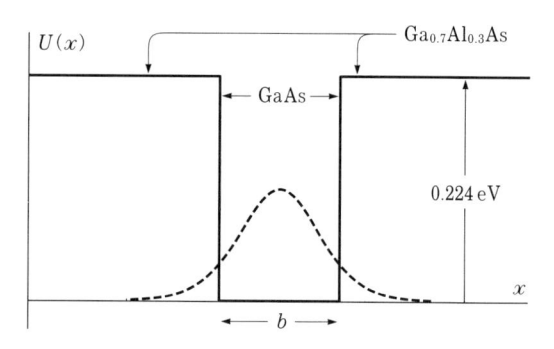

8-29図 量子井戸ポテンシャル．点線は最低束縛状態の波動関数．

のように書ける．ε_j が離散的な x 方向のエネルギー，第 2 項は y, z 方向の運動エネルギーで連続的．たとえば層の厚さ b が 10 nm の場合，2 つの束縛状態が現れ，ε_j は伝導帯の底から測って約 0.032 eV と 0.122 eV になる．* したがって常温ではほとんど全ての電子が下の束縛準位に落ちこむ．こうして電子は事実上 2 次元空間内の電子と同じように振舞うので，**2 次元電子**などとよばれる．このような 2 次元電子系は他にもいろいろな方法によって実現されるが，通常の 3 次元電子系とは違った特異な性質を示す．

逆に $Ga_{0.7}Al_{0.3}As$ の層を GaAs の中に作ると，電子に対するポテンシャル障壁として働く．この障壁は k_bT に比べてかなり高いので，これを越えら

---

* 電子の有効質量は井戸の中でも外でも GaAs での値に等しいとして計算した．それほど悪い近似ではない．

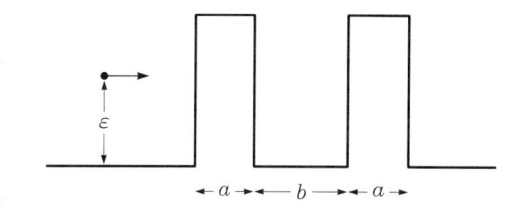

§8.5 形成された半導体

れる伝導電子は非常に少ない．しかし壁が薄いと，トンネル効果による電子の透過が可能となる．この場合の透過確率（ぶつかった電子が反対側に抜ける確率）は，電子のエネルギーが増すと，また壁が薄くなると，急激に大きくなる．ふつうの一重障壁で起こることは大体これだけである．

8-30図　二重障壁ポテンシャル

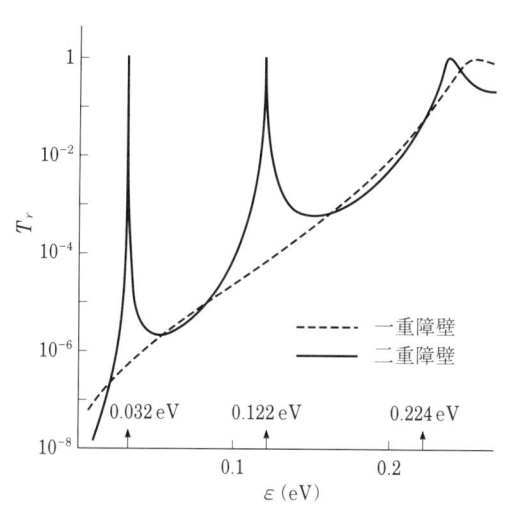

これに対し8-30図のような二重障壁は特異な働きをする．8-31図は一重および二重障壁での透過確率 T_r を，壁に垂直な方向の運動エネルギー ε の関数として比べた例である．実線は a を6.5 nm，b を10 nmとして，また点線は厚さ13 nm（$=2a$）

8-31図　一重障壁および二重障壁でのトンネル透過確率

の壁が1枚あるとして計算した．一重障壁での単調な変化に対し，二重障壁では特定の ε の近くで T_r が鋭いピークを示している．特に8-30図のように，ポテンシャルの形が（適当な原点に対して）左右対称のとき，透過率の最大値は一般に1になる．

このピークの現れるエネルギーは，前述の幅10 nmの量子井戸の ε_j に非常に近い．これは偶然ではない．8-30図にある2枚の障壁にはさまれた領域を考えよう．エネルギーの小さい電子は古典力学だとここに閉じこめられる．量子力学でも一応はここに閉じこめられた電子を考えることができる．

その状態は量子井戸の中の量子状態とよく似ている．しかしその電子は，時間がたつにつれ次第にここでの存在確率が減って，最後にはいなくなってしまう．電子がトンネル効果で壁を抜けるためだ．こうして二重障壁に閉じこめられた状態は（井戸の場合と違って）本当の定常状態ではなく，有限の寿命 τ をもつ．それに応じてエネルギー準位にも $\hbar/\tau$ 程度の幅（不確定）を生ずる（壁が厚くなると τ は急速に長くなり，本当の定常状態に近づく）．そして入射電子のエネルギーが ε_j に近づくと，透過確率が非常に大きくなる．* これは閉じこめられた状態との間の一種の共鳴効果であり，**共鳴トンネル**（resonant tunneling）**効果**とよばれる．類似の現象は化学反応や原子核反応の分野で昔から知られていた．本節の最後でこの現象についてもう少し説明する．

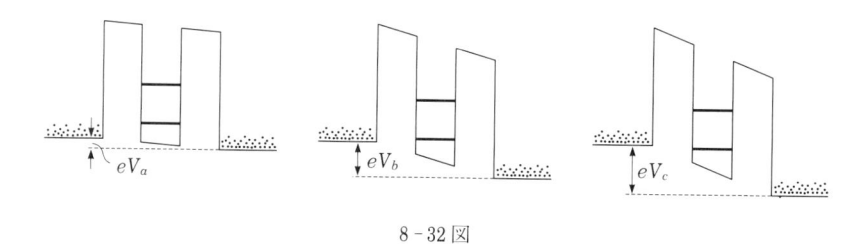

8-32図

伝導電子の運動エネルギーは分布しているので，このような鋭いピークを直接観測することはむずかしい．しかしその反映が電圧を加えたときの電流の流れ方に現れる．二重障壁をもつ半導体に電圧をかけると，障壁部分の抵抗が大きいため，電圧の大部分はここに集中する．8-32図はこのときの障壁部分のポテンシャル・エネルギーの様子と閉じこめ状態の準位（太い横線）を示す．両側の細かい点々は熱分布している電子を表わす．右側が下がると右向きの電子流を生じるが，V_a では流れは非常に小さい．ところが次の V_b では，左側の電子のあるものが閉じこめ準位に近いエネルギーをもち，共鳴的に右に抜ける（このように傾いていても定性的には大差ない）．

---

* 透過確率最大の ε から $\hbar/\tau$ 程度離れると，T_r は大体半分に落ちる．

§8.5 形成された半導体

電子流は大幅に増加する．しかし電圧がさらに増えた V_c では，共鳴条件に合った電子の数が再び減り，電流は逆に減少する．こうして電圧と電流の関係は 8-33 図のようになる．このように I-V 曲線の傾きが逆になる現象は<u>負の微分伝導</u>とよばれ，応用面でも魅力がある．さらに三重の障壁層を

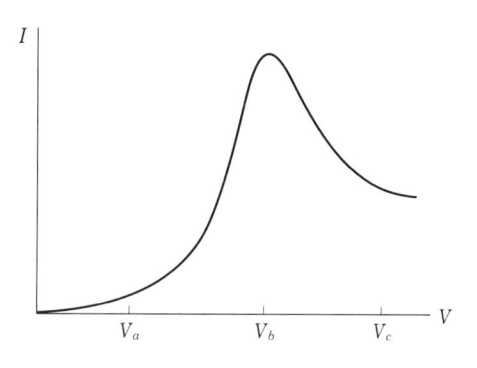

8-33 図　二重障壁層での電圧と電流

作ると，こうした特異性はもっと誇張され，ある特定の電圧の近くだけで電流が流れるというような現象も起こる．

　上記のような構造をさらにくり返して，2 種類の物質を厚さ a, b, a, b, $\cdots$ と周期的になるべく多く重ねた層構造を超格子（super lattice）とよぶ．するとポテンシャル・エネルギーが周期的に変化するので，これによる 1 次元的なバンド構造が現れる．第 1 ブリユアン域は，$-\pi/(a+b) \leq k_x < \pi/(a+b)$ で，普通のバンドの場合に比べてずっと小さい．そこでこれを**ミニバンド**とよぶ．これによるブロッホ振動の可能性については §7.4 の終りで述べた．

　共鳴トンネル効果はシュレーディンガー方程式をきちんと解けば出てくる．しかしそれを示すよりも，この現象の直観的な解釈を述べる方がよいだろう．ただ分かりやすい説明になっているかどうか．
　二重障壁に向かって入射する電子の波束を考える．共鳴は一般に非常に鋭く，エネルギーの不確定は小さい．そこで電子の運動エネルギー（したがって運動量）も同様に鋭く確定している必要がある．つまり共鳴トンネル効果を考えるときの電子の波束は十分長くなければならない．さてこのような波束が障壁に到達しても，最初のうちはほとんど第 1 の壁に反射され，閉じこめ領域には入れない．しかし少しはここに侵入し，小さい振幅の波が現れる．エネルギーが共鳴から外れているとき，これ以上のことは起こらない．侵入した波のそのまたごく一部が第 2

の壁を通って反対側に抜ける．

　一方 共鳴にあたるとき，中に入った波は，両側の壁で反射される結果がうまく干渉し合い，領域内に保持される．これが定常状態の意味でもある．そして後から来た波は先に入りこんだ波と同じ位相で重なり合う．結果として（波束到達の比較的初期には）内部の振幅は時間とともにほぼ直線的に増加する．内部での存在確率はその2乗に比例して加速度的に増えるので，やがて入射波のほとんど全てが吸いこまれるように中に入ることになる．

　こうして中に入った電子は2つの壁の間を往復しているうちに，トンネル効果で外部（左にも右にも）に脱出する．ただこの説明では T_r が1となることまではいえない．このときは別の干渉効果が働いて，帰って行く反射波を打ち消しているのである．

　共鳴トンネル効果はこのような微妙な干渉効果によって生じるので，それを乱すような何か（例えば電子の散乱など）が起こると，透過確率はとたんに大きく減ってしまう．

9 格子欠陥

これまでも格子欠陥という言葉はくり返し現れた．すなわち結晶にはいろいろな乱れ，**格子欠陥**（lattice defect）があって，特に低温での熱伝導や電気伝導に大きな影響を及ぼした．このほかにも多くの重要な現象において，わずかに存在する格子欠陥が主役を演じている．ここでは代表的な格子欠陥のいくつかを取り上げ，それらが関連する現象について述べる．

§9.1 フレンケル欠陥とショットキー欠陥
(1) 欠陥の生成

格子欠陥の中で最も簡単なものは**フレンケル欠陥**（Frenkel defect）と**ショットキー**（Schottky）**欠陥**である．

まずフレンケル欠陥は，結晶内の原子がその正規の位置からさまよい出て，どこかよそのすき間に入りこむ結果発生する．これにより結晶には，原子の抜けた穴とすき間に入りこんだ原子が生ずる．前者を**空格子点**（vacancy），後者を**格子間原子**（interstitial atom），そして両方まとめてフレンケル欠陥とよぶ．

この欠陥の発生の仕方はおよそ次のようであろう．原子は結晶内で振動している．その振幅は平均すればどの原子も同じだが，瞬間的には大きな振幅で振動している原子もあり，そうでないのもある．中には振幅が大きくなり

過ぎて格子点からとび出すものも現れる．しかしとび出して一気に遠くに行くわけではなく，いったん近くのすき間に入る（9-1図の a）．ただこのように格子間原子と空格子点が接近した状態はあまり安定でなく，多くの場合すぐ潰れてしまう．

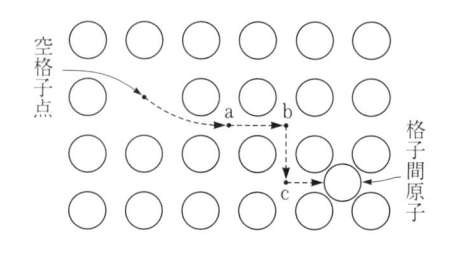

9-1図　フレンケル欠陥とその生成

しかし，ときには格子間原子が b, c と移って行ったり，あるいは他の原子が穴を埋めたりする（空格子点が移る）．この調子で格子間原子と空格子点がさらに遠ざかれば，1対のフレンケル欠陥が完成する．同様にして多数の対が発生するが，格子間原子も空格子点も勝手に動くし出会って消滅もするので，対のパートナーを特定することはできない．

しかし大抵の結晶では原子間斥力が強く働き，格子間原子はできにくい．このような場合空格子点だけが発生する．そのぶん結晶は全体としてがさがさになり大きくなる．この空格子点をショットキー欠陥とよぶ．生成の過程として分かりやすいのは，9-2図のような場合である．まず(A)のように，結晶表面にある原子が激しく振動して元の位置から抜け出し，一つ上の層にせり上がる．次にそれによって生じた穴を，(B)→(C)→(D)のように順に内側の原子が埋めて行く．これは見方を変えれば，空格子点が表面から内部に入りこむ過程ともいえる．なお空格子点の生成消滅はこのような表面からだけでなく，内部の転位（次節）からも起こる．

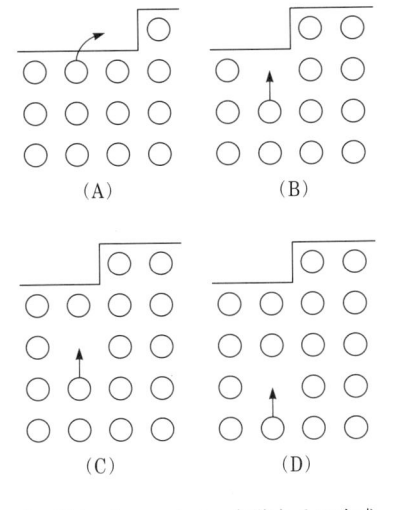

9-2図　ショットキー欠陥とその生成

§9.1 フレンケル欠陥とショットキー欠陥

上のような生成過程は温度の上昇とともに盛んになり，格子欠陥の密度も大きくなる．このような場合いつもそうだが，温度変化の形はボルツマン因子によって与えられる．統計力学的計算（後述）によれば，単位体積当りのフレンケル欠陥対の数（空格子点，格子間原子それぞれの数）は

$$n = \sqrt{NN'}\exp(-W_F/2k_bT) \qquad (1.1)$$

となる．ここで N, N' は結晶単位体積当りの格子点および格子間のすき間の数で，ほぼ同程度の大きさ．W_F は1対のフレンケル欠陥を作るのに必要なエネルギー（**生成エネルギー**とよぶ），すなわち1個の原子を格子点から抜き出して十分遠いすき間に押し込むのに要するエネルギーである．一方，ショットキー欠陥の密度は

$$n = N\exp(-W_S/k_bT) \qquad (1.2)$$

で与えられる．W_S はショットキー欠陥の生成エネルギー，すなわち1個の原子を格子点から表面に移すのに必要なエネルギーである．

9-1表は若干の物質における W_S, W_F の値を示す．片方の値しか出ていないのは，その物質ではそちらが生じやすく支配的だからである．数値はこのように0.5〜1.5eVくらいの場合が多い．そして n/N，すなわち格子欠陥の割合，は融点直下で大体 10^{-4} 程度になる．

9-1表 格子欠陥の生成エネルギー (eV)

Cu	1.17 S	LiF*	1.10〜1.34	S
Ag	1.09 S	NaCl*	1.01〜1.10	S
Au	0.94 S	KCl*	1.11〜1.15	S
Mg	0.89 S	AgCl**	1.4	F
Al	0.75 S	AgBr**	1.1	F
Pb	0.53 S			

S は W_S, F は W_F の値を示す．* は正イオンと負イオンの平均値．電気的中性の条件から正負イオンの空格子点の数は等しい必要があり，平均値が n を決める．** は銀イオンの W_F．

例えば代表的な数値として $W_S \cong 1\text{eV}$，融点が1200K なら，$n/N \cong e^{-9.7} \cong 10^{-4}$．一般に融点の高い物質は強い原子間結合力をもち，$W_S$ や W_F も大きい．このため融点での W/k_bT，したがって n/N の値についても，物質による違いはあまり大きくない．もちろんこれはかなり粗い話であって例外も少なくない．

格子欠陥の密度の式を導くことは，統計力学の典型的な演習問題の1つである．ここで (1.1) の導き方について簡単に説明する．それには結晶の自由エネルギー $E - TS$ を n の関数として求め，それが極小という条件から n を決める．

結晶の単位体積を考える．まずエネルギー E の n に依存する部分は nW_F となる．すなわちフレンケル対の数と1対当り生成エネルギーの積である．一方 欠陥が発生するとエントロピーも増える．このため有限温度ではある程度欠陥のある方が自由エネルギーは低くなる．エントロピーの増加は発生した空格子点や格子間原子の配列の多様さに起因する．すなわち n 個の穴は（重ならなければ）N 個所の格子点のどこにいてもよい．したがって，N から n を選び出す組合せの数 $_NC_n$ 通りの配列の仕方がある．一方 n 個の格子間原子も N' 個所のすき間を任意に選び，$_{N'}C_n$ 通りの配列が可能だ．空格子点と格子間原子とは互いに無関係に配列できるから，両方のあらゆる可能な配列の数は上の2つの積となり

$$w(n) = {}_NC_n \cdot {}_{N'}C_n = \frac{N!}{(N-n)!\,n!} \cdot \frac{N'!}{(N'-n)!\,n!} \tag{1.3}$$

と書かれる．これだけの配列（状態の数）に相当するエントロピーの増加は

$$S(n) = k_b \log w(n) \tag{1.4}$$

となり，フレンケル欠陥の発生にともなう自由エネルギーの増加は

$$F(n) = E(n) - TS(n) = nW_F - k_b T \log w(n) \tag{1.5}$$

熱平衡での n の値は，F が極小すなわち $dF/dn = 0$，から求められる．スターリングの公式 $\log x! \cong x \log x - x$ を使って計算すると

$$\frac{dF}{dn} = W_F - k_b T \log\left[\frac{(N-n)(N'-n)}{n^2}\right] = 0 \tag{1.6}$$

となるが，融点直下でも $N, N' \gg n$ が成り立つので，$(N-n)(N'-n)$ は NN' で置き換えられ，その結果 (1.1) が導かれる．

上記の $w(n)$ 通りの配列の中には，格子欠陥同士が接近していたりして，その間の相互作用エネルギーを無視できないものもある．しかし一般にはそのような配列の数は $w(n)$ に比べ非常に少なく無視できる．その意味で上述の導出はかなり正確と考えてよい．ただ格子欠陥の密度が高くなった場合など，上では考慮しなかった相互作用が効くことも起こりうる．

（2） 拡 散 (diffusion)

この現象は固体よりも気体や液体の中で顕著である．その場合原子（や分子）は，周りとの衝突をくり返しながら，熱運動によって次第に位置を変

§9.1 フレンケル欠陥とショットキー欠陥

えて行く．その結果 最初1個所にまとまっていた1群もだんだんに広がり散らばることになる．それに比べると固体では，原子は格子点に捕えられており，容易にはその位置を変えられない．しかし格子欠陥を仲介としていくらかは移動でき，拡散をひき起こす．固体の中での拡散は冶金とか半導体加工（拡散は一方で劣化の原因にもなる）などの分野で重要である．

拡散には大きく分けて<u>不純物の拡散</u>と<u>自己拡散</u>とがある．例えば鉄の結晶の中を炭素原子が，Ge結晶の中をAs原子が動くようなのは前者である．一方 後者は銅の結晶の中を銅原子が移動するような，構成要素自身の拡散である．応用面からいえば前者が重要だが，拡散の基本的な機構について説明するためまず自己拡散について述べる．

格子間原子や空格子点は，9-1図や-2図にあるような移動をランダムにくり返して結晶内を動き回る．それにより結晶原子そのものもかき混ぜられ拡散する．ところで格子欠陥の移動の際には，途中でエネルギーの高い状態を通らなければならない．格子間原子の場合，1つのすき間から隣のすき間に移る途中で，さらに狭い所を他の原子を押しのけて通る必要がある．また空格子点の移動のときは，隣の原子がここに移ってくるわけだが，途中で結合状態が入れ換わる．どちらの場合にも，熱エネルギー k_bT に比べかなり大きいエネルギー（活性化エネルギーとよぶ）が必要となる．それを U と書くと，格子欠陥の移動の頻度（1秒間当りの移動回数）はおよそ

$$\nu = \nu_0 \exp(-U/k_bT) \tag{1.7}$$

のような式によって与えられる．ここで ν_0 は原子の結晶内での振動数と同程度の大きさで，大体 $10^{12} \sim 10^{14} \mathrm{s}^{-1}$ くらいである．* この式は定性的には次のように説明される．まず移動しようとする原子には，大体9-3図のようなポテンシャルが働くと思われる．そして原子はふつうは k_bT 程度のエ

---

* ν_0 は実際の振動数より1桁程度大きくした方が実験に合う．その理由の一つは，U が $U_0 - \beta T$ $(\beta > 0)$ のように温度変化し，そのため因子 e^{β/k_b} だけ ν_0 が大きくなって見えるからである．

ネルギーをもち，ポテンシャルの底で振動している．その振動数を ν_0 とすると，原子は毎秒 ν_0 回ポテンシャルの山にぶつかっては押しもどされることになる．しかし稀にだが U 以上のエネルギーをもつこともあ

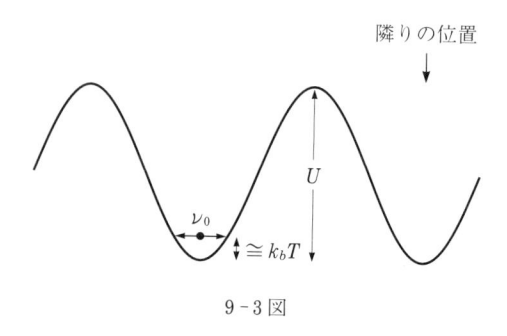

9-3図

り，その場合には山を乗り越えて隣に移る．原子がこのように大きなエネルギーをもつ確率はボルツマン因子 $\exp(-U/k_bT)$ によって与えられる．そこで1秒間当りの移動回数は ν_0 とこの因子との積になり，(1.7)が出る．しかし実際の格子欠陥の移動は，固定されたポテンシャルの中での1原子の移動，というような単純なものではない．かなり多数の原子の運動が同時に関与した複雑なもので，もっと面倒な取扱いが必要である．ただその場合でも結果は上とあまり変らない．

結晶内の<u>一般の原子</u>の移動頻度 ν^* は，上の ν に格子欠陥の存在比 n/N を掛けたものになる．* そこでショットキー欠陥による拡散の場合なら

$$\nu^* = n\nu/N = \nu_0 \exp[-(U+W_s)/k_bT] \qquad (1.8)$$

となる．格子間原子による移動の場合についても同じような式が得られる．もちろん U の値は格子欠陥の種類によって異なる．そして ν^* の大きさは，指数関数の部分によって決定的に支配される．何種類かの格子欠陥が共存していても，実際には指数関数の中の $U+W$ の一番小さいものが他を圧倒して，拡散の速さを決める．

---

* まず格子間原子を使っての拡散の場合を考える．格子間原子は絶えず発生したり，（空格子点とぶつかって）消えたりしている．どの原子も，長時間の平均では平等に n/N の割合で格子間原子となり得て，その間は毎秒 ν 回動く．したがって任意の1原子の時間平均した移動頻度は $\nu n/N$ となる．次に空格子点による拡散の場合，n 個の空格子点がそれぞれ毎秒 ν 回動くと，それにより全体で $n\nu$ 個の原子が動く．1原子当りの移動頻度は $n\nu$ を原子の総数 N で割ったものになる．

§9.1　フレンケル欠陥とショットキー欠陥

拡散の速さは**拡散係数** D によって表わされる．これは ν^* と大体
$$D \cong \nu^* a^2 \tag{1.9}$$
という関係にある．ここで a は1回の移動距離であり，格子定数とほぼ同程度の長さ．これに (1.8) の ν^* を入れると
$$D \cong \nu_0 a^2 \exp\left[-\frac{W_s + U}{k_b T}\right] \tag{1.10}$$
が得られる．例えば $\nu_0 = 10^{14}\,\mathrm{s^{-1}}$, $a = 0.3\,\mathrm{nm}$ として，$\nu_0 a^2$ は $10^{-5}\,\mathrm{m^2 \cdot s^{-1}}$ ほど．さらに $U = W_s = 1\,\mathrm{eV}$, $T = 1200\,\mathrm{K}$ として指数関数は $e^{-19.3}$, D は $4 \times 10^{-14}\,\mathrm{m^2 \cdot s^{-1}}$ 程度となる．多くの金属やアルカリ・ハライド結晶などで，自己拡散は空格子点を介して起こることが知られている．格子間原子によるものは比較的稀だが，AgCl や AgBr の中での $\mathrm{Ag^+}$ イオンの自己拡散がその例である．

しかし自己拡散によってある原子が他の原子と入れ代わっても，それらが全く同種類のものだったら何の変化も起こらず，実験的に調べようがない．そこで目印として放射性同位体を使う．同位体の原子は質量が少し違うこと以外，その振舞にはほとんど差がない．そこで例えば銅の結晶の表面に小量の放射性 $^{67}\mathrm{Cu}$ を塗り，放射能がだんだん中にしみこんで行く様子を調べる．9-4図はこうして測った銅の自己拡散係数で，縦軸は D を対数目盛で，横軸は T の逆数でとってある．$U + W_s$ の値は約 2 eV である．

不純物原子の拡散も大体同じように考えることができる．ここで不純

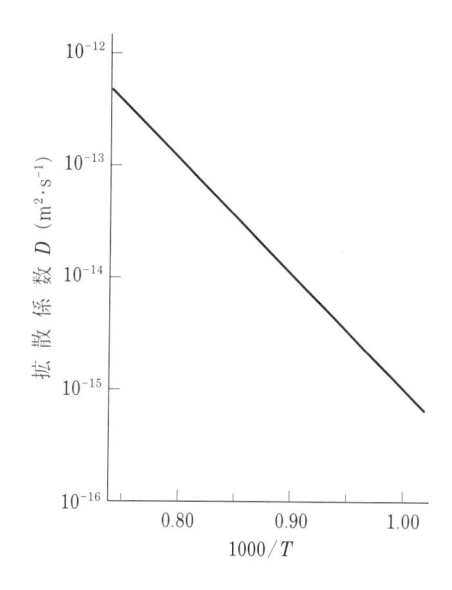

9-4図　銅の自己拡散係数

(a) 割りこみ型　　　　　　(b) 置　換　型

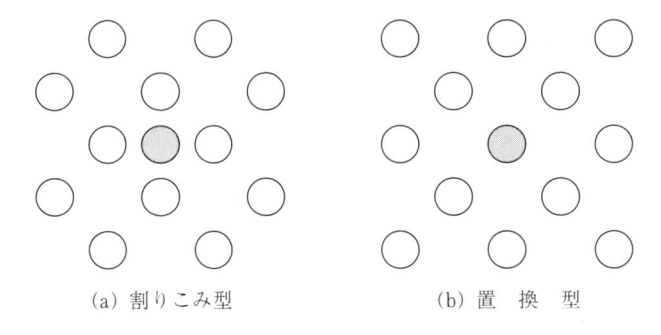

9-5図　不純物原子の入り方，2つのタイプ

　物原子の母体結晶への入り方には大別して2通りある．1つは9-5図の左のように結晶格子の すき間に入りこむタイプで，もう1つは右のように母体の原子の位置に置き換わって入るタイプである．前者は割りこみ型などとよばれ，例としては鉄の中の炭素原子などが有名である．一般に半径の小さい不純物原子がこのタイプに属する．後者は置換型とよばれ，前章で見たGe結晶中の3価や5価の不純物などがその例である．

　置換型の場合，不純物原子の移動は自己拡散での移動と同じように行なわれる．すなわち，(1) 時たま隣に現れる空格子点を埋めるか，(2) 自分自身が格子間に入りこんで動くか，である．実際には(1)による場合が多い．拡散係数の大きさは，自己拡散の場合と（対数的に）同程度である．

　一方 割りこみ型の場合には，不純物原子はすでに格子間に入りこんでおり，そのまま移動すればよい．拡散係数は置換型や自己拡散の場合に比べずっと大きくなる．移動のための活性化エネルギーを U とすれば，拡散係数は

$$D \cong \nu_0 a^2 \exp(-U/k_b T) \tag{1.11}$$

となる．なお U の値は，不純物原子の半径が小さいと（狭い所を通り抜けやすくなるので），小さくなる．D は大きくなる．

　拡散係数 D の意味について説明する．ある1原子に着目すると，それは時間の

経過とともに次第に位置を変えて行く．D が大きいほどその動きは速いが，t 秒間での平均移動距離はほぼ $\sqrt{Dt}$ で与えられる．$\sqrt{t}$ に比例するのは，拡散運動が§2.4で述べた乱歩運動の一種で，毎回の移動方向がランダムなためである．さて長さ a のランダムな移動を n 回行なった後の平均移動距離は $\sqrt{n}\,a$ である．一方 t 秒間の移動回数は $\nu^* t$ なので，この距離は $\sqrt{\nu^* t}\,a$ と書かれる．これが $\cong \sqrt{Dt}$ ということから，(1.9) が導かれる．なお，たとえば $D = 10^{-14}\,\mathrm{m^2 \cdot s^{-1}}$ のとき，100秒間には平均 $10^{-6}\,\mathrm{m} = 1\,\mu\mathrm{m}$ 程度移動する．さらに1cm の移動には $10^{10}\,\mathrm{s}\,(\cong 300$ 年) もかかる．一般に固体の中での拡散は非常に遅い．

（3） イオン伝導 (ionic conduction)

NaCl や AgCl のようなイオン結晶は，電子的には絶縁体だが，イオンの移動による伝導性を示す．この場合もイオンは格子欠陥を介して動く．アルカリ・ハライド結晶では正イオンの空格子点が，また AgCl などでは格子間 Ag^+ イオンが電流を運ぶ．負イオンはイオン半径が大きく，動きにくい（U が大きい）ため，その寄与は一般に無視できる．

イオン伝導の機構については，格子間イオンの場合を考えるのが分かりやすい（9-6図）．この格子間正イオンは，電場のないときには，その最寄りの格子間位置のどれにでも同じ頻度で移動する．しかし図のような電場が働くと，Aに移る頻度が少し減り，逆にBへの頻度が増える．こうして格子間イオンは平均として電場方向に動き電流を流す．

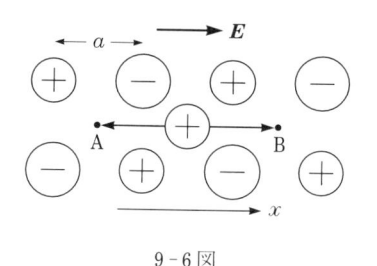

9-6図

移動の頻度が方向によって違う理由は9-7図によって説明される．この図は9-3図と似たものだが，まず電場のないとき，格子間イオンに働くポテンシャルは点線のようで，左右の山の高さは同じである．電場 E がかかると静電ポテンシャル $-eEx$ が加わり，イオンのうけるポテンシャルは実線のように変る．このため真ん中にいるイオンから見ると，越えるべき山の

高さが左側では $eEa/2$ だけ高くなり，右側では同じだけ低くなる．そこで左側に移る頻度 $\nu_\leftarrow$ は (1.7) の中の U を $U + eEa/2$ と置き換えた

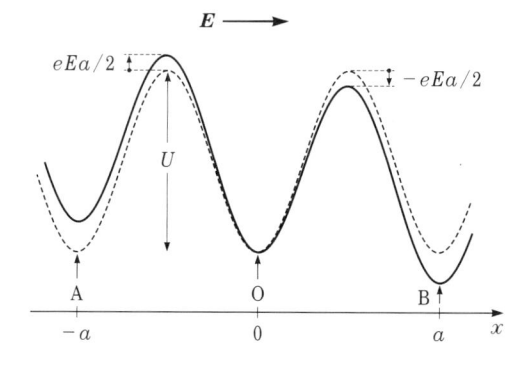

9-7図　電場によるポテンシャルの変化

$$\nu_\leftarrow = \nu_0 \exp\left[-\frac{(U + eEa/2)}{k_b T}\right] = \nu \exp\left[-\frac{eEa}{2k_b T}\right] \qquad (1.12)$$

のように減少する．ところで通常の条件では $eEa \ll k_b T$ が成り立つ．たとえば E が $1000\,\mathrm{V \cdot m^{-1}}$，$a$ が $3 \times 10^{-10}\,\mathrm{m}$ として eEa は $3 \times 10^{-7}\,\mathrm{eV}$．一方 $k_b T$ は常温で $0.03\,\mathrm{eV}$ ほど．したがって exp を展開して

$$\nu_\leftarrow = \nu[1 - (eEa/2k_b T)] \qquad (1.13)$$

と書くことができる．同様に右への移動頻度 $\nu_\rightarrow$ は

$$\nu_\rightarrow = \nu[1 + (eEa/2k_b T)] \qquad (1.14)$$

こうして格子間イオンは毎秒 $\nu_\rightarrow - \nu_\leftarrow$ 回右に移動する．したがって

$$\langle v \rangle = a(\nu_\rightarrow - \nu_\leftarrow) = ea^2\nu E/k_b T \qquad (1.15)$$

という平均速度で右に動くことになる．このような格子間正イオンが単位体積当り n_+ 個あったとすると，電流密度 j は

$$j = n_+ e\langle v \rangle = n_+ e^2 a^2 \nu E/k_b T \qquad (1.16)$$

となり，電気伝導度は

$$\sigma = \frac{n_+ e^2 a^2 \nu}{k_b T} = \frac{e^2 a^2 \nu_0 \sqrt{NN'}}{k_b T} \exp\left[-\frac{(U + W_F/2)}{k_b T}\right] \qquad (1.17)$$

となる．ここで n_+ に対し (1.1) を使った．

空格子点による伝導も大体同様に考えてよい．9-8図のような空格子点

において右向き電場が働くと，左側のA，Bイオンにとっては越えるべきポテンシャルの山が$eEa/2$だけ低くなり，右側のC，Dにとっては高くなる．その結果，空格子点（正イオンの穴なので$-e$の電荷をもつ）は平均して左側に動き，右向き電流を流す．この場合移動できるイオンがいくつもあって多少複雑だが，伝導度は空格子点の移動頻度と密度に比例しほぼ

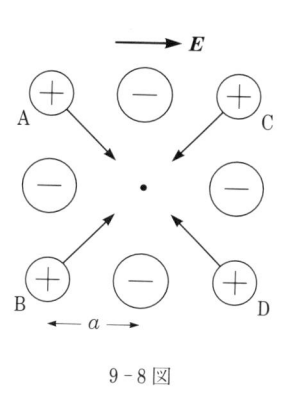

9-8図

$$\sigma \cong \frac{e^2 a^2 \nu_0 N}{k_b T} \exp\left[-\frac{U + W_s}{k_b T}\right] \tag{1.18}$$

のような格子間イオンの場合と似た形になる．

9-9図はKCl結晶でのイオン伝導度の実測例である．高温側の直線部分が(1.18)に相当する．試料は異なる量の$CaCl_2$を小量含み，それによる差が低温領域に見られる．すなわち2価のCa^{++}イオンが入ると，電気的中性の条件を満たすため，それと同数のK^+の空格子点ができる．低温では負電荷の空格子点はCa^{++}の近傍に捕えられるが，温度が上がると離れて伝導に寄与する．不純物半導体でのキャリアの振舞に似ている．なお出払い領域に相当する温度での図の傾きからUがわかる．

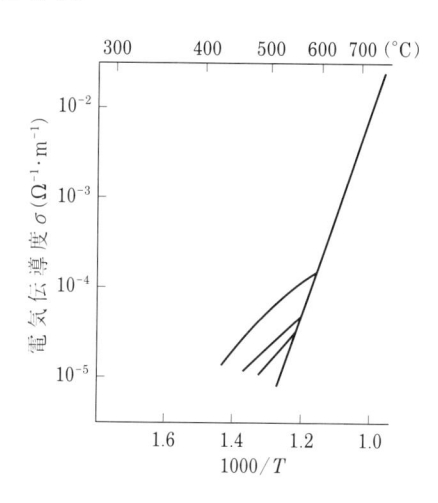

9-9図　KClのイオン伝導度

204   9. 格子欠陥

(4) 写真感光現象

　この現象の舞台はハロゲン化銀，主役は格子間銀イオンと伝導電子である．その筋書きのあらましは**ガーネー‐モット**（Gurney‐Mott）**の理論**によって最初に提案されたが，その後実用上の重要性もあって多くの研究が積み重ねられている．

　フィルムの感光作用をひき起こす本体は，ハロゲン化銀（AgCl，AgBr，AgI またはそれらの混晶）で，大きさ $0.05 \sim 2\,\mu$m くらいの微結晶の形で乳剤のゼラチン中に分散している．これに光が当たると，光子のエネルギーを吸って電子が伝導帯に上がる*（9‐10図(a)）．この伝導電子は微結晶中をさまよっているうちに，捕獲中心なるものに当たってそれに捕えられる．これは各種の不純物や格子欠陥で，特に以下の過程がうまく進むようなものを感光中心とよぶ．電子を捕えた感光中心は負に帯電するので，周囲の格子

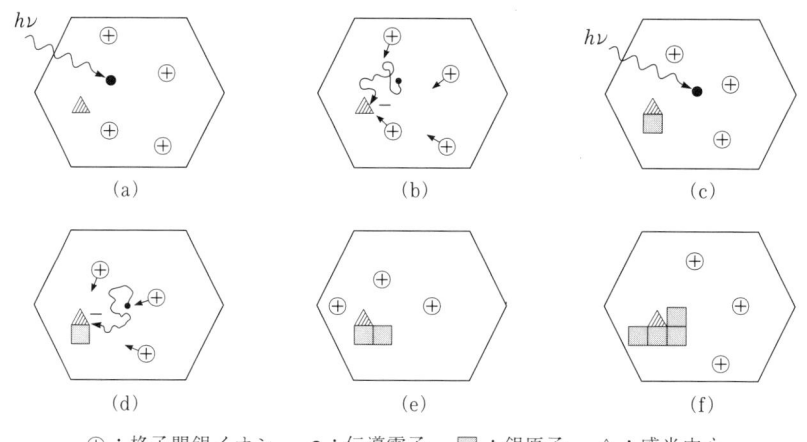

⊕：格子間銀イオン　●：伝導電子　▭：銀原子　△：感光中心

9‐10図　感光作用の説明

---

*　ハロゲン化銀のギャップはかなり大きく，価電子帯の電子を伝導帯に上げるには青色光より短波長の光が必要である．そこで適当な増感剤（価電子帯より高いエネルギーの所に電子をもつ）を加え，波長の長い赤色光などでも伝導電子が生じるようにする．

間銀イオン*を引き寄せる（図の(b)）．やって来た銀イオンはそこで電子と結びついて銀原子になる(c)．普通の露光時間はこのような原子的過程の時間に比べ十分長いので，光はまだ当たり続けており，さらに伝導電子が発生する(c)．次の伝導電子を捕えた感光中心はまた格子間銀イオンを引き寄せる(d)．このような過程をくり返すと，ここに非常に小さい銀結晶ができる(e, f)．これを潜像とよぶ．現像処理を行なうと，この潜像が種子となって銀結晶が成長してくる．種子となり得る最小サイズは銀原子4個だという．光の当たらなかった微結晶を現像しても，銀結晶は育たない．そのあとハロゲン化銀を溶かし去るのが定着で，銀結晶だけが残る．

§9.2 転 位

前節で述べたような格子欠陥は点欠陥とよばれる．すなわちその大きさは1原子か，もっと複雑なものでも数原子程度，巨視的に見れば点といってよい．これに対して転位は1次元的な長さをもち線欠陥とよばれる．転位が関係する現象はいくつかあるが，最も重要なのは結晶の塑性変形である．

（1） 弾性変形と塑性変形

結晶に外力を加えると変形する．力の弱い間は変形は外力に比例し（フックの法則），外力がなくなれば変形も消えて結晶は元の形にもどる．このような変形を**弾性変形**（elastic deformation）とよぶ．しかし外力の強さがある限界を越えると，力を除いても元の形にはもどらなくなる．この種の変形を**塑性変形**

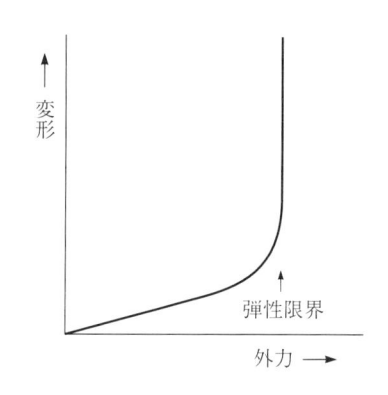

9-11図 外力と結晶の変形（概念図）

---

* 格子間銀イオンは，U が AgCl で 0.018 eV, AgBr で 0.042 eV と小さく，非常に動きやすい．

(plastic —) とよんでいる．9-11図は外力による結晶変形の典型的な様子を示す．すなわち，外力がある限界に達すると変形が急に増加する．そしてそれ以後の変形が塑性変形になる．このような限界を**弾性限界** (elastic limit) とよぶ．

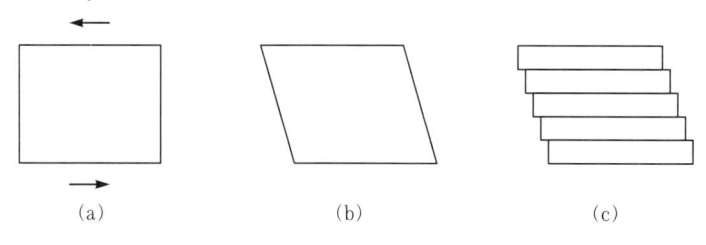

9-12図　塑性変形とすべり I

塑性変形を起こした結晶を細かく調べると，結晶面に沿って**すべり** (slip) が観察される．すべりというのは，ちょうどカードを重ねてずらしたような感じのものだ．たとえば，9-12図(a)のような力をうけて(b)のように塑性変形した結晶を顕微鏡で見ると，(c)のようになっている．各段の厚さや横方向のすべりは（実際には図のようにそろってはいないが），顕微鏡で見えるくらいだから，原子間距離などに比べてはるかに大きい．他のタイプの塑性変形についても同様で，たとえば棒を強く引いて伸ばした場合，9-13図(c)のようなすべりを生じている．

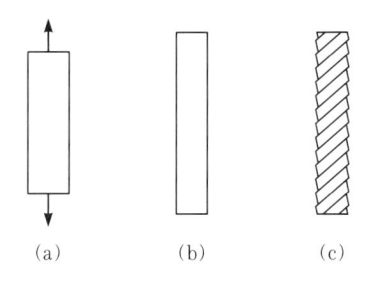

9-13図　塑性変形とすべり II

結晶が強い外力によってすべりを起こす原因として，最初は次のような機構が考えられた．9-14図(a)の結晶に力を加えたとする．力が弱いときの変形は(b)のようで，力を除けば上下の層の間の結合力のため元にもどる．しかし十分強い力で(c)のような状態まで変形させると，上下の新しい原子対（点線で結んである）の間に結合力が働き，力を除いても元の形にはもどらない．こうしてすべりが起こる．もっとも，実際にはここまで変形させる

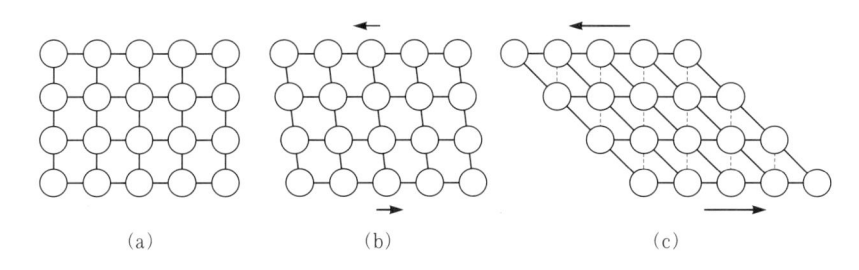

9-14図 すべりの発生（古い説明）

必要はなく，その数分の1の変形で足りる．

　上の説明によれば，結晶を(c)の程度（あるいはその数分の1）まで変形させる外力が弾性限界を与える．これは弾性定数から見積ることができる．たとえばAlの場合，こうして求めた弾性限界は$10^{10}\,\mathrm{N\cdot m^{-2}}$程度となる．* しかし実測値ははるかに小さく，純粋な単結晶では$4\times 10^5\,\mathrm{N\cdot m^{-2}}$に過ぎない．しかも上の説明だと弾性限界は同じ物質ならほぼ同じ値になるはずなのに，実際は純度とか熱処理によって大きく異なる．たとえば同じAlでも，純度の低い結晶では$10^8\,\mathrm{N\cdot m^{-2}}$ほどに増える．こうして初期の説明では実験事実と全く合わない．この問題はテイラー，オロワン，ポラニー (Taylor, Orowan, Polanyi) らの導入した**転位** (dislocation) の考えにより解決された．

(2)　転位と塑性変形

　9-15図はテイラーの論文にあった有名な図を少し変えて描いたもので，破線の円に囲まれた部分が転位である．実際の結晶では，紙面に垂直に同じ原子配列が重なっており，転位は1次元的な線を作る．このような転位が (b) → (c) → (d) と右から左へ結晶を横切って動くと，結晶の上下の部分の間に長さbだけのすべりが起こる．この長さは，いわば転位によるすべ

---

* これは$1\,\mathrm{cm}^2$当り$10^6\,\mathrm{N}$，すなわち約$10^5\,\mathrm{kg}(=100\,\mathrm{ton})$の荷重に耐えるわけで非常な強さである．逆に転位がないと，結晶はこの程度の強さを示す．

(a)　　　　　　　　　　　　　　(b)　　b

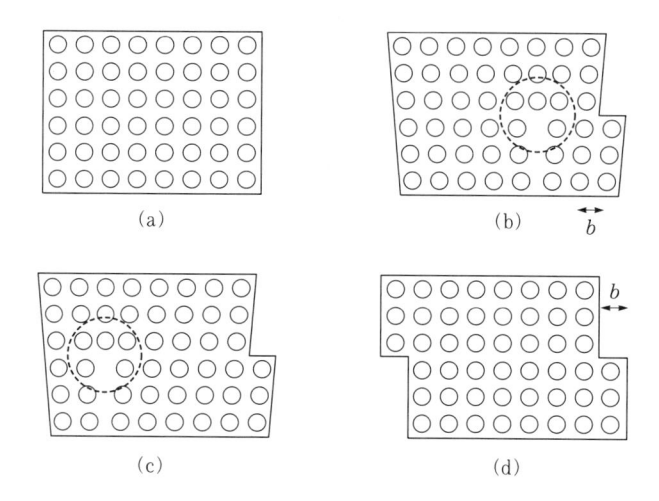

(c)　　　　　　　　　　　　　　(d)　　b

9-15図　転位とすべり

りの単位で，方向も含めて**バーガース（Burgers）ベクトル**とよばれ，bで表わされる．ところで図の(b)や(c)を見ると，転位より右側の部分はすでにすべりを完了しており，左側はまだである．すなわち結晶に部分的なすべりが生じたとき，その境目に発生するのが転位ともいえる．

9-16図はこの立場からの転位の説明である．まず(a)のような結晶をとり，切れ目（影の部分）を入れる．次に切れ目に沿って上下を相互にbだけずらす．切れ目のない部分はずれないので，その境界に沿ってしわ寄せが生じる．このしわ寄せが転位だが，大別して2種類できる．まず(b)のよう

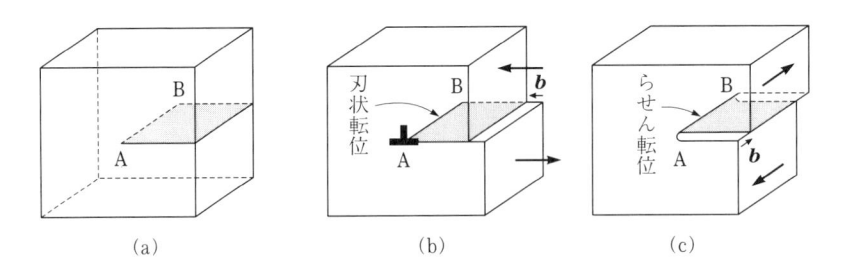

(a)　　　　　　　　　　(b)　　　　　　　　　　(c)

9-16図　刃状転位とらせん転位の説明

§9.2 転位

に境界 AB とすべり b とが垂直の場合の転位は，9-15図にあるものと同じで，**刃状転位**（edge dislocation）とよばれる．9-15図を見直すと，上から原子面が1枚余分に入りこみ，その下端に転位がある．この余分な原子面を刃に見立てて，このように名付ける．

なお9-16図(b)にある記号 ⊥ は刃状転位を表わすのに使われる．一方(c)のように境界とベクトル b が平行な場合，**らせん**（screw）**転位**が生ずる．この転位近傍の結晶格子の様子は9-17図のようになる．この場合，原子面に沿って転位の周りを回ると，その軌跡は閉じないで らせん を描く．なおもっと一般的には，切れ目の境界は b に対し斜めであってもよいし，さらに曲線であってもよい．その場合，刃状と らせん の混じった転位が生ずる．

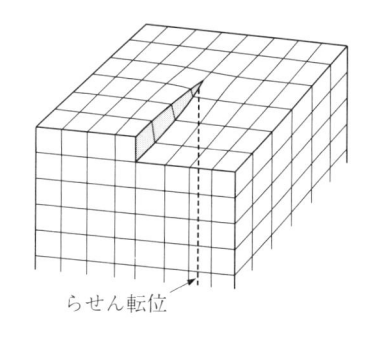

9-17図　らせん転位近傍の結晶格子

　例外的な場合を除けば，現実の結晶はかなり多くの転位を含んでいる．*そして転位は比較的弱い外力によって9-15図のように動き**，その結果すべりが起こる．したがって結晶の弾性限界は，転位を動かすのに必要な外力の強さによって決められる．

　外力の下で転位がどのように振舞うか，刃状転位の場合について説明しよう．まず9-18図は外力のないときの転位周辺の原子配列である．黒丸は転位の中心が実線の ⊥ の所にあるときの，また白丸は中心が b だけ左に移っ

---

*　普通の結晶で $1\,cm^2$ 当り $10^5 \sim 10^9$ 本くらい，多いもので 10^{12} 本ほどに達する．なお，転位の密度はこのように一定面積の面を貫く本数で定義される．

**　9-15図において，(a)は転位の動きとすべりとの関係を見やすくするためにつけ加えた補助的な図である．外力によって(a)→(b)のような変化が起こるわけではない．すべりは結晶内にすでに存在する転位が動くことによって起こる．それでは，結晶内にあるだけの転位が端まで動いて行って，全部掃き出されたりはしないか？　実際は逆で，すべりが起こると結晶内の特定の場所で転位の増殖作用が働き，転位の密度はかえって増加する．そして大量に増殖した面で大きなすべりが起こる．

て点線の∴にあるときの，原子配列を示す．2つの原子配列は全く同等で，転位の最低エネルギー状態に相当する．同じ様に転位の中心を b ずつ移した状態は（表面近くを除いて）すべて同じエネルギーをもち，外力のないときのつり合い状態になっている．

次に，最初黒丸のような原子配列だった転位に，太い矢印で示すような外力を加えたとする．すると上

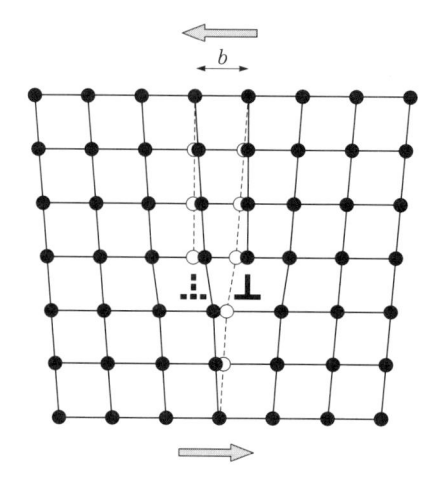

9-18図　刃状転位の動き

半分の原子は左へ，下半分は右へずれる．転位周辺の原子はそれぞれ白丸の位置に向かってずれる．これは転位の中心が左へ動いたことに相当する．外力が弱いときこのずれは小さい．しかしこの状態でのエネルギーは最初の原子配列に比べてやや高いので，配列を元の黒丸の位置にもどそうとする復元力が働く．この復元力と外力とのつり合いが，外力下での転位の状態を決める．この場合，外力が消えれば状態は最初の配列にもどる．外力が強くなるにつれ，黒丸位置からのずれも大きくなる．しかし白丸の位置までずれる前に，復元力最大の状態が現れる．それより強い外力が加わると，復元力では転位を支えきれなくなり，転位は左に向かって止めどなく走り出す．その結果すべりが起こる．このような，転位の動き出す限界の力を**パイエルス力**（Peierls force）とよぶ．

このような考え方が，古い説明よりずっと小さい弾性限界を与えそうなことは，ある程度直観的に分かると思う．実際，パイエルス力の理論値は古い見積りに比べ数桁小さくなる．その理由はおよそ次のようである．

（ⅰ）外力のないときの原子位置から，最大復元力に相当する原子位置まで，個々の原子の動きはごくわずかであること．9-18図は見やすくするた

§9.2 転位

め，転位の中心が動いたときの原子の動きを非常に誇張して描いてある．白丸と黒丸の位置の差は一般にはもっとずっと小さい．そして原子をごくわずかずらすには弱い力で足りる．

（ii）さらに，転位は結晶の中での<u>しわ寄せ場所</u>であり，弱い場所ともいえる．結晶に加えられた外力はある程度集中してここに働く．そのため外力による原子の ずれ も転位周辺で拡大される．その結果 非常に弱い外力でも，たやすく最大復元力の位置まで原子をずらすことができる．

またパイエルス力よりもさらに弱い力で転位が動く機構もあるので，結晶の小さい弾性限界は転位理論によって十分に説明される．むしろ現実の結晶の多くは，それよりも大きくまた物質だけでは決まらない弾性限界をもつ．これは結晶の中に転位の動きを妨げるものがあるからで，他の格子欠陥や不純物との相互作用あるいは転位同士の相互作用などが原因となる．

この種の現象の例として**コットレル**（Cottrel）**効果**がある．9-18図の転位を見ると，転位の上側では結晶格子は圧縮され，下側では引き伸ばされている．いま結晶の中に母体原子の位置に置きかわった不純物原子が含まれていたとする．不純物原子が母体原子より大きい場合，その原子は普通の場所より，転位の下側のゆったりした場所に入ろうとする．その方がエネルギーが低くなる．逆に小さい不純物原子は上側に引き寄せられる．同様に空格子点は上側に，格子間原子は下側に引かれる．こうして転位の近傍にはいろいろな不純物原子や格子欠陥が引かれて集まってくる．* 転位も逆にそれらから引かれる．転位を動かすには，それらの束縛から引き離すか（主に低温），それらを引きずりながら動かす（やや高温）必要がある．いずれにせよ，弾性限界は高くなる．また<u>加工硬化</u>とよばれる現象もある．p. 209 の脚注でふれたように，すべりを起こすと転位が増殖する．こうして生じた多数の転位は，互いに衝突したりからみ合ったりして，動きにくくなる．その結

---
* こうして集まった格子欠陥（特に格子間原子）や不純物原子のあるものは，普通の場所よりもずっと速く移動でき，転位に沿っての拡散が重要となる場合がある．

果，弾性限界が上がり硬くなる．

（3） 転位と結晶成長

　転位の関係する現象として，結晶成長も重要である．結晶が過飽和の蒸気や溶液に接していると，その表面に次々と原子が付着して結晶は成長する．この場合，一方では表面から離れていく原子もある．相手が過飽和のときには，付着する原子の方が多いため結晶成長が起こる．逆に飽和より薄いと離れる方が多く，結晶はやせて行く．転位は，こうした結晶の成長ややせ方の速さに対して，支配的影響をおよぼす．

　転位との関係が知られる以前の結晶成長の理論では，成長過程の途中にきびしいネックがあった．このため予想される成長速度が非常に遅くなり，実験事実とも全く合わなかった．簡単のため，9-19図(a)のような結晶を考えよう．これがさらに成長するためには，(b)のようにその上の層に原子が付着する必要がある．ところがこのような新しい層の最初の原子は非常に不安定で，ついてもすぐに離れてしまう．なぜならこの原子は下の層の原子と

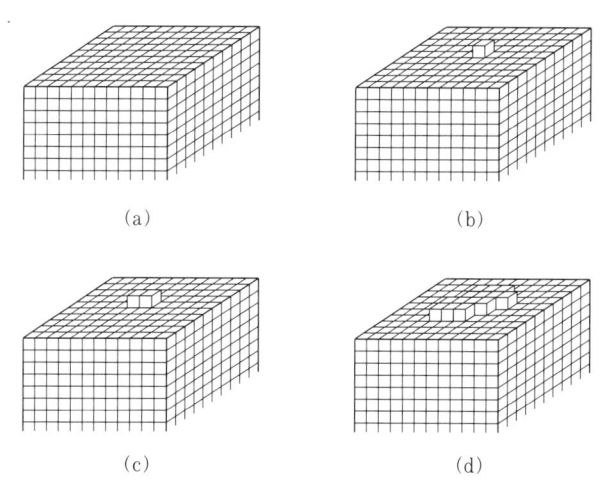

(a)　　　　　　　　　　(b)

(c)　　　　　　　　　　(d)

9-19図　結晶成長（古い説明）

§9.2 転位

だけ結合していて，一般の表面原子に比べ結晶との結びつきがずっと弱い．新しい層が育つためには次のような経過が必要となる．すなわち偶然の幸運で，最初の原子が離れないうちに，その隣にもう1個の原子がついて(c)のような対を作る．するとこの2原子は隣との結合力によっても結晶と結びつくことになり，ずっと安定化する．このような対が壊れないうちに，さらに3番目が隣につけばこの拠点はもっと強くなる．こうしてある程度安定した拠点ができると，そこに新しく加わる原子は結晶としっかり結合して居つくことになる．そしてそこから(d)のような島が速やかに成長してこの層を完成する．もう一段上の層を作るときにも，同じことのくり返しが必要である．こうして新しい層に最初の拠点を固めるまでの過程がネックになって，非常に遅い成長速度しか期待できない．

これに対して，らせん転位が9-17図のような形で結晶表面に顔を出している場合，新しい拠点を作る必要はない．この図の段の所につく原子は結晶としっかり結合するので，速い結晶成長が持続的に起こる．結晶が成長するとき，この段の進む様子を上から見ると，9-20図(a)のようになる．すなわち段はどこもほぼ同じ速さで進むので，転位に近い所ほど角度では早く進む．その結

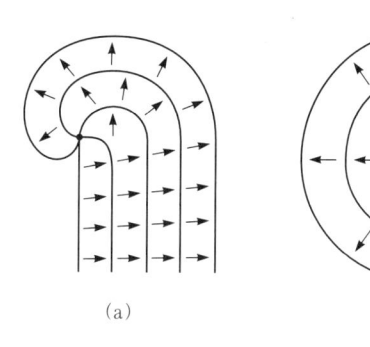

9-20図　らせん転位を中心にした結晶成長と段のパターン

果最終的には，段は(b)のような渦巻形になる．このような渦巻は結晶表面で実際に観察される．

逆に結晶が蒸発したり溶けたりするときの様子も上に似ている．9-19図(a)のような結晶表面では，原子はがっしりとスクラムを組んでいて離れにくい．それに比べ(d)のような島の岸からはもっと容易に離れる．同様に

らせん転位が表面に出ているとき，その段に沿った原子も離れやすい．そこで結晶表面を適当な薬品で溶かすと，転位を中心に穴ができる．この穴は**腐食孔**（etch pit）とよばれ，やはり顕微鏡で観察できる．

（4） 結晶粒界

9-21図のように，縦の一直線上に一定間隔 h で並んだ刃状転位を考えよう．これと同じ原子配列が紙面と垂直にくり返されているので，この構造は全体として2次元的な広がりをもっている．そしてこの面を境にして，左右の結晶軸が傾いている．傾きの角度 θ は

$$\theta = \tan^{-1}(b/h) \cong b/h \qquad (2.1)$$

によって与えられる．

このように互いに傾いた結晶の間の境界面を**結晶粒界**（grain boundary）とよぶ．通常の結晶は多結晶とよばれ，さまざまな方向をもつ多くの細かい結晶の集まりからできている．結晶粒界のない一つながりの結晶が単結晶である．結晶粒界が低温でのフォノン熱伝導に影響をおよぼすことは第2章§2.4で述べた．

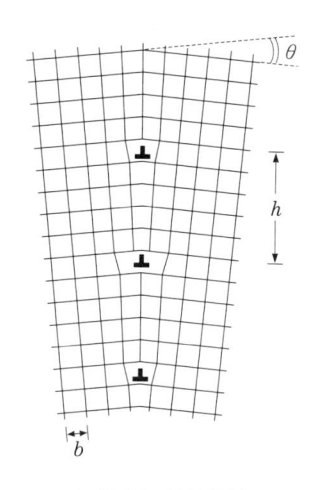

9-21図　結晶粒界

10 超伝導

　　　　　　　　　　　　　　　　超伝導（superconductivity）は近ごろマスコミでもしばしば取り上げられ，物性物理の分野では多分半導体と並ぶタレントである．しかしこの現象はマクロなスケールで直接的に現れた量子論的効果であり，分かりやすいものではない．その上内容的にも非常に奥深い．
　超伝導現象の原因は電子間に働くある種の引力的相互作用であり，それにより電子は2個ずつ組んで対を作る．こうして生じた多数の対がそろって同じ運動状態をとる結果，マクロスケールの量子効果が現れる．このように同じ状態に集まるのは対がボース粒子的性質をもつためで，章の最後でボース粒子の特性とそれに関連する顕著な現象について概述する．

§10.1　電気抵抗の消失およびマイスナー効果

　3章で述べた金属の電気伝導の議論によれば，抵抗の原因となる電子散乱は主に格子振動と不純物によってひき起こされる．そのうち前者は低温では効かなくなり，後者が残る．その結果 低温での電気抵抗の変化は，3-10図あるいは10-1図での白金の場合のようになり，残留抵抗が残る．

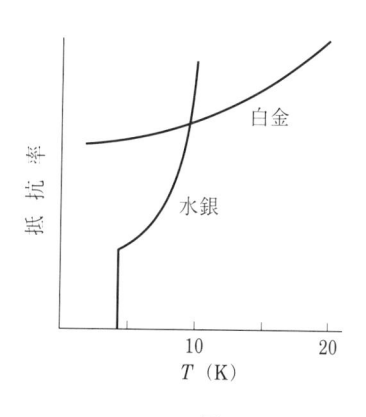

10-1図

これに対して実際には，かなり多くの物質の電気抵抗が低温で消失する．*
この現象が最初に発見されたのは水銀だが，その様子を同じ図に示す．この変化は急であり，ある特定の温度で抵抗率は不連続的に 0 に落ちる．この温度を**転移温度**（transition temperature）とよび T_c で表わす．そして T_c 以上を**常伝導状態**，以下を**超伝導状態**とよぶ．ただしある種の合金とか複雑な組成の物質では，抵抗率がもっとだらだらと落ちることが多い．これは全体が一様でなく，場所によって転移温度が違うためと考えられる．転移温度は 1986 年始めまではかなり低く，最高 23 K くらいだった．その後いわゆる高温超伝導体が次々と発見され，記録は大幅に更新された．10‑1 表に若干の超伝導物質の T_c を示す．

10‑1 表　T_c の値 （K）

Al	1.1	V_3Si	16.8
Zn	0.87	Nb_3Ge	23.2
Nb	9.2	†MgB_2	39
W	0.01	*$(La,Sr)_2CuO_4$	40
Hg	4.2	*$YBa_2Cu_3O_7$	92
Pb	7.2	*$HgBaCa_2Cu_3O_8$	135

† は 2001 年発見．* は高温超伝導体，組成比は一般に完全な整数比ではない．

超伝導現象は 1911 年カマリン・オネス (Kamerlingh Onnes) によって発見されたが，その経緯はかなり教訓的といえる．当時の一般の研究者にとって，低温での物理学はあまり魅力ある対象ではなかった．熱力学第 3 法則（1906 年）というのが知られていて，それによれば 0 K に近づくにつれ物質の性質は次第に変化しなくなる．例えば 2‑12 図の比熱，3‑10 図の抵抗率などがそうだ．そんなものを調べてもあまり面白くはない．しかし自然はもう終りだと思われた場所に，思いがけない大物を隠していた．

高温超伝導体の発見も似ている．多くの研究者が少しでも T_c の高い物質をといろいろ山を掛けて探していた．しかしあまり成果はあがらなかった．ところが 1986 年，当時誘電体の研究者だったベドノルツとミュラー (Bednorz, Müller)

---

* 本当に消失したのか？ 電磁気学で習ったように，抵抗 R，自己インダクタンス L をもつ回路を流れる電流は，ジュール熱によるロスのため，$e^{-Rt/L}$ に比例して減衰する．実験結果によると，1 年以上たっても抵抗に起因する電流の減少は認められなかった．これは低温での通常の金属に比べ，大きくても 10^{-15} 程度の抵抗率になったことに相当する．そして実際の電気抵抗はもっとずっと小さく，電流も適当な条件下では（例えば $10^{10^{10}}$ 年というように）事実上永久に持続する，というのが現在の標準的な考え方である．このような持続電流を**永久電流**とよぶ．

§10.1 電気抵抗の消失およびマイスナー効果

が，§6.4の強誘電体の項で述べたペロヴスカイト型と関連する物質で，思いがけなくもかなり高い T_c を見出した．これがことの始まりだが，流行から離れていた故の成功といえよう．

電気抵抗の原因は電子の散乱だから，超伝導体では（何かの理由により）散乱が消えていると考えるのは自然だし，実際そうなっている．しかし超伝導体は，それだけでは説明できない重要な特性をもう一つもっている．それは**マイスナー効果**（Meissner effect）とよばれる．

超伝導体に，最初磁場0の状態から，だんだんと外部磁場を加えて行った場合を考えよう．すると電磁誘導による電場のため伝導電子が加速され，超伝導体には渦電流が発生する．この渦電流はレンツの法則にしたがって，内部を最初の $\boldsymbol{B}=0$ の状態に保つように流れる．そして常伝導体の場合と違って，渦電流はいつまでも消えない．これは反磁性物質での反磁性電流に似ている．しかし超伝導体のもつ多数の伝導電子による渦電流の効果は非常に強く，表面のごく薄い層を除いて，内部の $\boldsymbol{B}$ は最初の0の状態に保たれる．このとき渦電流の流れるのも同じ薄い層の中だけで，それによる磁場がちょうど外部からの磁場を打ち消している．層の厚さ λ_0 は理論によれば

$$\lambda_0 = \sqrt{\frac{m}{\mu_0 n_c e^2}} = \sqrt{\frac{\epsilon_0 m c^2}{n_c e^2}} = \frac{c}{\omega_p} \tag{1.1}$$

で与えられ，100 nm よりやや小さい程度となる．ここで n_c は伝導電子の密度，ω_p はプラズマ振動数（§3.6），c は光速度である．なお2番目から3番目に移る際，$c^2 = (\epsilon_0 \mu_0)^{-1}$ を使った．

ここまでは，散乱のない伝導電子（密度 n_c）を含む物体に，普通の電磁気学を適用しただけの結果である．それでは最初 $\boldsymbol{B} \neq 0$ だったらどうか？同じことが起こりそうだ．例えば最初 T_c より高い常伝導状態で磁場を加える．磁場はふつうに中に入る．次に T_c 以下に冷却して超伝導状態にする．この超伝導体は，外部磁場を取り去っても，表面に渦電流を流して内部の

$\boldsymbol{B}$ を最初の値に保とうとするだろう．

　それを実験で試したところ全く違う結果となった．T_c 以下に冷やしたとたん，磁束は外部に押し出された．すなわち超伝導体の内部では常に

$$\boldsymbol{B} \equiv 0 \tag{1.2}$$

が成り立っていることが分かった．この現象がマイスナー効果である．このときの様子は先の最初に磁場 0 だった場合のそれと同じで，表面（厚さはやはり λ_0 程度）に渦電流が流れそれによる磁場が内部を $\boldsymbol{B} = 0$ に保っている．このように積極的に磁場を排除する性質は，散乱のない伝導電子を考えただけでは，説明できない．またこの性質は十分強い反磁性に相当し，<u>完全反磁性</u>とよばれる．

　このように内部に磁場を入れない性質の結果として，**臨界磁場**なるものが現れる．超伝導体を磁場の中においたとき，磁場の分布は 10-2 図左のようになる．この磁場分布は図右のような常伝導体での分布に比べ，高い静磁気エネルギーをもつ．* ところである物質が T_c 以下で超伝導体になるのは，その方が常伝導体

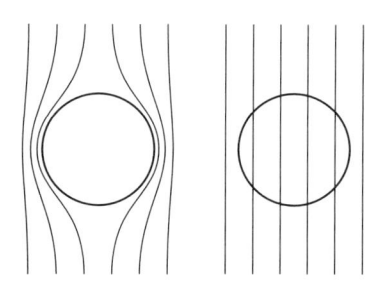

10-2 図　左は超伝導体のあるときの磁場分布．右は常伝導体の場合．

でいるよりもエネルギー（正確には自由エネルギー）が低いからである．しかし外部磁場が強くなると超伝導体の（静磁気エネルギーを含めた）エネルギーは高くなり，ある磁場で常伝導体のそれと等しくなる．これが臨界磁場で，そこで常伝導体への転移が起こる．したがって，これ以上の外部磁場の中では (1.2) は成り立たない．

　臨界磁場の値は，超と常の 2 つの状態間の自由エネルギー差と，静磁気エネルギーとの関係で決まる．その値はあまり大きくはない．たとえば Nb，

---

　　* 静磁気エネルギーは $\int B^2 d\boldsymbol{r}/2\mu_0$ だが，図左のように磁場の分布が一様でないと，この積分は大きくなる．

Hg, Alで約 0.2, 0.04, 0.01 T である．また 10-3 図のように温度変化し，T_c で 0 になる．上記の値は 0K に相当する．

ただし以上のような臨界磁場の議論があてはまるのは，第 I 種超伝導体とよばれる比較的簡単なタイプの場合である．これに対して第 II 種とよばれるタイプではやや複雑なメカニズムが働いて，はるかに高い磁場（数十 T に達する）まで超伝導状態が保たれる．超伝導マグネットに使われるのはこのタイプである．

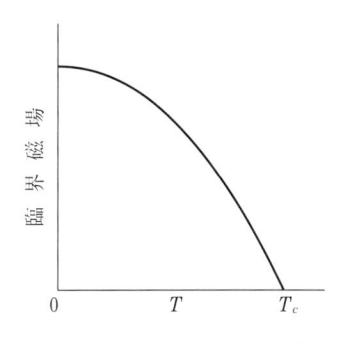

10-3 図　臨界磁場の温度変化

§10.2　クーパー対と BCS 状態

超伝導現象の原因は，比較的簡単な金属については，よく解明されている．電子と格子振動（むしろフォノン）との相互作用がその起源だが，考えのヒントとなったのは同位体効果である．同じ物質で構成原子の平均原子量 M を変えると，電子状態はほとんど変らないはずなのに，T_c は $M^{-\alpha}$（α は多くの場合，0.3～0.5）に比例して変化する．原子核の質量によってこのように大きく変るのは格子振動数だけである（第 2 章）．そしてフォノンを介して電子間に一種の引力的相互作用が働き，電子の対が作られる．こうして多数の電子対が生じ，それらが互いにコヒーレントな（一種の調子をそろえた）運動を行なう．これが超伝導状態発現の筋書きである．

電子間に引力的相互作用の生じる理由については，しばしば次のように説明される．格子振動は結晶格子の変形をともなう．そこで格子振動との相互作用は，さかのぼれば，格子の変形との相互作用である．仮に 1 個の電子を結晶格子中のある場所に静止させたとする．すると周りの正イオンはこれに引かれてずれる（10-4 図）．すなわち電子の周りの結晶格子に変形が起こる．こうして正電荷が寄って来ると，この近くのポテンシャル・エネルギー

が低くなる（下の図）。そこに2番目の電子が来れば，これも同じポテンシャルを感じて第1の電子の方に引かれる．

もっと砕けた たとえ話もある．柔らかいマットの上にボールをのせたとする．マットはボールの重みでへこむ．へこみはボールを置いた場所だけでなく，その周りにも（下の図のように）できる．そしてこのへこみによる坂は第2のボールを引き寄せる．もちろん第2のボールの周りにもへこみがあって，第1のボールを引きつける．

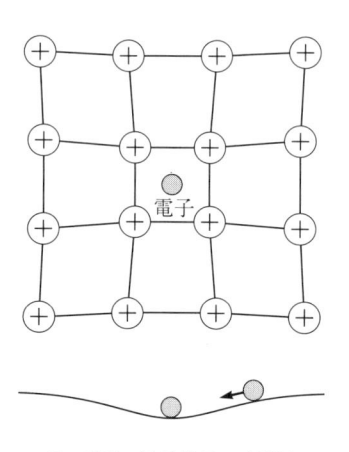

10-4図 結晶格子の変形を媒介とした電子間引力

電子間の静電斥力を忘れてはならない．しかしもし電子と格子の変形との相互作用がある程度強ければ*，それによる引力が斥力にうち勝つ．その場合には超伝導性が起こる．

しかし相互作用の実態は上の話より大分難しい．「電子をある場所に静止させ」と述べたが，金属中の電子はフェルミ速度（秒速約1000 km）で走っている．一方，格子の変形の伝わる速度は秒速数 km に過ぎない．従ってこの相互作用はもっと動的に扱われなければならない．普通はこれを10-5図のように描く．これは第3章3-9図を一歩進めたもので，運動量 p_1 の電子がフォノン $\hbar q$ を放出し，それをすぐ p_2 の電子が吸収している．これにより2つの電子は，それらが直接に

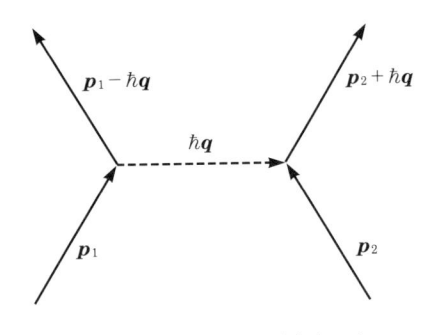

10-5図 フォノンを仲介とした電子間相互作用

---

* この相互作用が強いと，常伝導の場合の電気抵抗を大きくする．しかし一方では超伝導の原因ともなる．

§10.2 クーパー対と BCS 状態

力をおよぼし合ったときと同じように，運動量の変化を起こす．* なおこのような過程は非常に短時間内に，しかも頻繁に起こる．このためエネルギーと時間に対する不確定性関係により，個々の過程でのエネルギー保存則は成り立たない．

10-5図のような過程によって実際に引力的相互作用（負の相互作用エネルギー）が現れることは，そう難しくなく示すことができる．ただかなり長い数学的準備が必要となるので，ここでは立ち入らない．しかし基本的には，最初に述べたようなメカニズムが何かの形で働くためである．

このような相互作用がなければ，伝導電子系の最低状態はフェルミ・エネルギー ε_F^0 まで電子で満たされた状態である．しかし電子が互いに引き合う結果，2個ずつが結びついて対を作る．直観的にいうと，互いに相手に対して振動，もしくは相手の周りを回転（ただし角運動量は0だが）する．だが ε_F^0 まで満たした状態のままで対を作ることはできない．10-5図のような相互作用によって，互いに運動量を変えながら結合するわけだから，新しい運動量の状態があいていないと困る．そこでクーパーは，ε_F^0 よりも少しだけ高い運動エネルギーをもつ1対の電子が結合したとして計算し，その全エネルギーが $2\varepsilon_F^0$ よりも低くなることを示した．なおこの対の重心は静止しており**，スピンは上向きと下向きで打ち消し合っている．このような対を**クーパー対**（Cooper pair）とよぶ．

こうして ε_F^0 近くのエネルギーをもつ電子は，独立状態でいるより多少運動エネルギーは増えるが***，対を作ることで全エネルギーを低くできる．

---
* この図をちょっと見ると，斥力的に反発し合っているような感じがする．しかしこの図は運動量ベクトルの変化だけを示しているのであり，電子の空間的軌跡や位置関係は全く描かれていない．

** すなわち電子の（各瞬間の）運動量は $\boldsymbol{p}$ と $-\boldsymbol{p}$ の対になっている．そして $|\boldsymbol{p}| \cong p_F$（フェルミ運動量）である．なお電流のある場合，ごく遅い重心運動がつけ加わる．

*** この運動エネルギーの範囲は大体は $\varepsilon_F^0 + k_b T_c$ くらいまでだが，小さな確率で $\varepsilon_F^0 + k_b \Theta_D$（$\Theta_D$ はデバイ温度）まで広がっている．

そこで競って対を作る．こうして多くの電子が ε_F^0 以上の状態に上がると，ε_F^0 以下に空席を生じ，そこを対の運動に利用することもできる．このような多数の対の存在する複雑な状態の様子を解明したのが，**BCS**（バーディーン，クーパー，シュリーファー（Bardeen‒Cooper‒Schrieffer））**理論**である．

その結果によると，ε_F^0 近くにいた電子は（0Kでは）全てクーパー対を作る．10‒6図はその説明で，黒く塗った部分がクーパー対を示す．その内側の薄い陰影の部分は普通の伝導電子状態に相当する．クーパー対の部分に厚さがあるのは，対状態での運動量の大きさに若干の幅があることを表わしている．対は全て同じエネルギーをもっている．

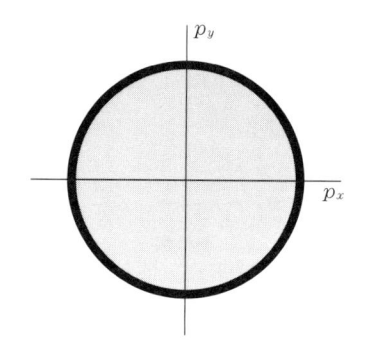

10‒6図 超伝導状態（BCS状態）の説明．黒く塗った部分がクーパー対に相当．

このようなBCS状態で重要なのは，ギャップとよばれるものの存在である．この図は系の最低エネルギーの状態だが，これより高いエネルギー状態を作ろうとすると，対を壊さなければならず大きくはないが有限のエネルギーが必要となる．簡単な理論によれば，その大きさは約 $3.5k_bT_c$（例えば $\cong 10^{-3}$ eV）．これに対し普通の伝導電子系では，運動エネルギー $\varepsilon(\boldsymbol{k})$ の分布は事実上連続的である．* 超伝導体でのこのようなエネルギー状態の分布は，8‒1図の固有半導体の場合と似ている．後者の場合最低エネルギー状態では，価電子帯が満たされ伝導帯が空になっている．その上の状態は，1個の電子が伝導帯に上がったもので，ε_g だけ高い．温度 T での伝導電子と正孔の数は第8章（2.11）のように

---

* ε_F^0 とその直上状態とのエネルギー差は体積 V の金属の場合 ε_F^0/n_cV 程度で，たとえば 10^{-22} eV くらいになる．

§10.2 クーパー対とBCS状態

$\exp(-\varepsilon_g/2k_bT)$ に比例する．一方 超伝導体の場合，対を1個壊すためのエネルギーをしばしば $2\mathit{\Delta}$ と書くが*，$T \ll T_c$ での壊れたクーパー対の数は上と同じく $\exp(-2\mathit{\Delta}/2k_bT)$ に比例する．このようなギャップの存在は実験によっても確かめられている．すなわち，低温での電子比熱（ほぼ $e^{-\mathit{\Delta}/k_bT}$ に比例），電磁波吸収（$h\nu < 2\mathit{\Delta}$ では吸収がない），常伝導物質との間のトンネル効果，などである．

ところでクーパー対を作るのは，フェルミ面近くの k_bT_c 程度のエネルギー範囲に属する電子である．したがって，その密度は大体 $n_c \times k_bT_c/\varepsilon_F^0 \cong 10^{-4}n_c \cong 10^{24}\,\mathrm{m}^{-3}$ ほどになる．

一方 クーパー対の大きさ，すなわち振動運動の振幅（あるいは回転運動の直径）は，およそ次のようにして見積られる．電子が振幅 d の往復運動をしているとする．その瞬間的な速さは v_F なので，往復の振動数は $v_F/2d$．これにプランクの定数 h を掛けた $hv_F/2d$ は，対の束縛エネルギー $2\mathit{\Delta}$ と同程度になることが期待される．すなわち

$$hv_F/2d \cong 2\mathit{\Delta}$$

束縛エネルギーは前述のように $3.5k_bT_c$ ほどである．したがって

$$d \cong \frac{hv_F}{7k_bT_c} \tag{2.1}$$

$v_F = 10^6\,\mathrm{m\cdot s^{-1}}$，$T_c = 5\,\mathrm{K}$ として d は $1.37 \times 10^{-6}\,\mathrm{m}$ となる．

さてクーパー対の角運動量は0である．そこで波動関数は等方的すなわち球状になり，$d^3 \cong 10^{-18}\,\mathrm{m}^3$ ほどの体積を占める．これがクーパー対の波動関数の広がりの体積である．すると上記の密度からいって，この体積内にはおよそ 10^6 個の他のクーパー対が重なって存在する！ 大変な重なりようである．クーパー対の間には強い相互作用とある種の秩序（それがないと収拾のつかない混乱が起こる）のあることが想像できよう．そしてそれらはクー

---

* ふつう $\varepsilon_F^0 - \mathit{\Delta}$ から $\varepsilon_F^0 + \mathit{\Delta}$ までのエネルギー範囲には状態が存在しない，すなわちギャップになる，というように考える．

パー対を安定化するように働く．

　これに関連する現象の一つが 10-7 図である．クーパー対の結合エネルギー $2\varDelta$ は定数でなく温度とともに変化する．十分低温では壊れた対もごく少数で上記の安定化作用もフルに働いている．ところが温度の上昇につれ，壊れた対が増えクーパー対は減る．壊れた対の片われは無秩序をひき起こす．それにより安定化作用が弱まるため $\varDelta$ が減る．こうして $\varDelta$ の減少とクーパー対の崩壊とが促進し合う結果，ある温度を越すと $\varDelta(T)$ は急速に落ちることになる．この図は第 6 章 6-3 図の自発磁化の温度変化とよく似ており，類推的に議論されることが多い．両方とも協同現象の一種であり，温度の上昇とともに秩序状態が崩壊する．

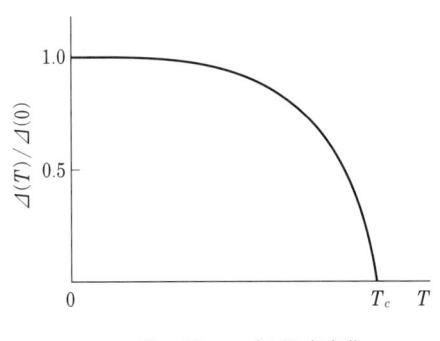

10-7図　ギャップの温度変化

　BCS 理論によれば，電子間の引力的相互作用があまり強くないとき，転移温度は

$$T_c = 1.14\,\varTheta_D \exp(-1/f) \qquad (2.2)$$

によって与えられる．$\varTheta_D$ はデバイ温度，f は引力的相互作用の強さに関係する無次元量である．例えば $\varTheta_D = 300\,\mathrm{K}$，$f = 0.2$ として T_c は 2.3 K となる．同位体での $\varTheta_D$ は平均原子量 M の $-1/2$ 乗に比例する．しかしより詳しい理論によれば，T_c の M 依存性は場合によりもっと弱くもなる．

　上で述べたような，電子とフォノンの相互作用を原因とする超伝導の説明は，高温超伝導体に対してはあてはまらない．しかしこの場合も，やはり電子間に何かの引力的相互作用が働き，それにより電子対（上記のクーパー対とは多少性質も違うようだが）が生じる，と考えられている．ただ肝心の引力の原因については今のところ定説がない．また次節の話なども，高温超伝導体に対して大体あてはまると考えてよい．

§10.3　超伝導状態の波動関数

電子の状態は波動関数によって表わされる．しかし波動関数が直接現象の表面に現れることはあまりない（干渉や回折の結果として間接的に現れることはあるが）．その原因はパウリの排他律にある．この原理のため，1つの波動関数の状態に電子はせいぜい2個までしか入れない．これに対してフォノンや光子は，1つの波数状態にいくらでも入れる．第2章では1つの状態にあるフォノンの数を記号 n で表わした．そして n が大きいことは，大きな振幅（$\propto \sqrt{n}$）の格子波や電磁波の生じていることを意味する．このような波はいろいろな手段で観測することができる．

一般に1つの状態にいくつも入りこめる粒子を**ボース粒子**（Bose particle）略して**ボソン**（boson）とよぶ．ボソンの特性については次節で述べるが，問題のクーパー対もこれに属する．* そして超伝導状態では，多数のクーパー対の全部が同じ状態に入り込んでいる（ボソンの顕著な特性として，1つの状態に集中して入りやすい傾向がある）．こうして非常に大きい振幅のクーパー対波が生じる．

（1）　超伝導状態の波動関数と電流密度の式

このようなクーパー対波を表わす波動関数を $\psi_s(\boldsymbol{r})$ とする．** これは一般に複素数なので振幅と位相部分に分けて

---

* ただし，クーパー対の広がり d よりも小さいスケールで眺めたり，結合エネルギーよりも大きいエネルギーで扱うと，構成要素の電子（フェルミ粒子）にもどってしまう．

** クーパー対の重心運動についての波動関数である．内部運動の因子は省略してある．なお BCS 理論が出る7年前（1950年），ギンズブルクとランダウ（Ginzburg-Landau）は，超伝導状態そのものが波動関数によって表わされるはずだと考え，ほぼ等価な一般論を提唱した．しかし当座はあまり理解されず，日本でもある大先生が「ランダウがまた変なことをいい出して，…」と学会で紹介していた．

$$\psi_s(\boldsymbol{r}) = \sqrt{n_s(\boldsymbol{r})}\, e^{i\theta(\boldsymbol{r})} \tag{3.1}$$

と書く．ここで $|\psi_s|^2 = n_s(\boldsymbol{r})$ はクーパー対の密度に相当し，$T \to T_c$ で 0 に落ちる．

ところで普通の 1 電子の波動関数 $\psi(\boldsymbol{r}, t)$ があるとき

$$\frac{\hbar}{2im}(\psi^* \nabla \psi - \psi \nabla \psi^*) \tag{3.2}$$

はその状態での電子の流れ密度*（もっと正確にいうと存在確率密度の流れ）を表わす．その導き方と正確な意味については後で述べるが，例えば体積 V の中で規格化された運動量 $\boldsymbol{p}$ の自由電子の場合なら，波動関数は

$$\psi(\boldsymbol{r}) = V^{-1/2} \exp(i\boldsymbol{p}\cdot\boldsymbol{r}/\hbar)$$

であり，上の流れ密度は

$$\frac{\boldsymbol{p}}{m}|\psi|^2 = \frac{\boldsymbol{v}}{V}$$

となる．すなわち，速度 $\boldsymbol{v} = \boldsymbol{p}/m$ の流れが体積 V の中のどこにでも一様な確率で存在する，という意味である．

しかし超伝導体では磁場のあるときの話がしばしば現れ，その場合 (3.2) を書き直す必要がある．一般に磁場の下で電荷 q をもつ粒子の速度と運動量の関係は

$$\boldsymbol{p} = m\boldsymbol{v} + q\boldsymbol{A} \tag{3.3}$$

のように変わる．ここで $\boldsymbol{A}$ はベクトル・ポテンシャルである．流れは $\boldsymbol{p}/m$ でなく，$\boldsymbol{v}$ によって与えられる．また量子力学では，$\boldsymbol{p}$ が微分演算子 $\hbar\nabla/i$ に置き換えられるので

$$\boldsymbol{v} = \frac{\boldsymbol{p}}{m} - \frac{q\boldsymbol{A}}{m} \to \frac{\hbar\nabla}{im} - \frac{q\boldsymbol{A}}{m} \tag{3.4}$$

となり，その結果磁場の下での流れの式は

---

* 念のため注しておくが，$\nabla\psi = (\partial\psi/\partial x,\ \partial\psi/\partial y,\ \partial\psi/\partial z)$ である．

§10.3 超伝導状態の波動関数

$$\text{確率密度の流れ} = \frac{\hbar}{2im}\left(\psi^*\nabla\psi - \psi\nabla\psi^*\right) - \frac{q\boldsymbol{A}}{m}|\psi|^2 \quad (3.5)$$

のように変わる．

　クーパー対の場合も，先の ψ_s をこの式に入れれば流れの式が得られる．しかも非常に多数の対が 1 つの ψ_s の状態にいるので，上記のような確率密度の流れといった分かり難いものではなく，クーパー対の流れ密度そのものになる．従ってそれにクーパー対の電荷 $q(=-2e)$ を掛ければ電流密度 $\boldsymbol{j}$ の式が出る．ところで多くの場合 $n_s(\boldsymbol{r})$ は超伝導体の内部でほぼ一定であり，θ だけが変化する．その場合 $\boldsymbol{j}$ の式は，m_c をクーパー対の質量として

$$\boldsymbol{j}(\boldsymbol{r}) = \frac{n_s\hbar q}{m_c}\left(\nabla\theta - \frac{q\boldsymbol{A}}{\hbar}\right) \quad (3.6)$$

となる…．しかしかなり多くの読者にとって分かり難かったと思う．その場合，導出方法にはこだわらず上式をそのまま受け入れて頂きたい．それでも後の議論の道筋は大体理解できるはずである．ついでにもう一つ，与えられた磁場に対して $\boldsymbol{A}$ は一義的には決まらず，任意性が残る．普通は $\boldsymbol{j}$ に対する物理的条件から任意性を除く．

　ここで (3.2) がどのようにして導かれるかを示しておく．簡単のため 1 次元の場合を扱うが，3 次元への拡張も難しくない．まず波動関数 $\psi(x,t)$ があるときの電子の存在確率密度 $|\psi|^2$ の時間変化を考える．

$$\frac{\partial|\psi|^2}{\partial t} = \frac{\partial(\psi^*\psi)}{\partial t} = \frac{\partial\psi^*}{\partial t}\cdot\psi + \psi^*\cdot\frac{\partial\psi}{\partial t} \quad (3.7)$$

ψ と ψ^* の時間変化はシュレーディンガー方程式

$$i\hbar\frac{\partial\psi}{\partial t} = H\psi \quad \text{および} \quad -i\hbar\frac{\partial\psi^*}{\partial t} = H\psi^* \quad (3.8)$$

によって与えられる．ただし H はハミルトニアンで

$$H = -\frac{\hbar^2}{2m}\frac{\partial^2}{\partial x^2} + U(x) \quad (3.9)$$

であり，また $U(x)$ は電子のポテンシャル・エネルギーである．(3.7) に (3.8) と (3.9) を使うと，$U(x)$ の項は消え

$$\frac{\partial |\psi|^2}{\partial t} = \frac{1}{i\hbar}\left[-(H\psi^*)\cdot\psi + \psi^*\cdot H\psi\right] = \frac{\hbar}{2im}\left[\frac{\partial^2\psi^*}{\partial x^2}\psi - \psi^*\frac{\partial^2\psi}{\partial x^2}\right] \quad (3.10)$$

が出る．一方，流れの式（3.2）は1次元の場合

$$J = \frac{\hbar}{2im}\left(\psi^*\frac{\partial\psi}{\partial x} - \psi\frac{\partial\psi^*}{\partial x}\right) \quad (3.11)$$

となるが，この2式を比べると，いわゆる<u>連続の式</u>を満している．すなわち

$$\frac{\partial |\psi|^2}{\partial t} = -\frac{\partial J}{\partial x} \quad (3.12)$$

これは<u>全確率密度の保存</u>を表わし，このようなことから J を確率密度の流れと考えることができる．例えば ψ が波束形の波動関数で無限遠で0となる場合，この式を x の全領域で積分すれば右辺は0となり，$\int |\psi|^2 dx$ は保存する．ただこの式は1個か2個の電子しか収容できない波動関数の状態に関する保存則である．

（2） 磁束の量子化

前項（3.6）から比較的簡単に導かれる顕著な現象が磁束の量子化である．超伝導物質のリングを最初 T_c 以上で磁場中におく（10-8図(a)）．次に T_c 以下に冷やす．マイスナー効果のため，磁場は超伝導体から押し出される．しかしリングの中空部分の磁場は残る（図(b)）．最後に外部磁場の源を取り除くと，中空部分の磁場（は超伝導体を横切れないので）だけとり残される（図(c)）．この場合リングには適当な回転電流 I が流れて磁束を保持している．これは p.216 の脚注で述べた状態に相当する．

この電流は，前にも述べたように，リングの表面 100 nm 程度の所だけを

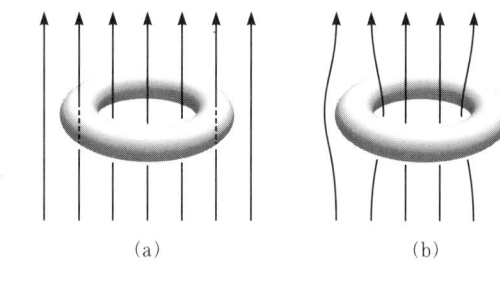

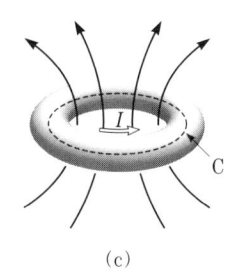

(a)   (b)   (c)

10-8図

§10.3 超伝導状態の波動関数

流れている．したがってそれより十分太いリングなら，その内部での電流密度は事実上 0 となる．そこで図 (c) の C のような内部を通る閉曲線に沿って $\boldsymbol{j}$ は 0 であり，したがって (3.6) から

$$\frac{d\theta}{ds} = \frac{qA_s}{\hbar} \tag{3.13}$$

がこの線上で成り立つ．s は線に沿って測った長さで，A_s は $\boldsymbol{A}$ の閉曲線に沿った方向の成分．この式を 1 回り積分する．まず右辺からは

$$\frac{q}{\hbar}\int_C A_s\,ds = \frac{q}{\hbar}\int(\nabla\times\boldsymbol{A})_n\,dS = \frac{q}{\hbar}\int B_n\,dS = \frac{q}{\hbar}\varPhi \tag{3.14}$$

が出る．最初の書き換えにはストークスの定理を使った．つまり 2 番目の形は閉曲線を へり とする面上の積分で，dS は面素片，添字 n は面と垂直な方向の成分を表わす．そして $\boldsymbol{B} = \nabla\times\boldsymbol{A}$ により 3 番目が出て，最後の $\varPhi$ はリングを貫く磁束である．一方，左辺を積分した

$$\int_C \frac{d\theta}{ds}\,ds = \varDelta\theta \tag{3.15}$$

は 1 周したときの位相 θ の変化を与える．これは勝手な値はとれない．1 回りしたとき，波動関数が出発点の値にもどるためには，$\varDelta\theta$ は 2π の整数倍でなければならない．ということから

$$\varPhi = 2\pi n\frac{\hbar}{q} = \frac{nh}{q} \qquad (n = 0,\ \pm 1,\ \pm 2,\ \cdots) \tag{3.16}$$

こうしてリングを貫く磁束は量子化される．q が $-2e$ なので

$$\varPhi_0 = \frac{h}{2e} = \frac{6.626\times 10^{-34}}{2\times 1.602\times 10^{-19}} = 2.068\times 10^{-15}\,\text{T·m}^2 \tag{3.17}$$

が単位の磁束となる．これは非常に小さい量だが十分測定にかかり，実験で確かめられている．また，$\varPhi_0$ が h/e でなく $h/2e$ であることは，この現象を引き起こしている正体が 2 電子からなる対であることを示している．[*(次頁)]

量子化は図の (a) から (b) への過程で起こる．転移温度以下になって磁場がリングの本体から押し出されるとき，$\varPhi/\varPhi_0$ はそれ以前の値に一番近い整

数値に落ち着く．そしていったんある n に決まると，その状態をずっと持続する．もし電流 I ($=\Phi/L$, L は自己インダクタンス) が減るとすれば，減少は 1 つの Φ_0 がリングからとび出すという形で不連続的に起こるほかはない．そのためには，リングの一部分の超伝導状態が壊れ，Φ_0 の通り路を作る必要がある．これは小さいけれどマクロなエネルギー U_s の増加をひき起こす．そのようなことの起こる頻度は例によって $\nu_0 \exp(-U_s/k_bT)$ という形で与えられるが，U_s/k_bT はこの場合 10^{10} 程度には軽くなり得る．一方 ν_0 はいくら大きくても $10^{20}\,\mathrm{s}^{-1}$ 以下．電流は超天文学的長時間にわたり持続する．

(3) ジョセフソン効果

前項では波動関数の位相 θ が場所の関数として変化した．しかし磁場のないとき θ が変化していると，$(\nabla\theta)^2$ に比例する余分なエネルギー密度が発生する．このため超伝導体は θ を一定に保つか，あるいはこのエネルギーをで

10-9図 ジョセフソン接合

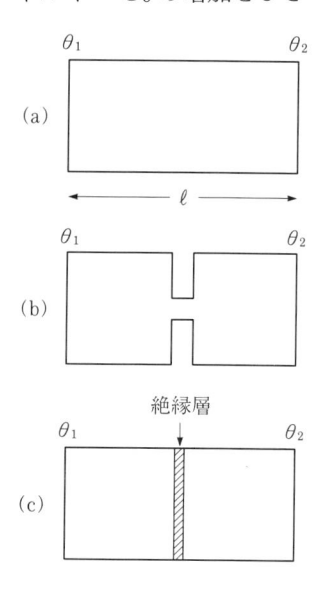

---

* この現象は，言い換えると，速度 0 のクーパー対の角運動量の量子化と関係している．p.115 の脚注にあるように，磁場下での電子の角運動量は $\boldsymbol{r}\times\boldsymbol{p} = \boldsymbol{r}\times(m\boldsymbol{v}-e\boldsymbol{A})$，そこで速度 0 のクーパー対なら角運動量は $-2e(\boldsymbol{r}\times\boldsymbol{A})$．半径 r の円形の閉曲線 C に沿った運動を考えると，これは $-2erA_s$ になる．これがリングの面に垂直な角運動量成分だから量子化されて $-2erA_s = n\hbar$，両辺に 2π を掛けると
$$-2e\cdot 2\pi r A_s = nh$$
左辺の $2\pi r A_s$ は A_s を 1 回り積分した結果と同じであり，(3.14) と同様にして Φ となる．こうして (3.16) が得られる．考え方はいく分簡単だが，この場合重要なのは巨視的なリングを 1 周しての角運動量の量子化が起こっている点である．なおこのような考え方は，本文でのような導き方に先だって，ロンドン (London) によってなされた．ただ当時はまだクーパー対が知られていなかったので，式中の $2e$ が e だった．

§10.3 超伝導状態の波動関数

きるだけ小さくするように振舞う.

例えば10-9図(a)のように長さ ℓ の一様な超伝導体の棒があり,何かの方法で両端の位相を θ_1 と θ_2 にしたとする.これは弾性体の棒を $\theta_1 - \theta_2$ だけねじったのと似ている.その場合 ねじれは一様に生じ,$[(\theta_1 - \theta_2)/\ell]^2$ に比例する弾性エネルギー密度が発生する.次に一様な棒の代りに,(b)のように真ん中の辺りの細い棒をねじったとする.すぐわかると思うが,その場合 ねじれの大部分は細い場所に集中する.その方が全弾性エネルギーは小さくなる.超伝導体でも同じで(b)のような形にすると,位相差のほとんどは細い部分に集まる.

さらに超伝導体の場合,きわめて薄い(数nm程度の)絶縁体の層をはさんだ構造(図(c))も同じような性質をもっている.この場合 絶縁層が厚いとその両側は完全に縁を絶たれてしまうが,十分薄ければクーパー対はトンネル効果により ある確率でここを通り抜ける.波動関数 ψ_s も小さい振幅だが,つながっている.一方 振幅が小さいため,ここに θ の変化が集中してもエネルギー密度 ($|\psi_s|^2$ にも比例する) は小さくてすむ.このような構造 ((b)も含めて) を**ジョセフソン接合** (Josephson junction) とよぶ.

こうしてジョセフソン接合では接合部に位相差が集中して生じ,そのためここを通して電流が流れる.電流の大きさは(3.6)などから

$$I = I_0 \cdot (\theta_1 - \theta_2)$$

のような形になりそうである.ここで I_0 は接合部分の性質によって決まる定数.ところが位相差 $\theta_1 - \theta_2$ が 2π になると左側と右側とは全く同じ状態になり,位相差 0 と同じことになる.これは弾性体の場合と違う.このため I は $\theta_1 - \theta_2$ の周期関数になる.実際

$$I = I_0 \sin(\theta_1 - \theta_2) \tag{3.18}$$

というのがより正しい式である.このような現象を**直流ジョセフソン効果** (dc Josephson effect) とよぶ.

さてこの式からさらに重要な結果が得られる.これまでの話では左側と右

側との間に電位差はなかったが，ここに電位差を加えたとする．左側の電位を V_1，右側を V_2 とする．それ以外の点では左右は全く同等なので，それぞれにおけるクーパー対のエネルギーは

$$\varepsilon_0 - 2eV_1 \quad \text{および} \quad \varepsilon_0 - 2eV_2$$

と書ける．ε_0 は共通のエネルギー．ところで，量子力学によればエネルギー ε をもつ状態は $\exp(-i\varepsilon t/\hbar)$ という形で時間変化を行なう．したがってそれぞれのクーパー対の位相はこの場合

$$\theta_1 = -\frac{\varepsilon_0 - 2eV_1}{\hbar} t + \phi_1 \quad \text{および} \quad \theta_2 = -\frac{\varepsilon_0 - 2eV_2}{\hbar} t + \phi_2$$

のように変化する．これを (3.18) に入れると

$$I = I_0 \sin\left[\frac{2e(V_1 - V_2)}{\hbar} t + (\phi_1 - \phi_2)\right] \quad (3.19)$$

という結果が得られる．すなわち振動電流が流れる．これを**交流ジョセフソン効果** (ac ——) とよぶ．振動数は 1 mV の電位差で 484 GHz ほどになるが，この測定から逆に $e/\hbar$ の精密な値（約 7 桁の精度）が得られる．またこの現象からも超伝導性の本体は電荷 $2e$ をもつことが確かめられる．

　直流ジョセフソン効果の式 (3.18) において，位相差 $\theta_1 - \theta_2$ を実験的に直接制御することは難しい．むしろ電流 I を与えると $\theta_1 - \theta_2$ が決まる．そして I_0 以上の電流を流そうとすると電気抵抗が生じる．このような上限電流の振舞がもっと特徴的に現れるのは，10-10 図のような並列のジョセフソン接合の場合である．

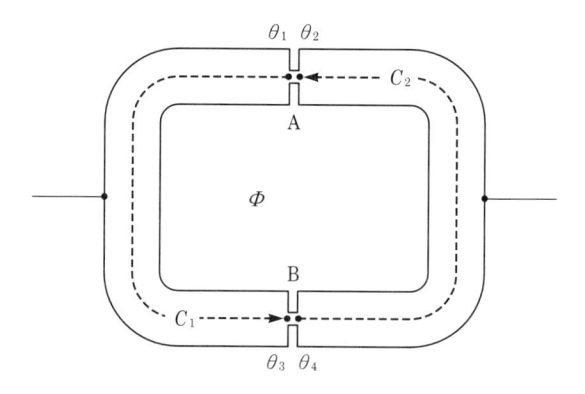

10-10 図　並列ジョセフソン接合

§10.3 超伝導状態の波動関数

タイプbの接合*AとBを通してリングの左半分と右半分がつながっており，さらにリングを貫く磁束Φがあるとする．接合部分が十分細く(1.1)のλ_0と同程度かそれ以下ならば，磁場は自由にここを通り抜け，内部の磁束は量子化されない．一方リングの他の部分は十分に太いとすると，図の点線に沿っては（3.13）が成り立ち

$$\theta_3 - \theta_1 = \frac{q}{\hbar}\int_{C_1} A_s\, ds \qquad \text{および} \qquad \theta_2 - \theta_4 = \frac{q}{\hbar}\int_{C_2} A_s\, ds$$

となる．この2つを加えると

$$(\theta_3 - \theta_4) - (\theta_1 - \theta_2) = \frac{q}{\hbar}\int_{C_1+C_2} A_s\, ds = \frac{q}{\hbar}\Phi = \frac{2\pi\Phi}{\Phi_0} \qquad (3.20)$$

左側から右側に流れる全電流は，AもBも同じ上限電流をもつとして

$$I = I_0[\sin(\theta_1 - \theta_2) + \sin(\theta_3 - \theta_4)] \qquad (3.21)$$

で与えられるが，（3.20）を満たすように

$$\theta_1 - \theta_2 = \theta - \frac{\pi\Phi}{\Phi_0} \qquad \text{および} \qquad \theta_3 - \theta_4 = \theta + \frac{\pi\Phi}{\Phi_0}$$

と置いて（3.21）に入れると

$$I = 2I_0 \cos\frac{\pi\Phi}{\Phi_0} \sin\theta \qquad (3.22)$$

を得る．この場合もIを与えるとθが決まり，上限電流$2I_0\cos(\pi\Phi/\Phi_0)$以上を流すと電気抵抗が現れる．上限電流はΦとともに周期的に変化し，Φ/Φ_0が整数値のとき最大となる．

この現象を使って非常に小さい磁場（特にその変化）を測ることができる．一般にこの種の装置を **SQUID**（スクイド，superconducting quantum interference device）とよぶが，例えば10^{-15}T程度の磁場（の変化）を測定できる．その結果 地磁気の微弱な変動（約10^{-9}T）とか，脳磁波**（10^{-12}

---

* タイプcでも同じことが起こるが，bの方が説明しやすい．

** 脳内電流の作る磁場の振動である．普通の脳波は電気的なもので，頭の表面に垂直な方向の電流成分の振動を反映する．一方，脳磁波では表面に平行な方向の電流成分が関係する．脳磁計とよばれる装置がある．

T 程度）の計測が可能となる．

（4）マイスナー効果

マイスナー効果は超伝導体の示す最も顕著な特性の一つだが，これを手短かに導くには (3.6) を使う．これはベクトル関係式だが両辺に微分演算 $\nabla \times$ を施す．すると右辺で，$\nabla \times \nabla \theta$ は恒等的に 0 であり，また $\nabla \times \boldsymbol{A}$ は $\boldsymbol{B}$．そこで

$$\nabla \times \boldsymbol{j} = -\frac{n_s q^2}{m_C} \boldsymbol{B} \tag{3.23}$$

が出る．この式は**ロンドンの方程式**とよばれる．ちょっと見ただけでは分からないが，この式による電流 $\boldsymbol{j}$ が磁場をさえぎる働きをする．すなわち $\boldsymbol{j}$ は電磁気学の公式

$$\nabla \times \boldsymbol{B} = \mu_0 \boldsymbol{j} \tag{3.24}$$

によって磁場を作るので，この 2 つの式から $\boldsymbol{j}$ を消去すると，以下のように遮蔽された形の $\boldsymbol{B}$ が得られる．まず

$$\nabla \times (\nabla \times \boldsymbol{B}) = \mu_0 (\nabla \times \boldsymbol{j}) = -\mu_0 n_s q^2 \boldsymbol{B}/m_C$$

ところで

$$\nabla \times (\nabla \times \boldsymbol{B}) = -\nabla^2 \boldsymbol{B} + \nabla(\nabla \cdot \boldsymbol{B}) = -\nabla^2 \boldsymbol{B}$$

ここで電磁気学の公式 $\nabla \cdot \boldsymbol{B} = 0$ を使った．その結果

$$\nabla^2 \boldsymbol{B} = \frac{\mu_0 n_s q^2}{m_C} \boldsymbol{B} \tag{3.25}$$

が得られる．例えば $\boldsymbol{B}$ が x, y 方向には一定で z 方向だけに変化するとき，この式の左辺は $d^2\boldsymbol{B}/dz^2$ となるが，その場合の解は

$$\boldsymbol{B} \propto \exp(\pm z/\lambda_1) \tag{3.26}$$

という形になる．ただし

$$\lambda_1 = \sqrt{\frac{m_C}{\mu_0 n_s q^2}} \tag{3.27}$$

こうして超伝導体内部の $\boldsymbol{B}$ はある方向に向かって指数関数的に増えるか減

るかする.しかし現実には内部に向かって減少する形しかあり得ない.磁場侵入の深さ λ_1 は(1.1)の λ_0 と同程度*の大きさである.

§10.4　ボース粒子
（1）ボース粒子の特徴

前節の始めでボース粒子について簡単に説明した.パウリの排他律に従う電子のようなフェルミ粒子とは対照的で,1つの量子状態にいくつでも入りこめる粒子だった.物性論に現れるボース粒子としては,まずフォノンと光子がある.さらに質量数が偶数の原子核など,一般に偶数個のフェルミ粒子から構成されている複合粒子が,ボース粒子の性質をもつ.** したがってクーパー対などもこれに属する.

ボース粒子の特徴は,単に1つの量子状態にいくつも入れるというだけでなく,むしろ1つの状態に集中しやすい傾向をもつ点にある.このためいくつかの顕著な現象がひき起こされる.

量子論的な粒子は,ボース粒子でもフェルミ粒子でも,同種類のものは互いに区別できない.*** これに対して(仮に古典論的とよぶが)古典論的粒子は,同種類のものでも何かの意味で,互いに区別され得る.この違いから,次の簡単な例で示されるように,ボース粒子が1つの量子状態(エネル

---

*　先に n_s はクーパー対の密度と説明した.ところで電流の流れている場合,クーパー対はそろって動いている.このとき T_c に比べ十分低温なら,10-6図での黒いわくの部分がずれるので,その内側に閉じ込められた伝導電子の分布も一緒にずれて電流に寄与する.そこで伝導電子も形式的に2個ずつ対にして考えると,この式の中で n_s は $n_c/2$ となり,さらに $m_c = 2m$, $q = -2e$ なので,λ_1 は λ_0 と一致する.

**　やや難しい話だが,波動関数の中で2個の同種の粒子の座標を(スピン座標も含めて)交換したとき,フェルミ粒子の場合には波動関数の符号が変わる(すなわち -1 がかかる).一方ボース粒子の場合には変わらない(すなわち $+1$ がかかる).偶数個のフェルミ粒子からなる複合粒子同士を交換すると,-1 が偶数回かかり結局 $+1$ 倍される.従ってこの複合粒子はボース粒子として振舞う.

***　前の脚注で述べたように,同種の2個の粒子を交換すると波動関数は $+1$ 倍または -1 倍される.しかしそれによって状態には何の変化も起こらない.これは粒子が区別できないことと同じである.

ギー準位)に集中しやすい傾向が現れる．

 例として3つのエネルギー準位と3個の粒子をもつ1つの孤立した体系を考える．適当な単位で測って準位のエネルギーは0，1，2であり，体系の全エネルギーは3だとする．また，粒子間には弱い相互作用があって互いにエネルギーをやり取りし，与えられた全エネルギーの範囲で可能ないろいろの配置をとるとする．まず古典論的粒子の場合，可能な粒子配置は10‐11図(a)のようになる．3つのエネルギー準位に1，2，3と番号づけされた粒子がいろいろな入りこみ方をしている．粒子同士を区別できるので，BからGはそれぞれに異なる配置である．一方 ボース粒子の場合には(b)のようになる．(a)の場合のBからGが全部区別されず，同一の配置と見なされる．

 さてこの体系では粒子間の相互作用のため，ある配置から他の配置へと絶えず移り変る．そして<u>等確率の原理</u>*により，各配置は全て等しい確率で現れる．するとボース粒子の場合，1つの準位に全粒子の集まったA配置は1/2の確率で起こる．一方 古典論的粒子ではA配置の確率はわずか1/7．粒子がばらばらに入った配置のウエイトが（番号づけによる区別の結果）高

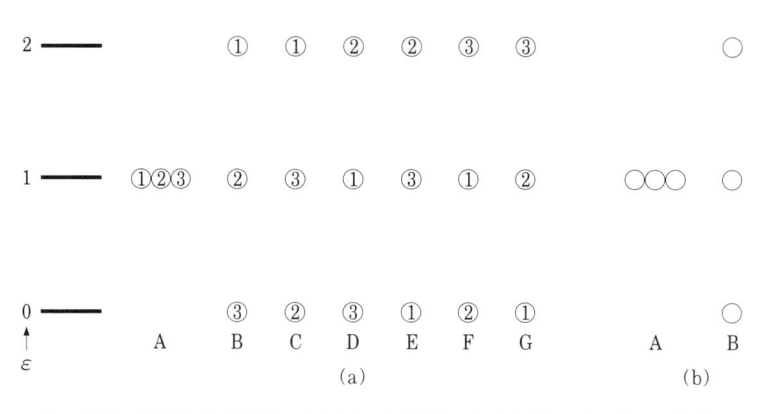

10‐11図 可能な粒子配置．(a) 互いに区別できる粒子，(b) ボース粒子．

---

* たとえば，本選書10，市村 浩：「統計力学（改訂版）」p.66.

§10.4 ボース粒子

くなるためである．これだけのことだが，一般にボース粒子は1つの量子状態に集まりやすい．

このようなボース粒子の性質を反映して，**ボース‐アインシュタイン分布関数**（以下 BE 分布と省略）というのが出てくる．これは力学的相互作用のないボース粒子の集まりがあるとき，エネルギー ε の1つの状態にいる平均粒子数を表わし

$$f_{BE}(\varepsilon) = \frac{1}{\exp[(\varepsilon - \zeta)/k_b T] - 1} \tag{4.1}$$

によって与えられる．この形は第3章 (2.3) のフェルミ分布を思い出させるが，グラフにすると全く異なり（10-12図実線），ε が ζ に近づくと発散的に大きくなる．一方，点線は古典論的粒子のしたがうマクスウェル‐ボルツマン分布（MB 分布）$\exp[-(\varepsilon - \zeta)/k_b T]$ である．両者を比べると，ボース粒子では1つの状態にいる粒子数が増えるにつれ，ますますその状態に集中する傾向が見て取れる．そして遂には分布は発散する．したがって BE 分布の場合 $\varepsilon > \zeta$ でなければならない．MB 分布ではそのような制約はない．

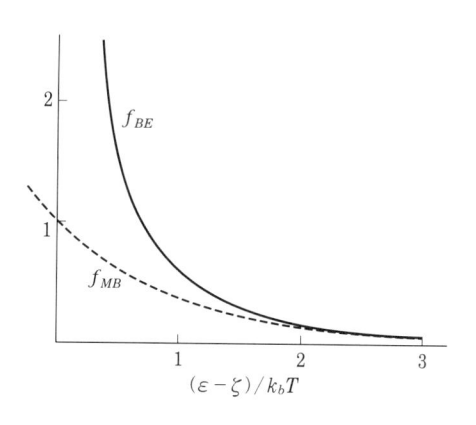

10-12図　ボース‐アインシュタイン (BE) 分布とマクスウェル‐ボルツマン (MB) 分布

（2） ボース‐アインシュタイン凝縮

前項で述べたようなボース粒子の特性から，**ボース‐アインシュタイン凝縮**（Bose‐Einstein condensation, 以下 BE 凝縮と略称）とよばれる劇的な現象が現れる．これが起こると，ただ1つの量子状態にたとえば 10^{20} 個というようなマクロな数の粒子が集中的に分布するようになる．* 前節の超伝導体の場合も，クーパー対の間のボース粒子的相互作用のため BE 凝縮（電子対凝縮ともいう）が起こり，マクロな数のクーパー対が1つの波動関数の状態に集まった．それによるクーパー対のマス・ゲームが多くの目ざましい効果をひき起こした．

しかし最初に BE 凝縮の可能性が問題になったのは液体ヘリウム（ボース粒子である ^{4}He 原子** からなる）においてだった． ^{4}He の液化温度は非常に低く，常圧で 4.2 K．これは原子間のファンデルワールス力が弱いためである．しかも常圧の下では温度を下げても固体にならない．*** そして 2.2 K で He II とよばれる特異な状態に転移する．なおこの転移温度を λ 点とよび T_λ で表わす．

この状態はいろいろな意味で超伝導状態に似ており，**超流動**（superfluidity）とよばれる振舞を示す．例えばリング状にした管の中で He II 液体を流すと，そのまま長時間にわたって流れ続ける．これは超伝導での永久電流に相当する．また非常に細い管の中をごくわずかな圧力差で抵抗なく流れる．これらは粘性率が非常に小さいことを意味する．実験結果から計算すると，例えば水に比べて 10^{-9} 倍以下の数値となる．

ところが別の方法で粘性率を測ると全く違う結果になった．すなわち 10 ‐

---

* 普通の凝縮が通常空間で起こるのに対して，いまの場合は1つの量子状態への凝縮である．

** この原子は陽子，中性子，電子各2個からできている．当然ボース粒子である．

*** その原因は弱い原子間引力と軽い質量のため零点振動（第2章 (1.7) の説明参照）の振幅が大きくなり過ぎて，結晶構造を維持できなくなることによる．なお質量 M，復元力の定数 f の単振子の場合，零点振動の振幅は $(\hbar^2/Mf)^{1/4}$ で与えられる．

§10.4 ボース粒子

13図のように，液体の中に細い針金で吊した円板を入れ，円板を回して放す．針金のねじれ弾性力によって円板はねじれ振動を行なう．粘性があれば振動は次第に減衰するので，その速さから粘性率が分かる．こうして測ると，ふつうの液体よりは小さいが，同程度の値が得られた．He II 以外の液体ではどちらの方法も同じ粘性率を与える．

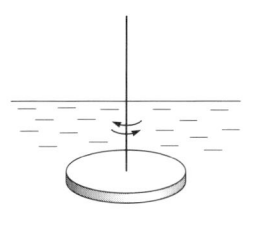

10-13図　ねじれ振動（粘性率の測定）

　この矛盾は2流体理論によって説明された．この理論では，He II が2種類の流体成分からなると仮定する．すなわち粘性のない超流体と，ふつうの液体と大差ない常流体である．そして管の中を流れるときには，超流体成分が何も抵抗を受けずに流れる．一方円板の実験では，常流体成分が円板について一緒に回るため，減衰が起こる．He II はこの他にもいろいろ奇妙な振舞を示すが，それらも2流体理論によって説明される．

　さて He II が2つの成分からなることを

$$\rho = \rho_s + \rho_n \quad (4.2)$$

と書く．ρ は He II の密度，ρ_s と ρ_n は超流体および常流体の密度である．この成分比は温度とともに変化し，実験結果によれば10-14図のようになる．すなわち0Kではすべてが超流体であり，λ 点以上では常流体だけになる．このことは，超流体成分が0Kでの液体ヘリウムと同じものであることを示唆する．

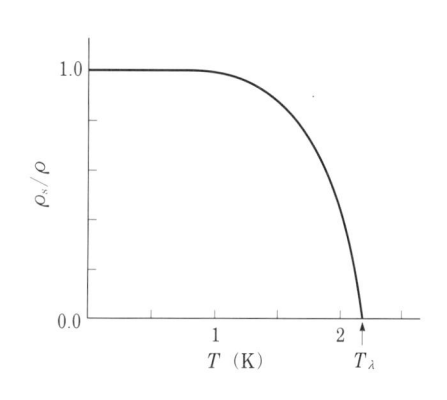

10-14図　He II の超流体成分の温度変化

　ここで話がBE凝縮にもどる．液体ヘリウムを冷却して行くと T_λ でBE凝縮が始まる．すなわち最低エネルギーの状態にマクロな数の原子が入りこむ．ただし全ての原子が凝縮するわけではなく，まだ熱エネルギーをもって

運動している原子もある．凝縮した原子が超流体成分に相当し，それ以外が常流体になる．温度を下げると凝縮原子が増え，0Kでは全部が最低エネルギー状態に入る．液体ヘリウムを力学的相互作用のないボース粒子の集まりとして計算すると，BE凝縮の始まる温度は後出の(4.8)で与えられ，3.13 K になる．ヘリウム原子の間には，実際はファンデルワールス力と近づくと非常に強くなる斥力が働いている．それを考えれば T_λ の実験値との一致はよい．このことと同位体の ^{3}He（フェルミ粒子）の液体ではこの種の現象の起こらないこと[*]は，He II の振舞が BE 凝縮に基づくことの証拠といえる．

1995年頃から，BE 凝縮は ^{4}He 以外のいくつかの原子集団で観測されるようになった．主として ^{7}Li, ^{23}Na, ^{87}Rb などアルカリ金属の原子[**]である．巧みな方法で真空中に浮かばせ集まらせた $10^7 \sim 10^8$ 個程度の原子を，主にレーザー冷却法なるものを使って，$10^{-7} \sim 10^{-8}$ K くらいまで冷やすと BE 凝縮が起こる．液体 He に比べ密度がはるかに低く，質量も大きいので，(4.8)から分かるように凝縮温度はずっと低くなる．この場合マクロな数の原子の凝縮という程ではないが，それでも特に光学的性質の上に，かなりはっきりした凝縮の効果が認められる．

ここで力学的相互作用のない自由なボース粒子系での BE 凝縮について，数学的扱いをする．質量 M の粒子の運動エネルギーは
$$\varepsilon = (\hbar k)^2 / 2M \tag{4.3}$$
である．^{4}He を考えるとスピンは0なので1つの k 状態に量子状態は1つしかない．従ってエネルギー範囲 $\varepsilon \sim \varepsilon + d\varepsilon$ にある量子状態の数は，第3章(1.11)を2で割り，さらに m を M で置き換えて

---

[*] ただし 0.0026 K ほどの低温から別の原因による超流動を示す．これは2個の原子が対を作った結果で，超伝導の場合に似ている．

[**] これらは奇数個の陽子と電子，偶数個の中性子からなり，ボース粒子である．

§10.4 ボース粒子

$$g(\varepsilon)\,d\varepsilon = \frac{VM^{3/2}}{\sqrt{2}\,\pi^2\hbar^3}\,\varepsilon^{1/2}d\varepsilon \tag{4.4}$$

となる．V は体系の体積である．粒子の密度を N と書くと，この体系には NV 個の粒子がいる．それに対して

$$\int_0^\infty f_{BE}(\varepsilon)\,g(\varepsilon)\,d\varepsilon = \frac{VM^{3/2}}{\sqrt{2}\,\pi^2\hbar^3}\int_0^\infty \frac{\varepsilon^{1/2}d\varepsilon}{\exp\left[(\varepsilon-\zeta)/k_bT\right]-1} = NV \tag{4.5}$$

が成り立ち，密度 N を与えたときこの式から ζ が T の関数として決まる．そして T が低くなると ζ は（代数的に）大きくなる．なぜなら ζ 一定で T を低くすると f_{BE} が減って積分値は小さくなる．これを補うには ζ を大きくする．すると 10‑12 図などから分かるように，分布が右にずれて積分値が増える．

こうしてある温度で ζ は 0 まで上がる．その温度を T_{BE} と書くと，(4.5) の積分は係数を別にして

$$\int_0^\infty \frac{\varepsilon^{1/2}d\varepsilon}{\exp(\varepsilon/k_bT_{BE})-1} = (k_bT_{BE})^{3/2}\int_0^\infty \frac{x^{1/2}dx}{e^x-1} = 1.306\sqrt{\pi}\,(k_bT_{BE})^{3/2}$$

となる．これを (4.5) に入れて整理すると

$$\frac{1.306}{\sqrt{2}}\left(\frac{Mk_bT_{BE}}{\pi\hbar^2}\right)^{3/2} = N \tag{4.6}$$

これが $\zeta = 0$ となる温度を与える．そしてさらに温度が下がっても，もうこれ以上 ζ が増えるわけにはいかない．$\zeta > 0$ だと $\varepsilon - \zeta < 0$ となるエネルギー領域が生じ，分布関数が負になる．ζ を 0 に保ったまま温度を下げると，(4.5) の積分は $T^{3/2}$ に比例して小さくなり，収容できない原子が出てくる．

このような奇妙なことが起こったのは，本来離散的だったエネルギー準位を連続的に分布しているとして扱い，和を積分で置き換えたためである．こうした扱いは普通なら問題ないが，$\zeta \to 0$ となったときの最低エネルギー状態 ($\varepsilon = 0$) に対しては正しくない．このとき最低状態にいる粒子数 $f_{BE}(0)$ は $-\zeta/k_bT$ を α (正の非常に小さい数) と書いて

$$f_{BE}(0) = 1/(e^\alpha - 1) \cong \alpha^{-1}$$

となり，ζ を 0 に近づければいくらでも大きくなる．(4.5) の式で入りきれない原子はまとまってここに入ればよい．これが BE 凝縮である．凝縮する原子の密度は，積分値が $T^{3/2}$ に比例するので

$$N_{BE} = N\left[1 - \left(\frac{T}{T_{BE}}\right)^{3/2}\right] \tag{4.7}$$

のようになる．この式による N_{BE}/N の形は 10‑14 図の ρ_s/ρ と定性的に似ている．そして BE 凝縮の起こり始める温度は (4.6) から

$$T_{BE} = \frac{\pi\hbar^2}{Mk_b}\left(\frac{\sqrt{2}\,N}{1.306}\right)^{2/3} = \frac{2\pi\hbar^2}{Mk_b}\left(\frac{N}{2.612}\right)^{2/3} \tag{4.8}$$

となる．これに液体ヘリウムでの値 $M = 6.68 \times 10^{-27}$ kg, $N = 2.18 \times 10^{28}$ m^{-3} を入れると T_{BE} として 3.13 K が得られる．

(3) レーザー

光子もボース粒子であり，上で述べたような性質をもつ．それが顕著に現れた例がレーザー作用である．

次のような場合を考える．マクロな大きさの箱があって，その中に原子気体と電磁波が閉じこめられている．各原子は ε_0 と ε_1（$> \varepsilon_0$）の2つのエネルギー準位* をもっており，ε_0 の準位には N_0 個の，ε_1 には N_1 個の原子がいるとする．ε_1 にいる原子は角振動数 ω（$= (\varepsilon_1 - \varepsilon_0)/\hbar$）の光子を放出して下の準位に落ち，また下の原子は同じ ω の光子を吸って上にあがる．このような過程が絶えず行なわれている．

こうした放出や吸収により光子の数は変化する．この場合 ω は精密に決まったものではなく自然幅をもつ．また ω を決めても，マクロな箱の場合，光の進行方向はいろいろに取れるので，放出吸収過程に関与する電磁波の波数 k の取り方は非常に沢山あり得る．それらの中の1つのモード（特定の k と偏りで指定された波）を考えると，そこにいる光子数 n の変化率** は

$$\frac{dn}{dt} = -AnN_0 + A(1+n)N_1 \tag{4.9}$$

で与えられる．光子の放出吸収は確率的過程だし，n の変化も不連続的なので，これは平均的な意味の式である．右辺2つの項の係数の等しいことがこの式の第1の特徴である．まず第1項は吸収による光子の減少を表わす．下にいる原子数 N_0 と現にある光子数 n に比例している．第2項は放出による増加で，上にいる原子数に比例し，さらに $(1+n)$ に比例する．したがって

---

* 準位は両方とも縮退していないとする．
** 壁での反射による k の変化は考えていない．不十分なようだが，一つの逃げ方は周期的境界条件を使うことである．

§10.4 ボース粒子

$n=0$, すなわち真っ暗闇でも光の放射は起こる．これを**自然放出**（spontaneous emission）とよぶ．もう一つの n に比例する部分は**誘導放出**（stimulated emission）とよばれるが，光子のボース粒子的性質を表わしている．すなわちあるモードに既に光子がいると，そのモードにはいっそう光子が放出されやすくなる．これが（4.9）の第 2 の特徴である．

さてレーザーの話に入る前に，原子系が熱平衡状態にある場合を考えよう．すると N_0 と N_1 との間に

$$\frac{N_1}{N_0} = \frac{\exp(-\varepsilon_1/k_b T)}{\exp(-\varepsilon_0/k_b T)} = \exp\left(-\frac{\varepsilon_1 - \varepsilon_0}{k_b T}\right) = \exp\left(-\frac{\hbar\omega}{k_b T}\right) \tag{4.10}$$

が成り立つ．このような原子系に対して光子系も定常状態にあるとすると，（4.9）の dn/dt は 0 となり，したがって

$$n/(1+n) = N_1/N_0 = \exp(-\hbar\omega/k_b T)$$

これを解くと

$$n = \frac{1}{\exp(\hbar\omega/k_b T) - 1} \tag{4.11}$$

というプランクの分布が得られる．（4.9）が平均的な意味の式だから，この n も平均値であり，第 2 章（3.2）とも一致する．これが熱平衡状態の光子系である．

次に熱平衡状態では現れないが，$N_1 > N_0$ という場合を考える．すると dn/dt は常に正なので，n は増え続ける一方となる．こうして n がある程度大きくなったときは

$$dn/dt = A(N_1 - N_0)n + AN_1 \cong A(N_1 - N_0)n$$

と書けるので，n は時間とともに大体

$$n \propto \exp[A(N_1 - N_0)t] \tag{4.12}$$

のような形で急速に増加する．

現実には，A の値は光子のモードによって異なる．そして一番大きい A

をもつ比較的少数のモードが真っ先に成長し，他を圧倒してしまう．また人為的に必要以外のモードの成長を抑えることもある．こうして特定の少数モードに膨大な数の光子が集中して発生するわけで，BE 凝縮の一種と考えることができる（ただ光子系では，原子系と違って，粒子の総数は決まっていない）．このような状態を実現する装置が**レーザー**（laser, light amplification with stimulated emission of radiation の略）である．

この現象をひき起こしたのは，$N_1 > N_0$ という高エネルギー準位により多く分布した状態である．このような状態を**分布反転**（population inversion）とよぶ．* (4.10) を見れば分かるように，普通の熱平衡では T を無限大にしても分布反転には到達できない．この種の分布の実現方法としては，ここではふれないが，いろいろある．§8.5 で述べた半導体レーザーなどはむしろ特殊な一例である．

このような原理によって得られたレーザー光はいくつかの重要な特徴をもっている．

まず特定モードの光子だけからなること．** すなわち，特定の波長と進行方向（要するに特定の k）と偏りをもった光子の集まりであること．そして最初に考えたような箱で壁の一つをいく分透明にすると，そこからは非常にコヒーレントな（すなわち理想的な正弦波に近い，長くつながった）平行光線が出てくる．これに対して普通の熱放射の場合には，個々の光子が互いに無関係にポツポツと放出される．

もう一つの特徴は，その光源のもつ特殊性，すなわち分布反転にある．そ

---

* なお，(4.12) により n が急増すると $N_1 - N_0$ はたちまち減って 0 に近づく．これをある程度保持するには，原子系に絶えずエネルギーを注入する（pumping という）必要がある．

** このような光はほとんどエントロピーをもたない．ところでそれが例えば気体原子に吸収されたとする．吸収した原子はそのあと光子を再放出するが，出てくる光子はランダムな方向をもちエントロピーが大きい．その結果 気体はエントロピーを失って冷却される（$dS = \Delta Q/T$ によるが，具体的には運動エネルギーが減る）．これが前項の終りで言及したレーザー冷却法の原理だが，抽象的な説明で分かり難いかな？

§10.4 ボース粒子

れを見るため，例えば太陽からの光の場合を考えよう．太陽光をレンズか反射鏡で集めると焦点に高温が作られ，かなり高い融点の物質でもとかせる．しかしどんなに大きな反射鏡をうまく使ってもその温度には上限がある．太陽の表面温度（約 6000 K）以上にはできない．* このように光線は，光源を出たときから，その光源の温度で特徴づけられる．これに対して分布反転状態の温度は無限大を超えており，このためレーザー光源の実効的な温度にも原理的な上限がない．そこで例えば弱いレーザ光線でも，（平行性がよいので）レンズで集めれば非常な高温の得られる可能性がある．なお 1995 年頃の時点で，およそ 10^{30} K の光源から出たことに相当する光強度が得られている．

---

* もし例えば 8000 K にできたとすると，低温（6000 K）から高温（8000 K）に，他に何も影響を残さないで，熱エネルギーが運ばれることになる．これは熱力学第 2 法則に反する．実際太陽は見かけの大きさをもち，そこからの光線も平行光線ではない．このため大きさのある像を生じ，それほど強くは集光できない．

付　　録

代表的な結晶構造の図と，いくつかの物質の格子定数（単位はすべてÅ）と結晶型をまとめておく．これらのうち，六方最密格子以外は，どれも立方体を基礎にした構造である．

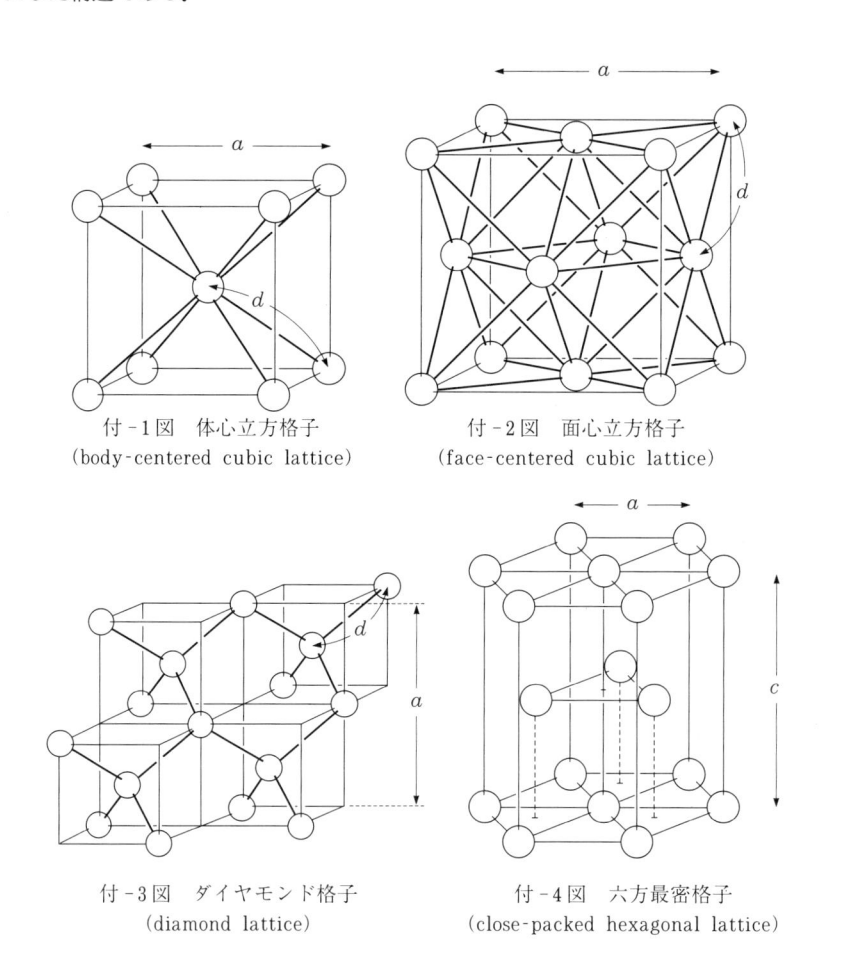

付-1図　体心立方格子
(body-centered cubic lattice)

付-2図　面心立方格子
(face-centered cubic lattice)

付-3図　ダイヤモンド格子
(diamond lattice)

付-4図　六方最密格子
(close-packed hexagonal lattice)

付　録

付-1表はイオン結晶の格子定数，ここにのせてある結晶はすべて NaCl 型の結晶構造（1-5 図）をもつ．付-2表はダイヤモンド格子をもつ等極結合結晶の格子定数．付-3表は金属結晶の結晶型と格子定数を示す．b.c.c. は体心立方格子，f.c.c. は面心立方格子，h.c.p. は六方最密格子を意味する．a, d, c などの意味は図を参照のこと．なお d はすべて最も近接した原子間距離を表わす．付-4表は分子性結晶，結晶型はすべて面心立方格子である．

付-1表

結晶	a
NaCl	2.81
NaBr	2.98
NaI	3.23
KCl	3.14
KBr	3.29
KI	3.53
MgO	2.10
CaO	2.40
SrO	2.58

付-2表

結晶	a	d
C	3.56	1.54
Si	5.43	2.35
Ge	5.65	2.44

付-3表

結晶	a	d	c	結晶型
Li	3.46	3.00	⋯	b.c.c.
Na	4.24	3.67	⋯	〃
K	5.25	4.54	⋯	〃
Rb	5.62	4.87	⋯	〃
Cu	3.61	2.55	⋯	f.c.c.
Ag	4.08	2.88	⋯	〃
Au	4.07	2.87	⋯	〃
Be	2.28	2.22	3.59	h.c.p.
Mg	3.20	3.20	5.20	〃
Zn	2.65	2.65	4.93	〃
Cd	2.97	2.97	5.61	〃
Al	4.04	2.86	⋯	f.c.c.

付-4表

結晶	a	d
Ne	4.52	3.20
A	5.43	3.83
Xe	6.24	4.41

索　　引

ア

アインシュタイン温度
　Einstein temperature　22
アクセプター　acceptor　160, 161,
　162, 169, 175
アルカリ・ハライド結晶
　alkali halide crystal　5, 85, 93, 201
熱いキャリア　hot carrier　182

イ

ESR（電子スピン共鳴）
　electron spin resonance　109
イオン結晶　ionic crystal　5
　——の結合力　7
　——の光学的誘電率　85
　——の光学モード格子振動　32,
　　93, 98
　——の格子欠陥　195
　——の電気伝導　§9.1(3)
　——の電子分極　85
イオン伝導　ionic conduction
　§9.1(3)
イオン半径　ionic radius　6, 10, 201
イオン分極　ionic polarization　78,
　131
　——の誘電分散　92
位相速度　phase velocity　142
移動度　mobility　172, 174〜176

ウ

ヴィーデマン - フランツの比
　Wiedemann - Franz ratio　70

エ

LST 関係式　Lyddane-Sachs-Teller
　relation　98
n 型半導体　n-type semiconductor
　162
NaCl 型格子
　sodium chloride lattice　5
NMR（核磁気共鳴）
　nuclear magnetic resonance　110
永久双極子　permanent dipole　79
　——モーメントの値　81
永久電流　persistent current　216,
　230
液体ヘリウム　liquid helium　238
エネルギー帯　energy band　139

オ

音響モード　acoustical mode　32
音子（フォノン）　phonon　33

カ

化学シフト　chemical shift　112
拡散　diffusion　§9.1(2)
　——係数　——coefficient　199
　　自己——　self——　197
核磁気共鳴（NMR）

索　　引　　　　　　　　　　249

nuclear magnetic resonance　110
　——断層撮影装置　112
核磁子　nuclear magneton　101
加工硬化　work hardening　211
価電子帯　valence band　156
荷電不純物によるキャリアの散乱
　175
ガーネー - モットの理論
　Gurney - Mott theory　204
ガリウム・ヒ素 (GaAs)
　gallium arsenide　10, 162, 174,
　181, 187
感光中心　sensitivity speck　204
間接遷移　indirect transition　185
完全反磁性　perfect diamagnetism
　218

キ

ギャップ　gap　139
　——の幅の値　166
　超伝導体の——　222
キャリア (担体)　carrier　157
　自由——　free ——　163
キュリー温度　Curie temperature
　119, 123, 125, 127, 129
キュリーの法則　Curie's law　105
キュリー - ワイスの法則
　Curie - Weiss law　125
強磁性　ferromagnetism　118
強誘電性　ferroelectricity　119
凝集エネルギー　cohesive energy　7
協同現象　cooperative phenomenon
　124, 224
共鳴トンネル効果
　resonant tunneling effect　190

共有結合　covalent bond　4
　——結晶　covalent crystal　9
極性分子　polar molecule　79
局所電場　local field　81
　強誘電体の——　130
　ローレンツの——　82
禁止帯　forbidden band　139
金属　metal　10, 第 3 章
　——中の拡散　199
　——中の格子欠陥　195
　——伝導電子の有効質量　145
　——と絶縁体との違い　§7.5
　——の結合力　11
　——の結晶構造　247
　——の光学的性質　95
　——の常磁性　108
　——の電気伝導　§3.4
　——の電子比熱　55
　——の電子放出　§3.3
　——の熱伝導　68
　——の反磁性　116
　——のプラズマ振動　70

ク

空格子点　vacancy　193, 197, 202,
　211
空乏層　depletion layer　183
クーパー対　Cooper pair　221
　——の大きさ　223
　——の密度　223
クラウジウス - モソティの式
　Clausius - Mossotti's relation　84
グリュナイゼンの式
　Grüneisen formula　67
群速度　group velocity　141, 142, 144

250　索　引

ケ

結合エネルギー　binding energy　7
　　——の値　17
結合力　cohesive force　1
　　イオン結晶の——　7
　　液体の——　18
　　共有結合結晶の——　9
　　金属結晶の——　11
　　水素結合結晶の——　16
　　分子性結晶の——　12
　　分子の——　1
結晶運動量　crystal momentum
　　34, 48〜49, 66, 134, 141, 144
結晶成長　crystal growth　212
結晶粒界　grain boundary　214
ゲルマニウム(Ge)　germanium　9,
　　158, 170〜171, 173, 180〜181

コ

光学モード　optical mode　31
光子(フォトン)　photon　33
光電子放出
　　photo-electric emission　59
交換エネルギー　exchange energy
　　127
交流ジョセフソン効果
　　ac Josephson effect　232
格子　lattice　19
格子間イオン　201, 204
格子間原子　interstitial atom　193,
　　211
格子振動　lattice vibration　第2章
　　——と弾性波との関係　27
　　1次元結晶の——　23
　　3次元結晶の——　29
　　音響モードの——
　　　acoustical mode——　32
　　光学モードの——
　　　optical mode——　31
　　縦波の——
　　　longitudinal wave——　29
　　有限な大きさの結晶の——　35
　　横波の——　transverse wave——
　　　29
　　電子との相互作用　219
伝導電子の散乱　65, 174
分散関係
　　dispersion relation　31
格子定数　lattice constant　6, 246,
　　247
格子点　lattice point　19
格子波　lattice wave　27
氷　ice　16, 131
コットレル効果　Cottrel effect　211
固有半導体　intrinsic semiconductor
　　157, 164
　　——の自由キャリア　166
固有領域　intrinsic region　171

サ

III-V化合物　III-V compound　10,
　　162
サイクロトロン共鳴
　　cyclotron resonance　178
歳差運動　precession　111
　　ラーモア——　114, 115
散乱時間(衝突時間)　collision time
　　63, 65, 171, 178
残留抵抗　residual resistance　67

索　引　251

シ

g 因子　g-factor　101
磁化率　magnetic susceptibility
　105, 108, 115, 116, 125
磁気モーメント
　magnetic dipole moment　99
　　軌道運動による——　101
　　原子核の——　101
　　スピンによる——　101
磁区　magnetic domain　119
磁束の量子化　flux quantization
　228
仕事関数　work function　59
自発磁化　spontaneous magnetization　118, 122, 128
自発分極　spontaneous polarization
　119, 129
　　——の値　129
自由キャリア　free carrier　163
　　——の密度　§8.2
　　　固有半導体の——　166
　　　不純物半導体の——　169〜170
周期的境界条件　periodic boundary condition　37, 52
充満帯　filled band　156
常磁性　paramagnetism　99
常磁性共鳴
　paramagnetic resonance　109
常磁性磁化率
　paramagnetic susceptibility　105
常磁性物質
　paramagnetic substance　102
状態密度　density of states　37, 55
　　金属内電子の——　55

　　格子振動の——　37
　　半導体内キャリアの——　167
衝突時間(散乱時間)　collision time
　63, 65, 171, 178
ジョセフソン効果　Josephson effect
　230
　　交流——　ac——　232
　　直流——　dc——　231
ジョセフソン接合
　Josephson junction　231
ショットキー欠陥　Schottky defect
　193
シリコン(Si)　silicon　9, 159, 167,
　180
振動子強度　oscillator strength　94
　　——の総和則　94

ス

水素結合　hydrogen bond　16, 129
水素分子　hydrogen molecule　1
スクイド　SQUID　233
すべり　slip　206

セ

正孔　positive hole　157, 160
　　——の移動度　175
　　——の束縛状態　161
　　——の電場による加速　172
　　——の分布関数　164, 165
　　——のホール効果　177
　　——の有効質量　161, 165, 172, 180
生成エネルギー　formation energy
　195
整流作用　rectification　183
絶縁体　insulator　151〜152, 156

零点エネルギー　zero‐point energy
　20
潜像　latent image　205

ソ

塑性変形　plastic deformation　205

タ

第1ブリュアン域　first Brillouin
　zone　25, 26, 31, 38, 49, §7.4
体心立方格子
　body‐centered cubic lattice　246
ダイヤモンド　diamond　9
　── 格子　── lattice　9, 246
　── の熱伝導　47
太陽電池　solar cell　186
単位の磁束　fluxoid　229
弾性限界　elastic limit　206
弾性変形　elastic deformation　205
担体(キャリア)　carrier　157

チ

超格子　super lattice　191
超伝導状態の電流密度の式　227
超伝導状態の波動関数　225
超流体　super fluid　239
超流動　superfluidity　238
直接遷移　direct transition　185
直流ジョセフソン効果
　dc Josephson effect　231

テ

出払い領域　exhaustion region　171
転位　dislocation　§9.2
　── と結晶成長　§9.2(3)
　── と塑性変形　§9.2(2)
パイエルス力　210
刃状 ──　edge ──　209
らせん ──　screw ──　209
転移温度　transition temperature
　216, 224
電気双極子　electric dipole　76
　モーメント　── moment　76
電気伝導　electric conduction　61
　イオン結晶の ──　§9.1(3)
　金属の ──　§3.4
　超伝導体の ──　第10章
　半導体の ──　§8.3
電気伝導度　electrical conductivity
　64, 172, 202
電子常磁性共鳴(EPR)　electron
　paramagnetic resonance　109
電子スピン共鳴(ESR；電子常磁性共
　鳴ともいう)
　electron spin resonance　109
電子対結合　electron pair bond　4
電子の散乱　62〜68, 174〜175
電子分極　electronic polarization
　76, 85
　── の誘電分散　94
　イオン結晶の ──　85
電子放出　electron emission　§3.3
電子レンジ　90
デバイ温度　Debye temperature
　39, 46, 49, 65, 67, 221, 224
　── の数値例　41
デバイ型分散　89
デュロン‐プティの法則
　Dulong‐Petit's law　20, 39
伝導帯　conduction band　156

索　引

伝導電子　conduction electron　10, 50, 157

ト

銅(Cu)　copper
　結晶構造　246
　自己拡散係数　199
　バンド構造　154
　分散曲線　30
同位体効果　isotope effect　219
ドナー　donor　112, 158, 161, 162, 169, 175
ドリフト速度　drift velocity　171

ナ

ナイト・シフト　Knight shift　112

ニ

2次元電子
　two-dimensional electron　188
2次電子放出
　secondary electron emission　60
2流体理論　two-fluid theory　239

ネ

熱電子放出　thermionic emission　60
熱伝導　conduction of heat　42
　金属の伝導電子による——　§3.5
　フォノンによる——　§2.4
熱伝導度　thermal conductivity　45〜48, 69〜70

ハ

パイエルス力　Peierls force　210

パウリ常磁性　Pauli paramagnetism　108
バーガース・ベクトル
　Burgers vector　208
バンド　band　139
バンド構造の例　154, 181
バンド内電子の加速　142, 144
　絶縁体の場合　152
配向分極　orientation polarization　78, 129
　——の緩和時間　88
　——の誘電分散　87
刃状転位　edge dislocation　209
波数　wave number　25, 135
　——ベクトル　——vector　29, 133
波束　wave packet　141
発光ダイオード(LED)
　light emitting diode　185
反強磁性　antiferromagnetism　128
反磁性　diamagnetism　§5.4
　完全——　perfect——　218
　金属の——　116
　ランダウ——　Landau——　116
反磁性磁化率
　diamagnetic susceptibility　115
反転過程　Umklapp process　48
半導体　semiconductor　第8章
　——のギャップ　156, 167, 185, 187
　——の電気伝導　§8.3
　——レーザー　——laser　186
　n型——　162
　p型——　162
　固有——　157, 164
　——の自由キャリア　166

不純物—— 157, 167
　——の自由キャリア 169

ヒ

BCS 状態　BCS state 222
BCS(バーディーン,クーパー,シュリーファー)理論　Bardeen-Cooper-Schrieffer theory 222
pn 接合　p-n junction §8.5(1)
p 型半導体　p-type semiconductor 162
比熱　specific heat 20
　T^3 法則 40
　アインシュタインの式 22
　金属の伝導電子による—— 55〜57
　超伝導体の—— 223
　デバイの式 40

フ

ファンデルワールス力
　van der Waals force 12
フェリ磁性　ferrimagnetism 128
フェルミ運動量　Fermi momentum 53, 221
フェルミ・エネルギー
　Fermi energy 51, 53, 153〜155, 221
フェルミ温度　Fermi temperature 53, 55, 108
フェルミ気体　Fermi gas 54
フェルミ球　Fermi sphere 53
フェルミ準位　Fermi level 163, 168
フェルミ速度　Fermi velocity 61, 64, 65, 220, 223

フェルミ分布関数　Fermi distribution function 56, 163
フェルミ面　Fermi surface 53
フェルミ粒子　Fermi particle 235
フォトン(光子)　photon 33
フォノン(音子)　phonon 33
　——と超伝導との関係 220〜221
　——による電子散乱 65, 174
　——による熱伝導 §2.4
　——の結晶運動量 34
　——の散乱 §2.4
　正常過程と反転過程 §2.4(3)
　——の平均自由行路 43, §2.4(2)
プラズマ振動　plasma oscillation 70
プラズマ振動数　plasma frequency 72, 217
　——と反射率との関係 97
　電離層の—— 97
プラズモン　plasmon 72
ブラッグ反射　Bragg reflection 146
ブリユアン域　Brillouin zone §7.4
　第 1 —— 25, 26, 31, 49, §7.4
　還元ゾーン 150
フレンケル欠陥　Frenkel defect 193
ブロッホ関数　Bloch function 136
ブロッホ振動　Bloch oscillation 150
ブロッホの定理　Bloch's theorem 135
不純物準位　impurity level 138, 158〜161
不純物半導体

impurity semiconductor 157, 167
不純物領域 impurity region 171
腐食孔 etch pit 214
分極 polarization 75
分極率 polarizability 77
　——の値 77, 86
分子性結晶 molecular crystal 12
分子場 molecular field 122
分布反転 population inversion 186, 244

ヘ

He II 238
平均自由行路 mean free path 43
　金属中の伝導電子の—— 64, 65, 68, 69
　フォノンの—— 43, §2.4(2)
ヘテロ構造 heterostructure §8.5(2)
　2次元電子 188
　共鳴トンネル効果 190
　超格子 191
　ミニバンド 191
変位分極 displacement polarization 78, 129
　——の誘電分散 91

ホ

ボーア磁子 Bohr magneton 101
ボース-アインシュタイン凝縮 Bose-Einstein condensation §10.4(2), 244
ボース-アインシュタイン分布関数 Bose-Einstein distribution function 237

ボース粒子 Bose particle 225, §10.4
ホール係数 Hall coefficient 176
ホール効果 Hall effect 176
　正孔の—— 177

マ

マイスナー効果 Meissner effect 217, 234
マティーセンの法則 Matthiessen's rule 67
マーデルング定数 Madelung constant 7

ミ

ミニバンド miniband 191

ム

無極性分子 nonpolar molecule 79

メ

面心立方格子 face-centered cubic lattice 15, 246

モ

motional narrowing 112

ユ

誘起双極子 induced dipole 79
誘電損失 dielectric loss 90
誘電分散 dielectric dispersion 86
　——の緩和時間 88, 90
　イオン分極の—— 92
　金属電子の—— 95
　電子分極の—— 94

配向分極の—— 87
　　変位分極の—— 91
有効質量　effective mass　134, 142, 152
　　——テンソル　——tensor　144
　　——の値　145, 179, 180
　　金属伝導電子の——　145
　　正孔の——　161, 165, 172, 180
有効電子数
　　effective electron number　153

ラ

らせん転位　screw dislocation　209
ラーモア歳差運動
　　Larmor precession　114, 115
ラーモア振動数　Larmor frequency　115
ランダウ反磁性
　　Landau diamagnetism　116

リ

臨界磁場　critical magnetic field　218

レ

零点エネルギー　zero-point energy　20
レーザー　laser　§10.4(3)

ロ

六方最密格子　close-packed hexagonal lattice　15, 246
ローレンツ数　Lorenz number　70
ローレンツ電場　Lorentz field　82
ロンドンの方程式　London equation　234

ワ

ワイス理論　Weiss theory　122
矮星（わいせい）　dwarf star　54

著者略歴

1929年東京都出身．1951年東京大学理学部物理学科卒．東大理工学研究所，同物性研究所を経て，中央大学理工学部助教授，教授．現在，中央大学名誉教授．専攻は固体物理学．理学博士．

主な著書：「物性物理学講座第11巻」（共著，共立出版），「物質の構造Ⅰ」，「物質の構造Ⅱ」（共著，朝倉書店），「電流と電気伝導」（共立出版），「トンネル効果」（共著，丸善）．

基礎物理学選書9．物 性 論 ―固体を中心とした―　（改訂版）

1970年11月5日	第 1 版発行
2002年 2月25日	改訂第39版発行
2009年 2月10日	第47版発行
2019年 3月 5日	第47版 6 刷発行

検印省略

定価はカバーに表示してあります．

増刷表示について
2009年4月より「増刷」表示を「版」から「刷」に変更いたしました．詳しい表示基準は弊社ホームページ
http://www.shokabo.co.jp/
をご覧ください．

著作者	黒　沢　達　美（くろさわ　たつみ）
発行者	吉　野　和　浩
発行所	〒102-0081 東京都千代田区四番町 8-1 電　話　東　京　3262-9166 株式会社　裳　華　房
印刷所	横山印刷株式会社
製本所	牧製本印刷株式会社

一般社団法人
自然科学書協会会員

JCOPY 〈出版者著作権管理機構 委託出版物〉

本書の無断複製は著作権法上での例外を除き禁じられています．複製される場合は，そのつど事前に，出版者著作権管理機構（電話03-5244-5088，FAX 03-5244-5089，e-mail: info@jcopy.or.jp）の許諾を得てください．

ISBN 978-4-7853-2138-3

Ⓒ 黒沢達美，2002　　Printed in Japan

裳華房の物性物理学分野等の書籍

物性論（改訂版）―固体を中心とした―
黒沢達美 著　　　定価（本体2800円＋税）

固体物理 ―磁性・超伝導―（修訂版）
作道恒太郎 著　　　定価（本体2800円＋税）

固体物理学 ―工学のために―
岡崎 誠 著　　　定価（本体3200円＋税）

量子ドットの基礎と応用
舛本泰章 著　　　定価（本体5300円＋税）

◆ 裳華房テキストシリーズ - 物理学 ◆

量子光学
松岡正浩 著　　　定価（本体2800円＋税）

物性物理学
永田一清 著　　　定価（本体3600円＋税）

固体物理学
鹿児島誠一 著　　　定価（本体2400円＋税）

◆ フィジックスライブラリー ◆

演習で学ぶ 量子力学
小野寺嘉孝 著　　　定価（本体2300円＋税）

物性物理学
塚田 捷 著　　　定価（本体3100円＋税）

結晶成長
齋藤幸夫 著　　　定価（本体2400円＋税）

◆ 新教科書シリーズ ◆

材料の工学と先端技術
北條英光 編著　　　定価（本体3400円＋税）

薄膜材料入門
伊藤昭夫 編著　　　定価（本体4300円＋税）

入門 転位論
加藤雅治 著　　　定価（本体2800円＋税）

◆ 物性科学入門シリーズ ◆

物質構造と誘電体入門
高重正明 著　　　定価（本体3500円＋税）

液晶・高分子入門
竹添・渡辺 共著　　　定価（本体3500円＋税）

超伝導入門
青木秀夫 著　　　定価（本体3300円＋税）

磁性入門
上田和夫 著　　　定価（本体2700円＋税）

（以下続刊）

◆ 物理科学選書 ◆

Ｘ線結晶解析
桜井敏雄 著　　　定価（本体8000円＋税）

配位子場理論とその応用
上村・菅野・田辺 著　　　定価（本体6800円＋税）

◆ 応用物理学選書 ◆

結晶成長
大川章哉 著　　　定価（本体5400円＋税）

Ｘ線結晶解析の手引き
桜井敏雄 著　　　定価（本体5400円＋税）

マイクロ加工の物理と応用
吉田善一 著　　　定価（本体4200円＋税）

◆ 物性科学選書 ◆

強誘電体と構造相転移
中村輝太郎 編著　　　定価（本体6000円＋税）

電気伝導性酸化物（改訂版）
津田惟雄 ほか共著　　　定価（本体7500円＋税）

化合物磁性 ―局在スピン系
安達健五 著　　　定価（本体5600円＋税）

化合物磁性 ―遍歴電子系
安達健五 著　　　定価（本体6500円＋税）

物性科学入門
近角聰信 著　　　定価（本体5100円＋税）

低次元導体（改訂改題）
鹿児島誠一 編著　　　定価（本体5400円＋税）

裳華房ホームページ　https://www.shokabo.co.jp/

主 な 物 理 定 数

真空中の光速度*	$c = 2.9979 \times 10^8 \text{ m·s}^{-1}$
電気素量	$e = 1.6022 \times 10^{-19} \text{ C}$
プランクの定数	$h = 6.6261 \times 10^{-34} \text{ J·s}$
	$\hbar = h/2\pi = 1.05457 \times 10^{-34} \text{ J·s}$
電子の質量	$m = 9.1094 \times 10^{-31} \text{ kg}$
陽子の質量	$M_p = 1.6726 \times 10^{-27} \text{ kg}$
アヴォガドロ数	$N_A = 6.0221 \times 10^{23} \text{ mol}^{-1}$
気体定数	$R = 8.3145 \text{ J·mol}^{-1}\text{·K}^{-1}$
ボルツマン定数	$k_b = R/N_A = 1.3807 \times 10^{-23} \text{ J·K}^{-1}$
ボーア半径	$a_H = 4\pi\epsilon_0\hbar^2/me^2 = 5.2918 \times 10^{-11} \text{ m}$
ボーア磁子	$\mu_B = e\hbar/2m = 9.2740 \times 10^{-24} \text{ J·T}^{-1}$
真空の誘電率	$\epsilon_0 = 8.8542 \times 10^{-12} \text{ F·m}^{-1}$
真空の透磁率	$\mu_0 = 4\pi \times 10^{-7} \text{ H·m}^{-1}$
1 eV（電子ボルト）	$= 1.6022 \times 10^{-19} \text{ J}$
$h\nu = 1\,\text{eV}$ の ν は	$2.4180 \times 10^{14} \text{ s}^{-1}$
相当する光の波長は	$1.2398 \times 10^{-6} \text{ m}$
1 Å（オングストローム）	$= 10^{-10} \text{ m} = 0.1 \text{ nm}$

* 光速度については 299792458 m·s^{-1} という数値を採用し，長さの標準をこれに合わせることになっている．